sous la direction
Dominique Borne et *Jacque*

Qu'est-ce que la géographie ?

Jacques Scheibling

HACHETTE

Document de couverture : Mappemonde. © Eric Curry. Westlight.

Mise en pages : Édidom, Colombes

ISBN : 2-01-019823-9

© Hachette Livre, Paris, 1994

Tous droits de traduction, de reproduction et d'adaptation réservés pour tous pays.

La loi du 11 mars 1957 n'autorisant aux termes des alinéas 2 et 3 de l'Article 41, d'une part, que les « copies ou reproductions strictement réservées à l'usage privé du copiste et non destinées à une utilisation collective », et, d'autre part, que les analyses et les courtes citations dans un but d'exemple et d'illustration, « toute représentation ou reproduction intégrale, ou partielle, faite sans le consentement de l'auteur ou de ses ayants droit ou ayants cause, est illicite ». (Alinéa 1er de l'Article 40.)

Cette représentation ou reproduction, par quelque procédé que ce soit, sans autorisation de l'éditeur ou du Centre français du Copyright (6, *bis,* rue Gabriel-Laumain, 75010 Paris), constituerait donc une contrefaçon sanctionnée par les Articles 425 et suivants du Code pénal.

Avant-propos

La géographie est enseignée dès l'école primaire, puis au collège et au lycée. Tous les Français « savent » donc de la géographie. Mais savent-ils ce qu'est la géographie ?

A une question semblable concernant l'histoire, ou la biologie, ou la physique, les réponses sont immédiates ; elles n'ont pas varié depuis des siècles et il n'y a pas d'écart entre ce que disent les spécialistes et les profanes. L'histoire s'intéresse au passé des hommes, la biologie au vivant, la physique à la matière.

La même question posée à propos de la géographie soulève de multiples interrogations. La distance est grande entre les non-spécialistes pour qui la géographie est la *connaissance de la terre*, c'est-à-dire des localisations de pays, de capitales, de rivières, d'îles, et les géographes eux-mêmes pour qui elle est la *science de l'organisation de l'espace*. Pour compliquer la situation, les géographes n'ont pas toujours tenu le même discours et ne sont pas d'accord entre eux.

Ils se sont d'abord intéressés à l'exploration du monde, puis à la surface de la Terre, à son relief, à sa végétation, à ses climats, puis aux hommes qui vivaient dans ces milieux naturels, et enfin, aujourd'hui, ils s'intéressent aux espaces des sociétés. La géographie a été une « histoire naturelle » ; elle est devenue physique et humaine ; elle tend à devenir une science sociale.

Grâce à son fondateur Paul Vidal de La Blache, l'école française de géographie a, dans la première moitié du XXe siècle, donné le ton à la géographie mondiale. Dans cette phase triomphante, la géographie française savait ce qu'elle était et ce qu'elle voulait : elle étudiait les rapports complexes entre l'homme et les milieux naturels. Depuis trente ans, cette conception est battue en brèche de tous côtés. Des courants divergents se font jour ; certains, séduits par l'écologie, penchent du côté des sciences de la terre, tandis qu'un courant structuraliste entraîne les autres du côté des sciences de l'homme. Mais beaucoup de géographes restent attachés à la tradition.

En même temps, comme dans toutes les sciences, la spécialisation est à l'œuvre. La géographie qui englobait tout un champ du savoir se subdivise en de multiples branches qui tendent à s'émanciper de la famille d'origine. On pourrait parler d'une « géographie en miettes » comme d'autres ont parlé de « l'histoire en miettes ». Le besoin d'une unification sur de nouvelles bases est ressenti par tous les géographes, chercheurs et enseignants. Le débat est profond. Il porte sur la nature même de la discipline, sur son objet, sur ses méthodes.

La géographie française se trouve ainsi dans une position délicate. Elle se sent menacée par des fractures internes et par des remises en cause extérieures. Des rumeurs concernant des réductions d'horaires dans tel ou tel niveau d'enseignement, provoquent périodiquement des vents de panique qui réunifient momentanément la corporation. Ces émotions révèlent surtout la profondeur du malaise.

Ce livre s'adresse à un public d'étudiants ou d'enseignants qui s'interrogent à propos de la géographie. Il existe déjà de nombreux ouvrages généraux ou plus spécialisés à destination du premier cycle des universités qui font le point sur les différentes branches de la géographie. Il aurait été de peu d'intérêt de chercher à condenser sous un petit volume une telle diversité. Il nous a semblé plus judicieux de poser, après bien d'autres, la question : qu'est-ce que la géographie ? et, autant que faire se peut, de tenter de proposer une synthèse, au-delà des débats et des clivages actuels. Ce livre ne prétend pas couvrir tout le champ de la géographie à l'échelle du monde. Il ne parle que de la géographie française. Encore n'en dresse-t-il pas le panorama. Les quelques incursions chez les autres ne sont là que pour éclairer les influences dont s'est nourrie l'école française de géographie.

Cette école se constitue à partir de la géographie de Vidal de La Blache. Elle correspond à un moment privilégié de synthèse et d'équilibre dans l'utilisation des sciences naturelles et des sciences de l'homme pour analyser les paysages ruraux, formes alors dominantes de l'espace. Son audience s'élargit bien au-delà de la France. Cette réussite exceptionnelle et durable explique l'ampleur de l'héritage de la géographie vidalienne, encore vivace dans la géographie française actuelle. Tel est le sens du premier chapitre : l'histoire de la géographie éclaire les problèmes épistémologiques qui se posent aujourd'hui.

Les premiers coups de boutoir portés contre le monument vidalien ne viennent pas des géographes, mais des recherches en économie spatiale ou en sociologie appliquée à l'espace. Cette autre approche qui ne se soucie ni de la nature ni des formes stables du monde rural, s'intéresse essentiellement à l'organisation urbaine et à l'organisation de l'espace par la ville. Il ne s'agit plus de mettre l'accent sur les singularités d'espaces régionaux ou locaux ni d'étudier la complexité des combinaisons, mais de comprendre les raisons des régularités dans l'organisation de l'espace. Si des formes d'organisation se répètent, c'est qu'elles relèvent de lois scientifiques. Cette démarche aboutit ainsi à la construction de modèles mathématiques. Les bases théoriques de cette « nouvelle approche » (par opposition à la vieille géographie vidalienne) sont jetées en Allemagne dans l'entre-deux-guerres et en Amérique. Pour comprendre la rupture qui se prépare dans la géographie des années 1950, il est nécessaire de faire ce détour par les auteurs allemands et américains. C'est l'objet du deuxième chapitre.

André Meynier a parlé du « temps des craquements » pour caractériser la période des années 1960. Non seulement la géographie est prise dans le feu de conceptions divergentes, non seulement les spécialisations s'accentuent de plus en plus, mais elle subit encore le bouleversement des idées que connaissent les autres sciences sociales autour du structuralisme. C'est dans ce contexte que prend forme, en France, la « nouvelle géographie » très diverse malgré l'appellation commune.

Après ce troisième chapitre, le quatrième examine la conception d'un des chefs de file de la « nouvelle géographie », Roger Brunet, qui sert de référence aussi bien à ses partisans qu'à ses détracteurs. Il étudie la portée de ses innovations et leurs limites.

La « nouvelle géographie » remet en question les rapports qu'entretenait la géographie avec la nature et avec l'histoire. Le cinquième chapitre porte sur la question de l'unité de la géographie : si la géographie est une science sociale, peut-elle être en même temps une science de la nature ? ou faut-il admettre l'existence de deux géographies : une géographie physique et une géographie sociale ?

La géographie est fille de l'histoire. La pertinence de cette filiation est discutée par certains géographes qui mettent l'accent, non sur les permanences des structures spatiales, mais sur la dynamique des systèmes. Le sixième chapitre tente de montrer qu'il y a bien une liaison organique entre la géographie et l'histoire.

Après cet examen critique, le septième chapitre propose une définition. Les lois sont-elles nécessaires au développement des sciences humaines ? Les lois, les modèles, les concepts de la géographie relèvent-ils de l'ordre de l'espace ou de l'ordre de la société ? Quelles sont les problématiques spécifiques de la géographie ? Sur quelles bases fonder une nouvelle unité de la géographie ?

Enfin, parce que la géographie ne se conçoit pas sans son enseignement, le huitième chapitre est consacré à cet enseignement à la fois sous l'angle historique, sous l'angle didactique et sous l'angle épistémologique, qui sont inséparables.

Chaque chapitre est suivi d'un ou deux textes qui l'illustrent, le complètent, ou qui posent d'autres problématiques.

1
La géographie vidalienne et son héritage

L'histoire de la géographie peut-elle aider à en préciser la définition ?
La géographie a d'antiques origines, grecques, latines, chinoises, arabes. Mais la géographie moderne, celle qui commence au XIXe siècle, résulte, pour une large part, de la philosophie des Lumières et participe de cette « modernité » qui traverse, alors, l'ensemble de la vie économique, sociale et politique. C'est en Allemagne que ce courant se développe en premier lieu, mais cette géographie allemande prépare le terrain à l'école qui s'organise, en France, autour de Vidal de La Blache au début du XXe siècle. La géographie vidalienne a eu une influence durable et profonde, non seulement en France mais aussi dans le reste du monde. A une géographie descriptive des bizarreries de la nature et des peuples, se substituait une géographie explicative des paysages. A une géographie à but militaire ou politique, succédait une géographie qui cherchait à s'ériger en une science positive.

QUELQUES RAPPELS HISTORIQUES

De l'Antiquité aux Lumières

❏ **Explorations et connaissance du globe.** Au sens étymologique, la géographie, description de la Terre, est contemporaine des premiers récits, oraux ou écrits, destinés à communiquer ou à transmettre les connaissances acquises lors des explorations ou des conquêtes de terres inconnues. Descriptions à but militaire ou à but économique, inventaires des richesses en ressources humaines ou minérales, la finalité politique et stratégique de cette géographie est évidente.

Cette connaissance comportait à la fois une dimension exploratoire et la représentation la plus rigoureuse possible des localisations des faits répertoriés, c'est-à-dire la cartographie. Ce sont les Grecs qui ont fait progresser dans le monde hellénique et ses confins cette double connaissance sur des bases scientifiques assurées. Hérodote, historien et géographe, au Ve siècle, Pythéas, géographe et astronome au IVe siècle, Ératosthène d'Alexandrie au IIIe siècle av. J.-C., géographe et mathématicien, ont apporté une connaissance précise du littoral méditerranéen et, au-delà, des côtes atlantiques du Maroc aux îles Britanniques.

Les progrès de l'astronomie ont accompagné ce savoir empirique. Les preuves apportées par Aristote de la rotondité de la Terre ont rendu possible la définition de la latitude et la détermination astronomique des localisations. Ératosthène entreprend de mesurer la circonférence terrestre à partir de la distance qui sépare Assouan (sur le tropique du Cancer) d'Alexandrie et de la différence angulaire de ces deux points par rapport au soleil le jour du solstice à midi. Il parvient à une mesure presque exacte des dimensions du globe.

Il dresse par ailleurs un inventaire du monde hellénistique au lendemain de l'expédition d'Alexandre, connu sous le nom de « carte d'Ératosthène » qui symbolise à elle seule l'étendue des connaissances auxquelles les Grecs étaient parvenus.

Hipparque (IIe siècle av. J.-C.), astronome et géographe, invente le système de projection cartographique qui respecte les angles entre les points répertoriés.

Au Ier siècle ap. J.-C., Strabon, historien et explorateur, réalise la première des *Géographie universelle* en rassemblant en 17 volumes de descriptions des contrées et des peuples, les connaissances acquises par les Grecs et les Romains.

Un siècle plus tard, Ptolémée expose les connaissances astronomiques dans un traité qui fait loi jusqu'à Copernic et compose une *Géographie* qui localise les régions et les peuples du monde connu des Romains, des îles Britanniques au Haut Nil et du Maroc à la Chine. Mesurant à son tour la circonférence terrestre, il commet des erreurs beaucoup plus importantes qu'Ératosthène. Cette *Géographie* de Ptolémée fut transmise, avec ses approximations, aux érudits de la Renaissance par les Arabes.

Ainsi, dès l'Antiquité, le terme de géographie recouvre deux domaines différents : une géophysique, connaissance mathématique et astronomique du globe terrestre ; une géographie descriptive des « contrées » avec leurs particularités physiques, leurs peuples étranges, celle-là à destination géopolitique. Cette distinction entre une géographie physique et une géographie humaine est durable et demeure un des problèmes fondamentaux de la géographie contemporaine.

❏ *L'inventaire du globe.* De l'Antiquité à l'époque moderne, l'histoire de la géographie se déroule sans discontinuité majeure. Les empires sécrètent de grands voyageurs qui explorent les terres conquises. Le pouvoir politique dresse l'inventaire des territoires qu'il contrôle. Le besoin d'une connaissance précise des lieux suppose un perfectionnement de la représentation cartographique. Ainsi au XIIIe siècle, avec les voyages de Guillaume de Rubrouck et Marco Polo dans l'empire du Grand Khan, en Chine du Sud, en Inde... Dans le monde arabe, on voyageait beaucoup de l'Andalousie à la Chine, du Soudan à la Russie. Ibn Khaldoun et Ibn Batuta, au XIVe siècle, ont fait le récit de ces voyages dont on retrouve la tradition dans les *Mille et Une Nuits*.

Du Moyen Age à la Renaissance et aux Grandes Découvertes, l'inventaire du globe continue sous ces deux formes. Ce sont les erreurs de calcul de Ptolémée qui incitent Christophe Colomb à chercher la route des Indes par l'Ouest parce qu'il croit la distance beaucoup plus courte qu'elle ne l'est en réalité. Les périples maritimes impliquent des progrès dans les connaissances astronomiques qui, en retour, rendent possibles de nouvelles découvertes. Les portulans témoignent de l'essor et du perfectionnement de la cartographie mais ils se cantonnent aux littoraux. Quand Magellan recherche une route circumterrestre, il part de l'hypothèse de la continuité maritime de l'hémisphère sud. Les nouveaux mondes découverts réduisent les dimensions de la *terra incognita*. Les récits de voyages se multiplient en même temps que les explorations maritimes. Les incursions d'aventuriers à l'intérieur des continents et les explorations géographiques préludent souvent à la conquête d'empires coloniaux.

L'échelle de ces découvertes est d'une tout autre ampleur que dans l'Antiquité grecque, romaine ou chinoise, mais la démarche et les motivations sont les mêmes. Le prince ou l'Église, la conquête de terres nouvelles, le contrôle des *eldorados*, la domination du marché des épices et des esclaves, tels sont les enjeux. La connaissance géographique est tout sauf gratuite. L'Europe élargit son emprise sur le monde. Les puissances envoient leurs missionnaires et leurs géographes pour préparer le terrain aux militaires et aux politiques. Les jésuites, qui ont joué un grand rôle dans la colonisation de l'Amérique latine et en Asie, ont été, dans leurs écoles, les meilleurs diffuseurs des connaissances accumulées.

Cette connaissance extensive du globe, de ses mers et de ses continents, de ses reliefs et de ses climats, de sa faune animale ou humaine entraîne les progrès des sciences naturelles : classification des minéraux, des végétaux, des animaux, toutes les sciences taxinomiques enregistrent, au XVIIIe siècle, un développement sans précédent. Bougainville, La Pérouse, Cook sont des scientifiques avant d'être des aventuriers (Numa Broc, *La Géographie de la Renaissance*, 1980). Ainsi s'enrichit une géographie naturaliste qui se préoccupe de la nature astronomique, minérale, botanique du globe. Un Turgot, cependant, doute déjà de la réalité de ses finalités scientifiques : « La géographie est encore de tous les arts celui qui a le plus besoin d'être perfectionné ; et l'ambition a jusqu'ici pris plus de soin de dévaster la terre que de la décrire » *(Deuxième discours sur le progrès de l'esprit humain)*.

Au XIXe siècle, l'exploration de la planète s'achève en même temps que le partage du monde par les grandes puissances européennes. Les explorations se poursuivent et pénètrent au plus profond des continents. On atteint les pôles. On s'intéresse aux « sociétés primitives ». Les sociétés de géographie qui prolifèrent consacrent leur temps et leurs revues aux récits de voyages, à l'exotisme des milieux, aux extravagances de la nature, aux sociétés perdues, aux genres de vie.

Jusqu'au XIXe siècle, la géographie comporte toujours le double visage acquis dès l'Antiquité, cette alliance de la connaissance astronomique et physique du globe et de la description des pays explorés et de leurs « peuplades ». Vidal de La Blache remarque que tous les récits de voyages et toutes les pérégrinations du XVIe siècle au XIXe siècle « ne se montrent en rien

La géographie vidalienne

supérieurs à Strabon ». Et pourtant, cette géographie-là a laissé des traces multiples. Elle correspond, aujourd'hui encore, à une certaine conception populaire de la géographie, entretenue par les diverses Sociétés de géographie qui subsistent à travers le monde. La revue américaine *National Geographic*, éditée par la National Society of Geography, largement diffusée dans les lycées et collèges français, n'est rien d'autre qu'une survivance de cette géographie. Le magazine *Géo* qui connaît un succès indéniable ne fait que poursuivre cet archaïsme sous une forme moderne et luxueuse.

Les prémices de la géographie moderne

❏ **L'apport de la philosophie allemande.** Au moment donc où l'exploration du globe s'achève, où la nomenclature des lieux est presque complète, où la définition des coordonnées est acquise pour chaque lieu, est-ce la fin de la géographie ? Au contraire ! Une nouvelle ère commence pour une géographie renouvelée par son enracinement dans la philosophie des Lumières et dans la philosophie allemande. Après la phase d'intense développement des différentes branches des sciences de la nature qui se produit au XVIIIe siècle, la philosophie allemande tente de réunifier la connaissance en élaborant les concepts fondamentaux de la pensée. Les deux plus grands représentants de cette philosophie allemande, Kant et Hegel, se sont intéressés de près à la géographie.

Kant (1724-1804), en effet, enseigne longtemps la géographie à l'Université de Königsberg. Cette géographie porte sur les rapports entre les conditions naturelles et l'histoire des hommes. Il s'interroge sur les relations entre les conditions climatiques et la répartition des races à la surface du globe et insiste sur la nécessité de faire appel au temps et à l'histoire pour rendre compte des phénomènes étudiés (*La Philosophie de l'histoire*, 1775). Pour Kant, la science géographique est indispensable car elle « devrait créer l'unité du savoir sans laquelle toute étude reste partielle ».

Dans *La Critique de la raison pure* (1781), le temps et l'espace sont les « formes *a priori* » de la sensibilité. Kant distingue la « réalité empirique » de l'espace de son « idéalité transcendantale ». L'espace « idéel » est un, et cet espace unique comprend tout, mais la diversité de la réalité empirique peut être objet de connaissance. L'espace « en général » est une « intuition pure » mais ses parties sont accessibles à l'expérience. L'espace étant, pour lui, « la condition de toute expérience des objets », objets astronomiques, objets géométriques, objets de la nature, objets de l'homme, chacun de ces objets est une forme limitée de l'Espace, un espace de la sensibilité, accessible à la raison et donc à la connaissance.

Dans sa *Géographie physique* (1757), il déclare qu'« on ne peut connaître l'homme si l'on ignore son milieu ». La géographie physique détermine la géographie « spéciale, celle qui s'intéresse au politique, à l'économie ou aux mœurs. L'espace géographique n'est pas de même nature que l'espace mathématique qui est isotrope et isomorphe. Il se divise en régions qui constituent le substrat de l'histoire des hommes ».

De la même façon, l'idéalisme dialectique de Hegel (1770-1831) fait du temps et de l'espace des catégories philosophiques qui fondent l'unité de la connaissance. Dans le système de Hegel, ce sont les idées, les concepts, qui produisent et déterminent la vie des hommes et de leur histoire. Le temps et l'espace, en tant qu'Idées, ne sont qu'une abstraction. L'espace est un *continuum* qui contient des espaces déterminés. La durée est au temps ce que l'étendue est à l'espace. Sur ce *continuum*, les hommes inscrivent leur histoire et construisent leur société. Néanmoins, Hegel distingue la science de la Terre (la géologie), de la géographie qui appartient à l'histoire parce qu'elle en est l'élément de base.

Kant et Hegel ont très certainement contribué à fonder la rationalité de l'histoire et de la géographie allemandes. Ce n'est pas tant comme géographes qu'ils ont pu influer sur le destin de la géographie, mais en tant que philosophes prolongeant la réflexion des Lumières sur la rationalité de la connaissance. La force de cette philosophie allemande vient de ce qu'elle a placé l'homme au centre de la quête scientifique et renouvelé par là même profondément la perspective de l'histoire. Pour la géographie, la problématique des rapports de l'homme et de la nature qui n'est pas explicite dans la géographie antérieure, le devient à partir de Kant et Hegel, avec son corollaire, le déterminisme, paradigme de cette nouvelle géographie. Cette ambiance philosophique de l'Allemagne à la fin du XVIIIe siècle et au début du XIXe, empreinte de rationalisme et de la « modernité » des Lumières, est sans doute pour beaucoup dans l'essor de la géographie allemande.

❏ *Les géographes allemands du XIXe siècle.* Alexander von Humboldt (1769-1859) est souvent considéré comme le vrai fondateur de la géographie moderne. En réalité, il se situe entre deux géographies : celle des explorations et celle qui, au-delà de la description, cherche l'explication des phénomènes recensés. Après une formation d'ingénieur des mines, il se tourne vers l'exploration de l'Amérique latine et reconnaît le bassin de l'Amazone à la recherche des vraies sources du grand fleuve. Ses pérégrinations l'entraînent dans les Andes et sur le littoral pacifique du Chili et du Pérou où il repère le courant froid qui porte son nom. Par la suite, il entreprend de publier ses observations. Esprit encyclopédique et brillant, dans la tradition « cosmopolite » du XVIIIe siècle, il voyage beaucoup en Europe à la rencontre des savants. Il participe ainsi, en 1821, à la création de la Société de géographie de Paris. Son apport essentiel concerne les aspects physiques du globe (astronomie, botanique, etc.). Le titre même de son ouvrage, *Cosmos. Essai d'une description physique du monde* (1845-1858), éclaire son ambition de réaliser une vaste synthèse consacrée à l'influence de la nature sur les sociétés humaines. Il inaugure ainsi une recherche qui marque pour longtemps le sens de la géographie.

Karl Ritter (1779-1859) est, avant tout, un pédagogue de la géographie. Son œuvre maîtresse, *La Géographie dans ses rapports avec la nature et l'histoire de l'humanité* trouve son inspiration dans la philosophie kantienne et dans la philosophie de l'histoire de Herder. Celui-ci pensait trouver dans le rapport des hommes à leur milieu naturel les raisons des inégalités du progrès de la civilisation. Lui-même, disciple de Humbolt, s'intéresse au devenir des peuples déterminé par les conditions et par les contraintes du milieu dans lequel ils vivent. La différenciation régionale prend alors le sens d'une recherche de ce qui fait l'originalité des sociétés. Ce déterminisme naturel de Ritter qui s'ouvre sur les particularités ethniques s'insère dans le contexte du grand mouvement du « printemps des peuples » de 1848 et donne un fondement à l'aspiration à l'unité des « peuples » européens morcelés et opprimés par les Empires.

Friedrich Ratzel (1844-1904) fut l'élève, à l'université d'Iéna, d'Ernst Haeckel, fondateur de l'*œcologie*, cette science qui étudie « les mutuelles relations de tous les organismes vivants dans un seul et même lieu, leur adaptation au milieu qui les environne ».

Zoologue, donc naturaliste de formation, Ratzel, darwiniste convaincu au début de sa carrière et «œcologiste», fait ainsi du « milieu », le moteur de l'évolution des espèces. Son « anthropo-géographie » oppose en particulier les *Naturvölker* (peuples primitifs) de l'Afrique, de l'Océanie et de l'Amérique aux *Kulturvölker* (peuples évolués) de l'ancien et du nouveau Monde. L'influence du milieu est évidemment « déterminante » pour les *Naturvölker*. Pour les « peuples évolués », leur organisation en nations et en États relève de la « géographie politique ». Considéré comme l'initiateur d'une géographie environnementaliste, Ratzel a, plus que Ritter ou Humbolt, marqué de son empreinte la géographie européenne à la fin du XIXe siècle. Il a jeté les fondements de la géographie historique qui s'intéresse à l'histoire des États, et de la géopolitique qui étudie les rapports de force entre les « peuples » en fonction de leur « géographie ». Les développements récents de la *géopolitique* ou de la *géostratégie* se font évidemment sur d'autres bases que celles de Ratzel, qui a surtout servi, dans l'entre-deux-guerres, à alimenter la « géopolitique » du nazisme.

Au total, cette géographie allemande présente un ensemble de traits communs. Tout d'abord, tous ces « géographes », Humbolt, Ritter, Haeckel, Ratzel, auxquels on pourrait encore ajouter Richthofen, sont des naturalistes. Ils ne s'intéressent à l'homme que pour autant qu'il est un être de la nature. Le rapport de la nature et de l'homme est à sens unique : de la nature vers l'homme et jamais l'inverse. Comme le dit Ritter, l'objet de la géographie est d'étudier « l'influence fatale de la nature ». Le déterminisme est absolu. On ne peut donc pas parler de géographie humaine. La diversité du monde provient de la diversité des milieux et, plus que les sociétés, ce sont les races, mode de différenciation des hommes, qui expriment la pluralité des destins des peuples. Le peuple *(Volk)*, dans la philosophie de la nature pratiquée par ces auteurs, est le fruit d'une conjonction entre le territoire et la race. Au même moment, la Révolution américaine et la Révolution française donnent un autre sens au mot peuple en le liant à la citoyenneté.

Marquée par cette conception finaliste de l'histoire, la géographie allemande se dessèche quelque peu dans la seconde moitié du XIXe siècle mais son influence se propage ailleurs en se transformant.

Plus généralement, on peut dire que l'héritage de la géographie allemande fut recueilli par la géographie française.

L'ÉCOLE FRANÇAISE DE GÉOGRAPHIE

L'innovation vidalienne

❑ **Les précurseurs.** La géographie française commence avec Vidal de La Blache. Certes, quelques précurseurs avaient défriché le terrain, tel Malte-Brun qui avait publié, entre 1810 et 1820, une *Géographie universelle* faisant le point des connaissances sur le monde. La Société de géographie de Paris favorisait la diffusion des récits d'exploration. Dans l'enseignement, la géographie ne servait qu'à situer les frontières politiques et le cadre des circonscriptions administratives.

Pourtant, un géographe français au destin particulier occupe une place à part. Élisée Reclus (1830-1905), anarchiste et communard, exilé en Belgique parce que révolutionnaire, est resté, en effet, en marge des courants de la géographie. Sa conception de la géographie est proche de celle de Ritter. La terre et l'homme sont liés par une solidarité harmonieuse. Sa formule, « la terre constitue le corps de l'humanité et l'homme, à son tour, est l'âme de la terre », exprime admirablement ce finalisme et cette téléologie écologique. « Tous les faits primitifs de l'histoire s'expliquent par la disposition du théâtre géographique sur lequel ils se sont produits : on peut même dire que le développement de l'humanité était inscrit d'avance en caractères grandioses sur les plateaux, les vallées, les rivages de nos continents. » La publication de sa *Géographie universelle* en 19 volumes (de 1875 à 1894), qu'il rédige seul, a une audience limitée. Il inaugure pourtant une géographie littéraire qui allie la description des paysages à la recherche d'explications. L'histoire est souvent invoquée au même titre que les conditions naturelles pour caractériser les régions décrites. Longtemps méconnu, Reclus est exhumé par le mouvement de 1968 ; on peut penser qu'il le doit autant à son anarchisme qu'à sa géographie.

La transformation de l'enseignement de la géographie se produit après la défaite de 1870. L'idée se répand que l'Allemagne a gagné la guerre grâce à un enseignement de l'histoire et de la géographie, franchement nationaliste : « C'est l'instituteur allemand qui a gagné la guerre. » La IIIe République, dès

1872, s'engage dans une refonte des programmes pour introduire en force l'enseignement de la géographie. Émile Levasseur (1828-1911), historien de formation mais devenu géographe par l'histoire économique, est nommé Inspecteur général avec mission de développer la géographie dans l'enseignement primaire et secondaire, à un moment où elle n'avait pas encore acquis un statut d'autonomie dans les universités. Auteur des premières Instructions officielles à destination du corps enseignant, il conçoit une progression pédagogique, conforme aux conceptions de l'époque. Dans son économie générale, la structure des programmes est restée la même jusqu'à nos jours.

❑ *Le possibilisme vidalien.* Vidal de La Blache (1845-1918) est le premier géographe universitaire français. Comme Levasseur et bien d'autres, sa formation est celle d'un historien, puisqu'il n'existait pas à l'époque d'enseignement de la géographie à l'Université. Après des travaux de géographie historique sur Hérode d'Attique, Ptolémée et Marco Polo, il commence à réfléchir sur les rapports entre la nature et l'homme en s'inspirant directement de Humboldt, Ritter et Haeckel. Mais, parce qu'il est néo-kantien sur le plan philosophique, et partisan de Lamarck plus que de Darwin, il prend ses distances avec le déterminisme mécaniste largement répandu aussi bien en France que dans les pays anglo-saxons.

Pour Vidal, la recherche de causalité naturelle ne signifie pas que l'effet soit toujours le même pour l'homme. En tout état de cause, celui-ci garde sa liberté et sa capacité d'adaptation. Nécessité et hasard, conditions et liberté, Vidal opte pour ce que Lucien Febvre nommera le « possibilisme ». Néanmoins, « tout ce qui touche à l'homme est frappé de contingence ». Si donc la géographie est une science, c'est qu'elle « fait partie des sciences de la nature ». Ne déclare-t-il pas que « la géographie a pour mission de rechercher comment les lois physiques et biologiques qui régissent le globe se combinent en s'appliquant aux diverses parties de la surface de la terre ». La notion de *milieu* prend alors tout son sens. Il s'agit d'un complexe dans lequel interviennent le relief, le climat, le sol, la végétation, qui suggère des possibilités que l'homme utilise. Cependant, « l'influence du milieu garde le dernier mot », ou encore, « l'influence du milieu naturel est souveraine ».

A cet égard, la lecture des *Principes de géographie humaine* est claire. Œuvre posthume, publiée par son gendre Emmanuel de Martonne en 1922, les *Principes* nous apparaissent aujourd'hui comme singulièrement vieillis. Ce que Vidal appelle les « conditions géographiques », ne sont jamais que les conditions naturelles. L'explication des variations de densité de population est toujours d'ordre naturel. Après Levasseur et avant Demangeon, il cherche dans la lithologie les raisons de l'habitat groupé ou de l'habitat dispersé en prenant des exemples en Chine ou dans les pays arides pour établir une loi « scientifique », c'est-à-dire obéissant à une causalité naturelle. Les conditions naturelles sont posées comme un préalable, déterminant en définitive les formes de l'occupation humaine, même si ces formes peuvent varier dans l'espace et dans le temps. Si Vidal de La Blache peut être considéré comme le fondateur de la géographie française et, en tout cas, de l'École de géographie française, il est aussi, à coup sûr, le fondateur d'un déterminisme géographique qui sera mis en pratique, pendant des décennies, par ses disciples et ses successeurs, légitimés en quelque sorte par le maître. La géographie générale est essentiellement destinée à dresser une nomenclature des faits naturels, associée à une définition des termes relatifs à la topographie, à l'hydrographie, aux climats, etc. Son ambition était de débarrasser la géographie physique du vocabulaire ésotérique alors en usage. Il s'agissait de dégager des types de milieux naturels, des situations comparables obéissant aux mêmes causes. Pourtant la finalité de cette géographie générale est humaine. Quelles sont les lois de la répartition des hommes à la surface de la Terre ? Entre le milieu naturel et la densité des hommes quelles sont les médiations ? Reprenant la distinction opérée par Ratzel entre les « peuples proches de la nature » et les « peuples évolués », Vidal trouve cette médiation dans la notion de « genre de vie », notion importée de l'anthropologie telle qu'elle était pratiquée en ce début de siècle. Certains de ces « genres de vie » paraissent immuables dans des sociétés figées, d'autres sont ouverts au progrès. Les Européens dans le vieux Monde ou dans le nouveau Monde développent des sociétés de progrès alors que la Chine, ou l'Inde connaissent la stagnation. Écoutons Vidal : « Il existe donc des climats où, après satisfaction donnée aux besoins de nourriture, l'homme moyen, qui représente en somme le principal élément numérique de la population, peut presque impunément se livrer à ses fantaisies. Tout autre est la conception sociale qui résulte, dans nos climats, de ce que Montesquieu appelle le "nécessaire physique". Les devoirs grandissent avec les nécessités, éliminent ou rabaissent à un niveau très inférieur cet élément de parasitisme qui fait pulluler, dans des climats moins exigeants la mendicité et le vagabondage [...]. »

N'est-ce pas là une belle justification « géographique » des conquêtes coloniales de la IIIe République ? Mais elle était monnaie courante à l'époque, sauf chez Élisée Reclus. La référence à *L'Esprit des lois* est tout à fait révélatrice d'un déterminisme naturel encore plus rudimentaire que celui de Montesquieu.

Vidal de La Blache s'interroge alors sur la place de l'homme dans la géographie. La géographie est la science des rapports de l'homme au *milieu* et le *milieu* est, par définition, naturel. « Doit-on étudier l'homme pour lui-même en géographie ? Non ! C'est par les établissements qu'il fonde à la surface du sol, par l'action qu'il exerce sur les fleuves, sur les formes mêmes du relief, sur la flore, sur la faune et tout l'équilibre du monde qu'il appartient à la géographie. » Cette formule a le mérite de la clarté. Comme chez les géographes allemands, la géographie est, pour Vidal, une écologie humaine. Dans une phrase célèbre, mais particulièrement ambiguë, qui sera utilisée dans des sens opposés par la suite, il dit : « La géographie n'est pas la science des hommes ; elle est celle des lieux. »

❏ *Le fondateur de la géographie régionale.* Conscient des limites de cette géographie générale, fondamentalement physique mais à finalité humaine, Vidal a toujours montré une propension pour la géographie régionale. Il mettait les géographes en garde contre le risque de généralisation : « Contre l'esprit de généralisation abusive, le préservatif c'est de composer des études analytiques, des monographies où les rapports entre les conditions géographiques et les faits sociaux seront envisagés de près sur un champ bien choisi et restreint. » Dans un cadre limité, la recherche des « enchaînements qui relient les phénomènes » peut être poussée à son terme. Quel type de région choisir ? La logique vidalienne se vérifie une nouvelle fois : l'unité régionale ne peut être définie que par les caractères naturels. La base de la différenciation régionale est la *région naturelle*, l'unité topographique, lithologique et climatique commandant la végétation et donc les conditions du développement de l'agriculture. Le constat que les « pays », issus des *pagi* romains, ces petites régions centrées sur un bourg, correspondent souvent à des régions naturelles, validaient cette plongée vers les réalités du monde rural. De plus, à l'échelle du « pays », l'étude régionale se confond avec l'analyse des paysages. Quelle meilleure approche alors que celle de la carte d'état-major au 1/80 000e, accompagnée de la carte géologique qui venait d'être publiée ? C'est par le contact physique avec le terrain que le géographe découvre les corrélations significatives du lieu. Les éléments du paysage trouvent leur explication dans la corrélation qu'on peut établir, soit sur le terrain, soit, faute de mieux, par l'étude de la carte. L'importance accordée par la suite au commentaire de la carte d'état-major trouve son origine chez Vidal de La Blache ; d'ailleurs, tous les témoignages concordent, Vidal qui excellait dans cet exercice, a ainsi fait naître de nombreuses vocations de géographe chez ses étudiants.

Son chef-d'œuvre n'est-il pas son *Tableau de la géographie de la France* (1903) qui sert d'introduction à l'*Histoire de France* d'Ernest Lavisse ? La méthode vidalienne donne ici des résultats tout à fait probants. La description raisonnée des « pays » de France est réalisée sur le mode littéraire. Chacun est campé dans ses paysages caractéristiques avec des mots évocateurs, à la manière des romanciers du XIXe siècle. On retrouve George Sand dans le Berry. En quelques phrases, les paysages naturels laissent transparaître le substrat lithologique ; la futaie ou les landes donnent l'ambiance ; les éléments du paysage rural assortis de notations fines sur les mentalités ou les pratiques du monde agricole sont suggérés. Chaque unité paysagère se distingue de sa voisine, d'abord et avant tout par la géologie qui « détermine » son paysage naturel et son utilisation par les hommes (voir l'extrait du *Tableau* en fin de chapitre). Au fond, Vidal traite de l'unité et de la diversité de la France, et son *Tableau* est un état de la France rurale au début du siècle. Il est de la même veine que les récits de voyages dans la France rurale profonde de Daniel Halévy, de Charles-Louis Philippe, et combien d'autres.

De l'exploration du globe, la géographie en est venue à une vision fine des campagnes françaises. Rétrécissement des horizons ou approfondissement dans le détail de l'hexagone ? Sans doute un détour nécessaire avant de s'engager, avec une méthode assurée, dans une « géographie universelle », de 1920 à 1946, dont la réalisation sera conduite par Emmanuel de Martonne et Roger Gallois, après la mort de Vidal de La Blache.

L'HÉRITAGE VIDALIEN

Une influence durable

❏ *Un bilan impressionnant.* Le bilan de cette œuvre est contradictoire. Vidal de La Blache ne prétendait pas être un théoricien, ni un homme de synthèse. C'est pourtant comme tel qu'il a acquis une belle autorité sur sa génération et les suivantes, sans doute parce qu'il régnait sur un désert. André Meynier émet quelques doutes sur l'apport fondamental de Vidal et estime que son aura provient autant de ses talents de pédagogue que de sa capacité à théoriser. Cela dit, Vidal de La Blache a marqué la recherche géographique par son innovation méthodologique. En tant que fondateur de la revue, les *Annales de Géographie*, en 1891, il a donné une impulsion décisive à la recherche. La publication de l'*Atlas historique et géographique* en 1894 a constitué un moment très important pour la diffusion et la popularisation de l'esprit géographique dans l'enseignement. Pour la première fois, la juxtaposition de cartes analytiques différentes portant sur un même espace permettait la mise en relation de phénomènes complémentaires suggérant une explication synthétique de l'ensemble considéré : carte topographique, carte géologique, carte climatique, carte des productions agricoles, etc. Vidal de La Blache mettait en pratique, dans cet atlas, cette recherche des corrélations, cette « connexité » ou cette « combinaison » qui était, selon lui, le propre de la géographie.

L'impulsion donnée à la géographie universitaire a fait se multiplier les sections de géographie dans la plupart des universités, dès avant la guerre de 14-18. La liaison avec l'histoire est restée organique, mais la recherche et l'enseignement sont devenus autonomes. Malgré la forte présence de la géographie physique, le tour littéraire donné par Vidal à la production géographique a légitimé le maintien de la discipline dans les facultés de Lettres. Les *Annales de géographie* sont devenues un vecteur de la diffusion de la recherche géographique universitaire. Le développement des études régionales et leur caractère concret a permis la vulgarisation de la géographie. L'enseignement primaire et secondaire a perdu, en partie, son aspect fastidieux et énumératif.

L'école de géographie française connaît son heure de gloire dans l'entre-deux-guerres. Au moment de sa mort en 1918, Vidal de La Blache était sollicité pour participer à la définition des frontières de l'Europe centrale et balkanique. Ce fut de Martonne, son héritier spirituel, qui se rendit auprès de la Société des Nations pour cet office. Il y a plus qu'un symbole en cette affaire. Il s'agissait de fixer des frontières en respectant à la fois les limites naturelles et celles des peuples tout en tenant compte du principe du droit des peuples à disposer d'eux-mêmes. Qui mieux que les géographes français étaient qualifiés pour ce genre de travail dans cette région européenne où la marqueterie des aires ethno-culturelles est particulièrement complexe ? Ce faisant, ils délimitaient les espaces des nationalités en croyant découper des territoires nationaux.

C'est évidemment en France même que l'influence vidalienne est la plus profonde. Pendant un demi-siècle au moins, le dogme vidalien règne sans partage ou presque. Seuls quelques historiens, tel Roger Dion à propos de la vigne, mettront en doute le rôle du milieu. Avec des nuances, certes, la pensée vidalienne est celle de tous les géographes de l'entre-deux-guerres. Dans un premier temps, l'école française a été prolifique en hommes et en œuvres de grande envergure. De plus, jamais comme alors, les universitaires n'ont accordé une telle importance à la traduction pédagogique de leurs recherches à destination de l'enseignement primaire et secondaire. La plupart des grands noms de cette période de l'entre-deux-guerres ont dirigé des collections de manuels scolaires, des éditions de cartes murales ou des ouvrages de vulgarisation scientifique. On peut citer, outre Vidal de La Blache, Jean Bruhnes, Albert Demangeon, Jean Deffontaines, etc.

Les développements de la géographie française dans les autres domaines ouverts par Vidal de La Blache, surtout en matière de géographie régionale, furent particulièrement féconds. Les monographies se sont multipliées. Les thèses régionales à la mode vidalienne ont couvert la totalité du territoire.

Vidal de La Blache avait décidé, en 1914, la publication d'une *Géographie universelle* dont la guerre, puis sa mort, ont empêché la réalisation. Lucien Gallois poursuivit cette ambition et la mena à son terme. La « G.U. » en 23 volumes reste un instrument de premier ordre pour la connaissance du monde. Elle reflète assez bien la conception de la géographie de la période post-vidalienne. L'approche est régionale, selon différentes échelles. Les volumes, consacrés à de vastes ensembles régionaux (l'Europe centrale, la Méditerranée, les péninsules méditerranéennes, l'Asie des moussons, etc.), se partagent entre une partie consacrée aux généralités physiques et une étude par pays. Les meilleurs spécialistes ont été requis pour cette tâche et certains volumes ont conservé un grand intérêt malgré le vieillissement des données. *L'Europe centrale,* dont s'est chargé de Martonne, donne une excellente étude de cette région européenne avant la parenthèse du socialisme, et retrouve aujourd'hui une actualité certaine. André Meynier signale toutefois les difficultés paradoxales soulevées par le volume consacré à la France. On pouvait attendre un ouvrage de synthèse. Les débats, les différences de conception en ont retardé pendant longtemps la publication. En définitive, la

France a fait l'objet de deux volumes : le premier, *La France physique*, a été rédigé par de Martonne, le deuxième, *La France, géographie humaine*, a été confié à Demangeon. Cet épisode montre combien l'unité proclamée de la géographie est difficile à gérer concrètement.

Une des questions résolues seulement en apparence, était bien, en effet, celle de l'unité de la géographie. Les rapports de l'homme et de la nature étant au cœur de la problématique, il allait de soi que la géographie comportait deux volets indissociables : le volet physique et le volet humain. Le primat était donné à la nature, même si l'aboutissement devait être l'explication des formes de l'occupation humaine. Lucien Febvre, qui a joué un rôle de premier plan dans la consécration des idées de Vidal de La Blache en lui apportant la caution des historiens et en légitimant sous le nom de « possibilisme » son indéniable déterminisme, pose ainsi le problème : « Quels rapports entretiennent les sociétés humaines d'aujourd'hui avec le milieu géographique présent ? tel est le problème fondamental et le seul que se pose la géographie humaine [...]. » Et pour préciser davantage : « La géographie physique est le support indispensable et le véritable ferment générateur de toute anthropogéographie sérieuse et digne de considération. »

La cause est entendue. Tous les successeurs de Vidal lui emboîtent le pas. Ils récusent le déterminisme de Ratzel, « l'histoire faite par le sol et le climat » comme le dit Brunhes, mais l'objet de la géographie, c'est la part de la nature dans l'explication des faits humains. Dès lors, on comprend pourquoi la géographie physique, qui vise à spécifier les *milieux*, acquiert progressivement une autonomie par rapport à la géographie humaine. On a récusé Ratzel mais parfois, les géographes français ont fait bien pis. Les premières études de géographie électorale d'André Siegfried, son *Tableau politique de la France de l'Ouest*, date de 1914, qui cherchait dans les conditions naturelles les raisons des comportements électoraux ont entraîné par la suite des conclusions sommaires transmises de génération en génération, même si la démarche n'était pas dépourvue d'intérêt. Par exemple : l'instituteur sur le calcaire, le curé sur le granit ; l'Ardèche verte des terres cristallines et volcaniques du Nord, bovine, catholique et votant à droite et l'Ardèche blanche du Sud, calcaire, ovine, protestante et votant à gauche, etc.

❏ ***Les effets pervers du vidalisme.*** Celui qui a sans doute joué le plus grand rôle dans la diffusion de la géographie vidalienne est le propre gendre de Vidal, Emmanuel de Martonne (1873-1955), qui a, outre son talent et sa culture encyclopédique, recueilli une part de l'autorité du maître. Dès 1899, nommé à la faculté de Rennes, il crée un laboratoire de géographie physique dans les locaux de la faculté des Sciences. En 1909, il publie son *Traité de géographie physique* consacré au climat, à l'hydrographie, au relief et à la biogéographie. Malgré son souci de relier ces quatre branches entre elles, la place de choix est donnée à la géomorphologie, c'est-à-dire à l'explication des formes du relief terrestre. Commence alors ce qu'on peut appeler la perversion morphologique de la géographie dont les effets se font encore sentir aujourd'hui. La raison de cette prépondérance est à rechercher, d'abord, dans le caractère « scientifique » (science de la nature) indubitable de cette branche de la géographie. La géologie, la lithologie (la nature des roches), la structure (l'agencement des couches), les agents d'érosion se conjuguent pour expliquer les formes de relief qu'on peut définir clairement comme appartenant à des types classés et répertoriés. De plus, la géomorphologie peut se pratiquer aussi bien sur le terrain qu'à l'aide de cartes topographiques accompagnées de cartes géologiques, à différentes échelles. Or, cette étude précise éclaire les paysages ruraux, la disposition de l'habitat, le site des villes. La géomorphologie, devenue une sorte de fondement de la géographie humaine, détenait tous les attributs nécessaires à un développement autonome. Ainsi, l'école française de géographie fut-elle, pour un temps, dominée par la géomorphologie, avec Emmanuel de Martonne, puis Henri Baulig puis André Cholley et Pierre Birot. Et combien de géographes ont commencé leur carrière en présentant des thèses de morphologie ou à forte composante morphologique ! Les grands débats qui ont traversé la géographie furent, en réalité, jusque dans les années 1960, des débats entre morphologues.

Vidal de La Blache n'est évidemment pas responsable de cette « perversion morphologique » de la géographie française, mais elle était contenue en germe dans une logique qui place la nature comme préalable à l'organisation de l'espace terrestre.

Dans la même logique vidalienne, ces morphologues ont tous défendu l'idée de l'unité de la géographie. Emmanuel de Martonne avait sans doute pressenti la difficulté théorique. Il posait alors l'unité de la géographie comme fondée, non sur un objet défini, mais sur la méthode, faite d'observation, d'explication, de localisation et de représentation cartographique : « Croire que les sciences peuvent être considérées comme ayant un objet distinct est une conception qui n'est plus en harmonie avec les progrès de la science moderne. C'est par leur méthode que les sciences se différencient […]. » L'unité de la géographie serait ainsi fondée sur la cartographie. André Siegfried ne disait pas autre chose dans une formule extensive : « Tout ce qui est cartographiable est du domaine de la géographie. » D'un point de vue théorique, cette justification est un peu courte.

La géographie humaine, quant à elle, ne connut de développement que dans le respect des présupposés vidaliens. Max Sorre (1880-1962), par exemple, après une thèse de « géographie biologique » sur les Pyrénées méditerranéennes, et de multiples travaux de géographie physique, tenta de définir, au terme de sa carrière, les fondements de la géographie humaine (*L'Homme sur la terre,* Hachette, 1961). Mettant l'accent sur le jeu du *milieu* sur l'homme et, réciproquement, sur l'action de l'homme sur le *milieu*, il écrit : « Pour une grande part, la géographie humaine se présente comme une écologie de l'homme. » Les « milieux naturels » forment des « complexes géographiques élémentaires ». Les genres de vie avec leur extension constituent le « terme de passage entre l'activité des groupes humains (les milieux sociaux) et les propriétés du milieu ». Autrement dit, Max Sorre modernise quelque peu les *Principes de géographie humaine* de Vidal mais en conserve les notions de base et la démarche d'ensemble. Il est le dernier représentant d'une géographie humaine vidalienne.

La tonalité ruraliste l'a emporté jusque dans les années 1950. La tradition vidalienne, prolongée par A. Demangeon, J. Brunhes, J. Blache, et bien d'autres, s'est attachée à définir les types de paysages ruraux, les types de maisons rurales au moment même où les historiens se penchaient sur l'histoire rurale. Un débat s'est ouvert entre R. Dion et D. Faucher à propos du rôle respectif de l'histoire et des conditions naturelles dans la localisation de la vigne en France (voir le texte de G. Bertrand, chap. 5). Le livre de l'historien Marc Bloch, *Les Caractères originaux de l'histoire rurale française* (1931), est resté un classique dans la formation des géographes. En plaçant l'étude des paysages au centre de la discipline, on parvenait à lui donner un objet simple et concret. Le paysage rural est en lui-même un mariage entre la nature et l'histoire, le produit d'une synthèse entre les sciences de l'homme et les sciences de la nature. Pour cette raison, et parce que les paysages français sont si variés et si nuancés, la géographie française est tombée dans un autre travers : le ruralisme. Au regard des retards de l'économie française de l'entre-deux-guerres abritée derrière un protectionnisme qui visait à protéger, moins l'économie agricole, qu'un électorat paysan réputé conservateur, on le conçoit aisément. On comprend moins que cette tendance au ruralisme se soit poursuivie aux lendemains de la Seconde Guerre mondiale, sinon comme le résultat d'une inertie ancienne.

❏ *Unité et synthèse* sont précisément les thèmes majeurs des successeurs de cette grande génération vidalienne. A. Cholley, J. Tricart, M. Le Lannou, R. Blanchard, A. Meynier, P. George, J. Dresch, J. Beaujeu-Garnier, Ph. Pinchemel, tous ceux qui marquent la période d'après-guerre s'accordent sur ces deux termes. Il faut sauvegarder l'unité de la géographie parce qu'elle est science de synthèse.

J. Beaujeu-Garnier a, peut-être mieux que tout autre, exprimé cette ambition démesurée de la géographie. Qu'est-ce que la géographie ? « C'est l'observation de faits concrets inscrits à la surface de la Terre. » A la différence du géologue, du démographe ou du sociologue, « ce qui fait la particularité du géographe, c'est que le fait qui lui sert de départ, n'est à peu près jamais simple [...] ! Il est le spécialiste de l'ensemble, du complexe. La géographie est la recherche des rapports entre des phénomènes de nature différente, le cadre naturel et les sociétés établies [...]. La géographie est l'étude de leurs interrelations, de leur combinaison associant inéluctablement phénomènes physiques – donc sciences de la Terre – et faits humains – donc sciences sociales et économiques. Elle se trouve être une discipline carrefour ».

Maurice Le Lannou s'était fait quelques adversaires en publiant sa *Géographie humaine* (1949) dans laquelle il paraissait prendre ses distances avec la géographie physique : « Tout ce qui dans l'étude morphologique ou climatique ne contribue pas à établir et à justifier, une hiérarchie d'aptitudes, sort du domaine géographique. » En clair, cela signifie que la géographie est d'abord humaine et que toute recherche physique faite pour elle-même sans rapport direct avec l'organisation de l'espace par les hommes est non géographique. Cette idée d'une subordination de la géographie physique à la géographie humaine était subversive et riche de perspectives. M. Le Lannou éprouvait cependant le besoin d'ajouter : « La conscience de cette primauté de l'homme, loin d'affaiblir l'intérêt des recherches de géographie naturelle, doit au contraire les unifier, les justifier, les exalter même. » Cette contradiction traduit assez bien le blocage de la réflexion géographique française enfermée dans la logique de la pensée vidalienne.

Poser comme hypothèse que la géographie est, par essence, humaine était incongru en France jusqu'à une date récente parce qu'était remise en question du même coup l'idée d'une science de synthèse et d'une science carrefour.

❑ *Que retenir de ce survol historique ?* Tout d'abord que la géographie, description de la surface de la Terre, s'est trouvée amputée de toute sa partie astronomique et mathématique dès que les « Découvertes » ont couvert la totalité de sa surface. On peut même ajouter que la couverture cartographique des continents ou des mers ne fait pas partie du domaine de la géographie, même si l'utilisation de ces instruments par les géographes reste essentielle et même si la géographie ne se conçoit pas sans un système de représentation cartographique. L'Institut géographique national constitue un appareil technique de production de cartes sans lien organique avec la recherche géographique universitaire jusqu'à une date récente. Pour les mêmes raisons, la cartographie de la planète Mars ou de la Lune ne peut être considérée comme géographique que par analogie ou abus de langage.

Depuis le XIXe siècle, la géographie s'est érigée en science autonome de l'histoire. Ses fondateurs, allemands, en particulier, en ont fait une écologie humaine, c'est-à-dire une science de la nature qui a comme finalité l'explication de la distribution des hommes à la surface de la Terre en fonction de leur adaptation aux conditions naturelles.

L'école française de géographie s'inscrit dans la même démarche, celle de la recherche des rapports de l'homme au milieu naturel. Mais, en mettant l'accent sur la complexité des phénomènes inscrits à la surface de la Terre, son déterminisme s'en est trouvé édulcoré. Le « possibilisme » est un déterminisme relatif. La géographie est restée science naturelle tout en s'intéressant de plus en plus à l'homme. La contradiction engendrée par ce déterminisme larvé ne pouvait se résoudre que dans cette idée d'une géographie, science de synthèse à deux composantes, l'une relevant des sciences de la nature, l'autre relevant des sciences humaines. La géographie avait alors vocation à s'intéresser à tout puisqu'elle faisait appel à toutes les sciences de la nature et que « rien de ce qui touche à l'homme ne lui est étranger » (P. George).

Dès le temps de Vidal de La Blache, les querelles ont fleuri avec les sciences de l'homme et, tout particulièrement, avec cet « ennemi héréditaire » de la géographie qu'est la sociologie. La bataille a fait rage entre Vidal de La Blache et Lucien Febvre d'une part, et Durkheim d'autre part. Pourtant ces contradictions n'ont pas empêché l'école française d'être féconde. Peut-être est-ce le succès qui a entretenu, en fin de compte, l'inertie, le maniérisme et la sclérose.

La géographie vidalienne a posé beaucoup plus de questions qu'elle n'en a résolues. La géographie est-elle une science naturelle ? Il ne suffit pas de se réfugier dans l'affirmation qu'elle s'intéresse au concret ou au « terrain » pour la fonder comme science de la nature ; il ne suffit pas non plus de dire qu'une science ne se définit pas par son objet mais par sa méthode pour régler le problème de son unité ; il ne suffit pas de la déclarer science de synthèse entre les sciences de la nature et les sciences de l'homme pour lui donner un objet et un statut scientifique.

A bien des égards, l'école française de géographie a gagné ses lettres de noblesse, mais ces questions non résolues ont resurgi avec force lorsque de nouvelles tendances sont apparues ailleurs qu'en France, et en particulier dans les pays anglo-saxons qui n'avaient pas les mêmes traditions, ni les mêmes réalités rurales, ni la même diversité régionale que la France. La géographie vidalienne était en symbiose avec la France rurale de l'entre-deux-guerres. Elle s'est trouvée déconnectée de ce substrat lorsque les mutations économiques et sociales de l'après-guerre ont bouleversé l'espace français au point de disqualifier l'ancienne problématique vidalienne et toutes ses certitudes. Malgré l'intense rénovation en cours, il en reste beaucoup de traces aussi bien dans l'enseignement secondaire qu'à l'université, ne serait-ce que parce que la « querelle des anciens et des modernes » n'est pas close. C'est que les choses ne sont pas claires non plus concernant la « nouvelle géographie » appelée à remplacer l'ancienne.

DOCUMENTS

Les deux textes qui suivent décrivent les mêmes régions. L'extrait du Tableau de la géographie de la France *montre le poids accordé par Vidal de La Blache à la géographie physique et en particulier à la géologie dans l'explication de la différenciation régionale. On notera la qualité stylistique de la description qui est devenue un modèle pour les géographes des générations suivantes.*

Le texte de D. Halévy révèle la force du courant ruraliste qui emprunte beaucoup à la géographie vidalienne. On pourrait conseiller de lire ce texte en suivant l'itinéraire du marcheur sur la carte topographique au 1/50 000ᵉ de Charenton du Cher.

■ Vidal de La Blache : *Tableau de la géographie de la France*

La partie méridionale du Bassin parisien s'appuie au Massif central et au Morvan. Elle reproduit dans ses lignes générales l'ordonnance par zones qui caractérise l'ensemble ; successivement les types argileux et calcaires du système jurassique, puis du système crétacé, introduisent leur note connue dans l'aspect des contrées. Aux argiles correspondent les herbages du Nivernais, aux calcaires, les champagnes de Bourges et de Châteauroux, à la craie les roches qui encadrent les vallées tourangelles. Toutefois, des éléments nouveaux viennent modifier la physionomie.

Il faut signaler surtout l'étendue considérable que prennent à la surface les nappes des dépôts tertiaires. De divers côtés, sans régularité apparente, des sables ou argiles recouvrent les couches plus anciennes. Déjà au Nord de la courbe septentrionale de la Loire, les sables sur lesquels est assise la vaste forêt d'Orléans, nid de brouillard et autrefois de marécages, font prévoir l'apparition de ce type de contrée qui va devenir plus fréquent vers le Sud. Les forêts ne manquent pas assurément dans le Nord du Bassin Parisien ; mais celles du Sud ont souvent un aspect différent : ce sont des brandes, mélanges de bois, de landes et d'étangs. Le relief n'a que contours indécis, horizons bas et mous. C'est surtout vers la périphérie de ces brandes que les bois s'épaississent, on voit ainsi les coteaux qui encadrent les vallées de la Loire et du Cher s'assombrir, au sommet, par des lignes de forêts. La vie seigneuriale et princière se complut à certaines époques dans ces demi-solitudes giboyeuses ; elle y dressa des châteaux. Chambord découpe comme dans un paysage de contes de fées les silhouettes de ses tourelles. Mais, en général, dans cette France centrale où tant de rapports se nouent, ces pays, Brenne, Sologne représentent et surtout représentaient une vie à part, pauvre, souffreteuse, défiante. Un certain charme pittoresque n'en est pas absent, mais il a lui-même quelque chose d'étrange ; il tient surtout aux effets du soir, aux obliques rayons dont s'illuminent ces mares dormantes, ces bruyères et ces ajoncs entre les bouleaux et les bouquets de bois. C'étaient des taches d'isolement, de vie chétive, interrompant la continuité des campagnes fertiles.

Ces sables quartzeux à particules granitiques, associés à des graviers, sont des dépôts de transport qui tirent leur origine du Massif Central. Lorsque, dans la période tertiaire, l'ancien massif, presque réduit par l'usure des âges à l'état de plaine, commença à se relever dans le Sud et dans l'Est, toutes les forces de l'érosion se ravivèrent. La région surexhaussée livra ses flancs à une destruction dont les dépouilles, entraînées vers le Nord et l'Ouest formèrent de larges nappes détritiques. Des terrains argileux jonchent alors la surface. Chacune de ces nappes correspond à un pays que signale un nom d'usage populaire, traduisant à la fois la nature du sol et le caractère des habitants. Ici les noms de Sologne et de Brenne s'opposent aux Champagnes berrichonnes.

La partie méridionale du Bassin Parisien a par là le caractère d'une région de transition. On n'y trouve plus la même netteté de zones que dans l'Est, la même ampleur et régularité que dans le centre du bassin. Nous avons indiqué une des causes qui contribuent à brouiller les traits : il en est une autre, sur laquelle nous aurons à revenir : c'est le divorce accompli tardivement entre le faisceau fluvial de la Seine et celui de la Loire. Ce démembrement n'a pas suffi pour détruire l'unité fondamentale du bassin, mais il a donné naissance à des rapports nouveaux. Les influences de l'Est le disputent à celles du Nord. Les vieilles divisions historiques sont là pour nous en avertir. Nous allons quitter la Lugdunaise pour l'Aquitaine romaine ; une Aquitaine, il est vrai, d'extension factice, qui comprend la Massif Central presque en entier, et qui, dans la suite, est devenue la province ecclésiastique de Bourges.

BERRY

Le Sancerrois et la Sologne contribuent à isoler du Val de Loire le Berry. Les destinées du Berry se sont développées entre des pays de brandes, bois ou bocages qui l'enserrent au Nord et au Sud. Il correspond physiquement à la série des Champagnes qui se déroulent autour de Bourges, Issoudun, Châteauroux, en connexion avec celles de la Bourgogne d'une part, du Poitou de l'autre ; ce sont les plateaux de calcaires jurassiques par lesquels s'achève au sud-ouest l'arc concentrique qu'ils décrivent. La contrée rentre ainsi dans l'ordonnance générale du Bassin.

Dans les intervalles que les rivières, rares mais pures et herbeuses, laissent entre elles, des plateaux secs à pierrailles blanches s'étendent, assez solitaires. Les substances fertilisantes ne manquent pas, et quand ce sol est recouvert d'une couche de limon, il donne des terres fromentales, où de temps immémorial alternant moissons et jachères, champs de blé et pâtures à moutons. Ainsi s'est fixé un mode d'existence fidèlement suivi de génération en génération. Autrefois, le fer était partout à la surface, sous forme de petits grains dans les sables ; en peu de pays on trouve autant de vestiges d'anciennes ferrières. C'est une contrée dont les ressources étaient faciles à mettre en œuvre, mais sujettes à s'épuiser, d'ailleurs limitées, et insuffisantes pour permettre un degré élevé de densité de population. Souvent le limon fait défaut ; et alors, sporadiquement, reparaît la forêt. La vie urbaine et restée médiocre en Berry. Les sites où elle s'est fixée paraissent rentrer dans deux types différents. Quelques villes ont utilisé les positions défensives formées par les escarpements au contact des roches différentes : ainsi Châteauneuf-sur-Cher, Dun-le-Roi. D'autres ont recherché des sites où les plates-formes s'inclinent doucement vers des rivières coulant presque à plein bord. Cinq rivières se rencontrent au pied de la légère éminence que surmonte la cathédrale de Bourges, et l'enlacent presque de leurs marécages et de leurs bras morts.

Ces rivières sont belles et claires. En entrant dans les plateaux calcaires elles ont modifié leur physionomie ; le Cher s'épure au delà de Saint-Amand, après avoir laissé sur sa droite, sans se laisser entraîner par elle, la large rainure que l'érosion a entaillé dans les marnes du lias, comme pour tracer d'avance dans ce fossé où les eaux abondent, le lit du canal entre le Cher et la Loire. Désormais dans les roches fissurées et perméables à travers lesquelles il s'écoule, il perçoit le tribut des eaux souterraines. Car le Berry calcaire, comme tous les pays qu'ont affectionnés les Gaulois, a des sources rares, mais fortes, où se résument les infiltrations de surface.

Vidal de La Blache, Tableau de la géographie de la France
in Lavisse, Histoire de France, Hachette, 1903, pp. 150-157.

■ Littérature géographique : Daniel Halévy, *Visite aux paysans du Centre*

Il y a deux routes pour monter en Bourbonnais : l'une qui passe par Nevers, longe la Loire et l'Allier ; c'est la route des vallées, la plus ouverte et la plus courte. L'autre traverse le Berry et les forêts qui le limitent au sud ; suivons-la cette année, passons la porte d'Auron.

Le chemin de fer côtoie une rivière active. Les bûcherons, en plein travail dans la forêt qu'on ne voit pas mais qui est proche, ont envoyé vers elle ces troncs qui l'encombrent, ces troncs moussus, mouillés, coupés et qu'on achemine vers la ville.

Allons vers la forêt, quittons la voie ferrée, piquons vers l'est. La route monte, et la campagne entière, d'un seul mouvement, s'élève comme un glacis égal et doux. Il pleut, les nuées d'arrière-automne resserrent l'horizon. Pas un travailleur n'est aux champs, leur tâche est faite, ils ont jeté leur graine. Un bourg sur la pente : Ainay-le-Château, pauvres maisons rangées sur leurs assises et sur les vestiges d'une ruine féodale. Deux tours encadrant une porte barrent la route qui s'humilie sous elles. La côte persiste une demi-lieue encore, puis s'atténue, cesse, et voici la plaine, immense espace de cultures que borde au loin la ligne noire de la grande forêt dont la vue hâte le pas des voyageurs.

Elle semble posée au niveau qui nous porte : mais non ; tout à coup la route, la plaine entière s'affaisse, comme le sol manquant sous le pas ; elle ne s'abaisse pas, elle tombe, creusée par une ondulation énorme, et au bas des pentes, apparaît un village dont les maisons éparses semblent posées sous la forêt qui se relève en arrière, et dresse au-dessus des toitures la houle et le désordre de ses crêtes.

Que se passe-t-il dans les profondeurs de la Terre ? Quelle articulation franchissons-nous ? Un géologue le dirait en mots savants qui resteraient pour nous des mots. C'est assez d'avoir vu ; cette Terre qui vacille et se couvre d'arbres est une Terre nouvelle qui veut un nom nouveau, et le premier paysan venu nous instruira : ici le Berry prend fin, le Bourbonnais commence. Un mouvement du sol entraîne tant de choses : les hommes vont différer un peu, et différer aussi les usages de ces hommes, et leur histoire et leur langage, leur français un peu lourd et patoisant.

Oui, le voyageur qui chemine, pas à pas et les pieds dans la boue, à travers les futaies dénudées et sans voix, les hautes futaies où l'automne sournois a fait place à l'hiver ; le voyageur qui regarde longtemps les sous-bois de fougère et de houx, qui marche au chant triste et sanglotant des eaux, parmi la macération des feuilles ; qui l'une après l'autre franchit toutes les côtes, comprend maintes choses qu'auparavant il avait mal comprises, il les éprouve pas à pas et les accepte en leur puissance : elles sont ainsi, c'est bien qu'elles soient ainsi. Les vaines, les naïves fiertés, laissent toutes ; et d'être par elles laissé, il ne se sent pas diminué. Infime dans la forêt déserte, il avance. Un orgueil impersonnel fortifie et prend la place des pensées. Un hymne, peut-être une prière, mêlée au rythme de ses pas, murmure autour de lui et s'avance à travers la forêt : « Notre père qui êtes dans la terre, dit cet hymne, répètent ces pas monotones ; notre père qui êtes la terre, notre terre qui êtes notre dieu. »

Les arbres cessent, l'horizon s'ouvre, le Bourbonnais paraît d'un coup : une ondulation de cultures, de hameaux, une agitation douce et sans terme.

Le clocher de Cérilly pointe au bout de la route animée. Le Bourg, d'un peu haut, d'un peu loin, surveille ses campagnes...

Le peuple de paysans qui vivait ici, loin des villes et des routes passantes, resta longtemps sans organe et sans voix... Nous lui devons peut-être ce qu'il y a de meilleur dans Paris. Les hommes suivent les vallées, et la masse parisienne est venue de la Haute-Bourgogne par la Seine, ou de l'Auvergne, du Bourbonnais ou du Berry par la Loire et la Beauce qui est à peine un seuil... Les maisons ouvrières de Paris sont des villages du Centre : les mœurs y sont pareilles. La servante de Molière est une fille du Centre – j'opine, une morvandiote...

Qui a découvert ces campagnes, terre, bêtes et gens ? C'est George Sand...

D. Halévy, *Visite aux paysans du Centre*,
Grasset, 1921, pp. 12-16.

■ Géographie poétique : Julien Gracq, *Carnets du grand chemin*

Julien Gracq est géographe de formation. Louis Poirier, de son vrai nom, passe l'agrégation d'histoire et de géographie en 1934. D'abord assistant de géographie à l'université de Caen, il commence alors, sous la direction d'Emmanuel de Martonne, une thèse de géomorphologie. Puis il enseigne, jusqu'à sa retraite de professeur, l'histoire et la géographie au lycée Claude-Bernard à Paris.

Y a-t-il un motif unique dans la quête qui m'aiguillonne au long de telles routes ? Quelquefois il m'a semblé que j'y poursuivais le règne enfin établi d'un élément pur – l'arbre, la prairie, le plateau nu à perte de vue – afin de m'y intégrer et de m'y dissoudre « comme une pierre dans le ciel » pour reprendre un mot d'Éluard qui m'a toujours laissé troublé.

Saint-Flour : il y a un rappel de l'Italie dans la manière qu'a la ville de coiffer de ses tours la colline abrupte, dans le dessin spacieux de son esplanade, dans la belle pierre noire de ses hôtels aux cours herbeuses, qui sont ceux d'une ancienne petite cité princière de l'Apennin ou des Abruzzes ; mais, dès qu'on quitte le sommet du plateau – sa cathédrale, son évêché, ses lourds bâtiments officiels carrés et l'arceau bas de leur porche, frais et ombreux comme le corps de garde d'une capitainerie de Castille – la dégringolade paysanne des ruelles de terre ravinées est pleine de chats errants et de traînées d'urine. Du haut de sa terrasse, par delà la coupure profonde du ravin, on découvre l'énorme dos de baleine de la Margeride qui court plonger vers le sud, les lourdes ombres de ses nuages glissant sur des sapinières plus touffues que celles des Vosges. Aucune route ne traverse Saint-Flour – le carrefour, bondé de postes d'essence et de stations-service toutes neuves, très loin en contrebas de la ville, s'atteint au bout d'une spirale descendante qui dévale la butte plate. C'est un « bout du monde » suspendu au-dessus d'un panorama de plateaux bossués tout tigrés de nuages, ses maisons tellement à la gêne sur le sommet rétréci de la butte que leur porte s'est comprimée en une fente étroite où il semble qu'on ne peut entrer que de profil. Le nom délicieux de la ville comble à la fois l'oreille et le palais par sa sonorité en même temps veloutée et compacte, sa saveur et sa consistance naïve de *far* paysan : Saint-Flour, où s'est distillée la quintessence des herbages odorants du Cantal, et moulu le blé de ses planèzes, lourd comme la grenaille de plomb, est un gâteau auvergnat compact de fleur de farine.

J. Gracq, *Carnets du grand chemin*,
José Corti, 1992, pp. 69-72.

2
Les précurseurs de la « nouvelle géographie »

L'innovation qui a permis à la géographie française de sortir de l'impasse n'est pas d'origine hexagonale. Elle est venue d'Allemagne ; elle a été largement développée aux États-Unis et n'est parvenue que tardivement en France, ressourcée par les recherches américaines. Elle n'est d'ailleurs pas d'essence géographique mais sociologique et économique.

D'un côté, la poussée urbaine qui se produit aux États-Unis au début du XXe siècle est l'occasion pour les sociologues américains de lancer une réflexion approfondie sur le phénomène urbain, dans le cadre de « l'École de Chicago ».

De l'autre, l'aptitude à théoriser des philosophes et des économistes allemands est à l'origine d'un important courant de réflexion sur les localisations.

La répartition des hommes et de leurs activités est-elle aléatoire ? Des régularités apparaissent dans la localisation. L'espace économique n'est donc pas anarchique. Les « modèles spatiaux » ont été construits pour mettre au jour les lois fondamentales de l'organisation de l'espace par les agents économiques, les activités de production, les échanges, les services, etc. Le postulat, explicite ou implicite, est que des lois immanentes règlent les destinées spatiales des sociétés, ce qui revient à dire que les formes spatiales élémentaires sont universelles et transhistoriques. « Tout ce qui touche à l'homme est contingent », disait Vidal ; avec les modèles spatiaux on est dans une logique inverse.

L'ÉCOLE DE CHICAGO

Le contexte américain se prêtait à une nouvelle approche de l'espace. L'espace américain a, en effet, ses spécificités, très différentes de l'espace profondément historicisé du vieux continent. On a dit, à juste titre, que la campagne n'existe pas aux États-Unis et que la société américaine n'a jamais été rurale si ce n'est dans quelques contrées de la Nouvelle Angleterre. Qu'il s'agisse des frontières, les *townships*, ou des concessions de terres, le découpage territorial des États-Unis s'est fait sous le signe du carré. Ce découpage des terres selon les parallèles et les méridiens est le propre d'un pays neuf vidé de ses occupants antérieurs, indiens en l'occurrence. L'espace de la conquête est géométrique. La ville a, dès l'époque de la « Frontière », constitué la structure fondamentale de la société, et les métropoles ont rapidement organisé cet espace selon une hiérarchisation nette. La prédominance du Nord-Est, la formation de la Mégalopolis (Jean Gottman, *L'Amérique,* Hachette, 1969) sur la façade atlantique, celle du contact portuaire avec l'Europe, l'organisation simple du système urbain intérieur à partir du réseau de transport transaméricain, routier et ferroviaire, tout concourait à la réflexion sur le rapport entre un espace vierge et la ville. Par ailleurs, le peuplement des États-Unis alimenté par les vagues successives d'immigrants européens, le type de démocratie américaine fondée sur le droit du citoyen face à l'État et sur une société organisée en communautés ethno-culturelles inclinaient aux recherches sur le fonctionnement du *melting pot* et donc, sur les modes d'intégration des nouveaux arrivants par la ville. Cette spécificité américaine a été parfaitement perçue par Tocqueville un siècle plus tôt (*De la Démocratie en Amérique*, 1835-1840).

Ezra Park, fondateur de l'École de Chicago

De 1900 à 1930, la population de Chicago double. Cette ville, en pleine croissance, attire alors une population d'immigrants récents et de noirs en provenance du Sud. Grand nœud ferroviaire et industriel sur les rives du lac Michigan, Chicago est un des centres du capitalisme américain en même temps qu'une ville en constante effervescence. Cette atmosphère de crise de croissance s'alourdit encore en ce temps de prohibition et de gangstérisme institutionnalisé.

L'École de sociologie de Chicago, qui s'épanouit dans ce contexte, rassemble, dans une ambiance pluridisciplinaire, des sociologues, des urbanistes et quelques géographes. Le thème principal de recherche porte sur le fonctionnement et l'organisation du milieu urbain.

Le fondateur de l'École de Chicago est Robert Ezra Park, un sociologue formé à la philosophie allemande, transfuge du journalisme. En 1916, il rédige ses *Propositions de recherche sur le comportement humain en milieu urbain*. Quelques années plus tard, en 1925, il publie, avec ses principaux collaborateurs, dont E.W. Burgess, *The City*, une synthèse de leurs recherches.

E. Park considère la ville comme un « laboratoire de recherche sur le comportement collectif ». Sa problématique est une sorte de darwinisme social qui fait de la ville un organisme vivant dans lequel les individus se livrent à la compétition, à la concurrence et à la « lutte pour la vie ». Constatant la violence des luttes interindividuelles dans la vie urbaine, il remarque en contrepartie un développement de formes de défense par regroupement des individus selon leurs affinités et leurs appartenances culturelles. La ville se construit en fonction d'un double processus de « sélection naturelle » par la compétitivité d'une part, et d'intégration par l'affirmation de l'appartenance à un groupe, d'autre part. La ville, « milieu naturel de l'homme libre », est le lieu de la socialisation des individus déstabilisés et déracinés qui cherchent des moyens d'existence selon leurs possibilités, leurs savoir-faire ou leurs talents. La ville pousse, au départ, à l'isolement des individus, mais elle permet l'excentricité et la marginalité. « Les déviances trouvent un milieu pour s'épanouir. » Livré à la concurrence professionnelle dans le cadre d'une division du travail complexe, à la compétition pour le logement, à la recherche de revenus, chaque individu tente de tirer parti du milieu urbain en nouant des relations de solidarité et de voisinage avec ceux qui sont dans une situation analogue et qui ont les mêmes règles morales ou culturelles. Des communautés de nature diverse se forment : les gangs de délinquants naissent dans les quartiers pauvres et font régner leur ordre ; les immigrants se regroupent entre eux avec leur langue, leur culture, leur morale. La ville devient ainsi une mosaïque de milieux et de micro-sociétés en perpétuelle mobilité, en équilibre instable et en constant réajustement. Cette hétérogénéité et cette mobilité empêchent le jeu « normal » des institutions, l'École, les Églises, la loi. Aux yeux de Park le quartier *hobo* où vit une population cosmopolite, d'artistes et d'intellectuels *(hobohemia)*, en situation transitoire, constitue un terrain de choix pour l'investigation. De la même façon, le ghetto juif, situé dans la zone des taudis qui entoure le Loop, le centre d'affaires de Chicago est le lieu d'accueil des immigrants de l'Europe centrale. Ils y retrouvent une atmosphère familière, une solidarité à toute épreuve, le yiddish, des lieux de cultes. Mais, dès la deuxième génération, les jeunes cherchent à s'implanter dans le quartier *Deutschland* où se retrouvent ceux qui ont « réussi » socialement, au prix d'un abandon partiel de leur « morale ». Puis, ceux qui ont des revenus suffisants s'installent dans les quartiers résidentiels aisés en perdant leur identité originelle et en s'identifiant aux catégories sociales de leur voisinage.

La régulation « naturelle » de la société urbaine tend d'un côté à l'homogénéisation des groupes, de l'autre à leur dissolution. La compétition entraîne la ségrégation sociale et raciale. Il est illusoire de croire qu'il serait possible de contrecarrer ces tendances en jouant sur les prix du foncier. « Le processus de la ségrégation n'est ni voulu ni maîtrisé. Les intérêts professionnels, économiques et individuels conduisent inéluctablement à la ségrégation. » Les emplacements avantageux pour les affaires et la résidence des populations aisées sont ceux dont la valeur foncière exclut les classes pauvres.

Ce n'est donc pas son plan qui fait la ville. Le plan en damier, avec son jeu de blocs, d'immeubles, de rues orthogonales, n'est que l'organisation matérielle de l'organisme urbain. De la même façon, les voies de communications peuvent orienter les formes de ségrégation et influer sur l'organisation des communautés ; elles ne déterminent pas la « structure urbaine ».

Les modèles de Burgess, Hoyt, Harris et Ullman

Dans son analyse de la croissance urbaine, Burgess exprime des vues complémentaires de celles de Park. La croissance met en jeu des forces profondes et subversives, des processus d'agrégation et d'expansion. L'expansion urbaine s'opère sous la forme de zones concentriques du Loop vers la périphérie. Dans un mouvement de « succession », chaque zone a tendance à déborder sur la suivante.

Le modèle de Burgess

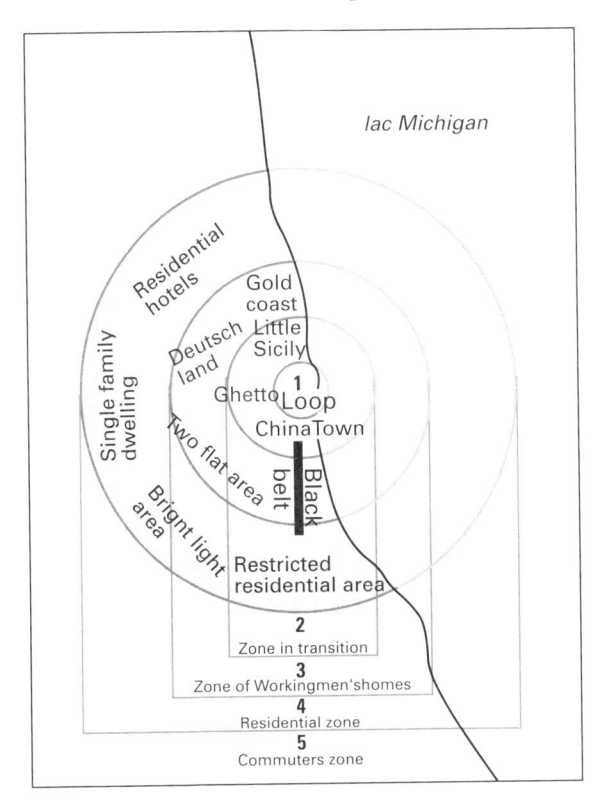

La zone 1 est le centre des affaires, celle vers laquelle convergent toutes les voies de communication. Le Loop, le *Central business district* de Chicago (C.B.D.), regroupe les grands magasins, les hôtels, l'Hôtel de Ville, les théâtres, les gratte-ciel, les bureaux. Chaque jour, un demi-million de personnes viennent y travailler, venant de l'extérieur. Il est ceinturé par une ligne de chemin de fer aérien.

La zone 2 est une aire de transition et de détérioration. Les industries légères et la main-d'œuvre qualifiée qui résidait à proximité laissent la place à une population interlope qui occupe désormais les taudis. C'est là que se situe le quartier Hobohemia, la rue de la « clochardise », le quartier du vice, à proximité immédiate du Loop. Les nouveaux immigrants s'organisent en « ghettos ». On y trouve la Petite-Sicile, le quartier juif, China town, la ville grecque, le ghetto noir qui s'insinue vers le sud.

Les précurseurs de la « nouvelle géographie »

La zone 3 est la zone de succession de la zone 2. Les ouvriers qui ont quitté les taudis se sont relogés dans les meublés ou dans les immeubles à deux étages. C'est une aire d'implantation de la deuxième génération. Sur les rives du lac Michigan au sud, le quartier universitaire en fait partie mais il est de plus en plus encerclé par le *blackbelt*. Les habitants de cette zone regardent vers la « terre promise », la zone 4.

La zone 4 est l'aire résidentielle par excellence avec ses maisons individuelles et ses immeubles de luxe. Les rues commerçantes, les hôtels, les maisons de rapport s'organisent en *bright light areas*, des espaces de lumière.

La zone 5 est celle des *commuters*, les banlieusards qui se trouvent à plus d'une demi-heure du C.B.D.

Burgess ajoute que des loops satellites sont apparus dans les zones excentriques selon un processus de « décentralisation centralisée ». Il insiste beaucoup sur l'idée que cette structure en zones concentriques n'est que le cadre d'un processus contradictoire de désorganisation/réorganisation des individus et des communautés.

Le schéma concentrique de Burgess de la croissance urbaine a souvent été compris par les géographes comme un modèle spatial. Il s'agit bien plus d'un modèle sociologique, qui n'a aucune prétention géographique.

Le modèle de Hoyt

1 C.B.D. : centre des affaires
2 Commerce de gros et industries
3 Résidence des classes pauvres
4 Résidence des classes moyennes
5 Résidence des classes aisées

De la même façon, on présente souvent le modèle de Hoyt comme un perfectionnement du modèle de Burgess puisqu'il introduit, dans le schéma, la perturbation provoquée par le système des transport. Ce rôle des transports dans l'organisation de la ville n'avait d'ailleurs pas échappé à Burgess.

En réalité, la préoccupation de Hoyt était essentiellement celle de la recherche des facteurs de différenciation de la rente foncière. En découpant le schéma de Burgess en secteurs, Hoyt n'enrichit pas le modèle, mais il en change le sens. Le grand apport de Hoyt concerne le centre de la ville qui évolue par glissement avec, d'un côté, un phénomène d'« assimilation » d'anciens quartiers au centre et, de l'autre, un phénomène de détérioration *(discard)*.

On peut dire la même chose du « perfectionnement » de C.D. Harris et E.L. Ullman (*The Nature of the Cities*, 1945) qui transforment le schéma initial en un modèle à noyaux multiples. Ce polycentrisme avait lui aussi été signalé par Burgess.

Le modèle de Harris et Ullman

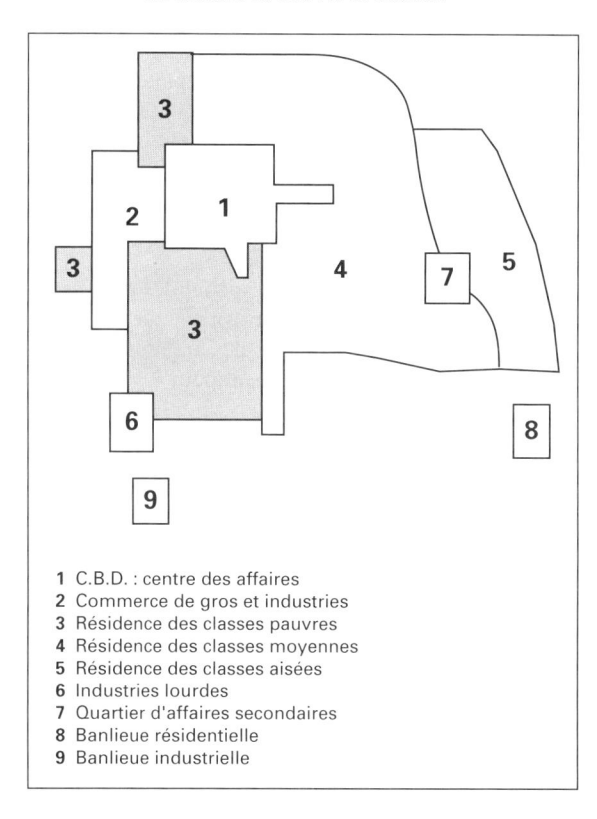

1 C.B.D. : centre des affaires
2 Commerce de gros et industries
3 Résidence des classes pauvres
4 Résidence des classes moyennes
5 Résidence des classes aisées
6 Industries lourdes
7 Quartier d'affaires secondaires
8 Banlieue résidentielle
9 Banlieue industrielle

On a parfois accusé l'École de Chicago d'avoir légitimé une planification urbaine ségrégative et raciale. Il est vrai que la politique urbaine américaine, jusqu'aux lois antiségrégatives et antiraciales des années 1960, était justifiée par la soumission aux règles du marché foncier (loi de l'offre et de la demande). En sollicitant les thèses de l'écologie urbaine, on pouvait présenter la ségrégation comme une tendance « naturelle » du milieu urbain qu'il ne fallait surtout pas chercher à combattre. Hoyt prônait une politique de planification urbaine libérale qui laissait s'étendre en tache d'huile une ségrégation raciale déjà à l'œuvre – elle faisait baisser le prix du logement dès qu'une famille noire s'installait dans un quartier ou un immeuble. Cette accusation vaut donc surtout pour Hoyt qui a participé activement aux organismes de la planification urbaine, mais elle est injuste à l'égard de l'École de Chicago considérée globalement.

❏ *Portée et pertinence des modèles.* La méthode de l'École de Chicago n'est pas géographique, en ce sens qu'elle ne se préoccupe pas fondamentalement de l'espace urbain, mais de la communauté d'individus libres qui se côtoient dans la ville. La problématique de l'École de Chicago, parfaitement exprimée par Park, est sociologique. Très logiquement, ces chercheurs ont pourtant parlé de l'espace urbain car le fonctionnement d'une ville se traduit bien dans l'espace. La mobilité des citadins n'est pas aléatoire. Elle s'effectue selon des directions privilégiées. Leur regroupement en communautés obéit à des pulsions affectives d'appartenance ou de répulsion. Les cultures se diffusent dans le tissu urbain du fait de la mobilité de la population et selon l'organisation des communautés. L'espace est donc un élément parmi d'autres du mode d'existence de la communauté urbaine.

En limitant leur emprunt au seul aspect spatial des modèles de Burgess ou Hoyt, les géographes se sont quelque peu privés de l'apport essentiel de l'École de Chicago : l'approche dynamique de l'organisme urbain.

Ce modèle est incontestablement pertinent pour les États-Unis. La plupart des grandes villes ont connu des phénomènes semblables à ceux de Chicago : New York bien sûr et les autres villes de la mégalopolis atlantique, mais aussi celles du Middle West comme Saint Louis, et même celles de Californie. Pour autant, est-il valable pour les villes européennes ? L'École de Chicago n'a jamais prétendu à une valeur universelle ; ses auteurs avaient parfaitement conscience de travailler sur des spécificités américaines : une croissance très rapide due à l'afflux d'immigrants d'origines très diverses, le contexte socio-économique d'un libéralisme intégral pas encore tempéré par le *Welfare state* du *New Deal*. En Europe, s'il est vrai que certains quartiers centraux ont connu des formes de péjoration et ont parfois servi de terre d'accueil pour les immigrants (par exemple, à Paris, le Marais dans l'entre-deux-guerres), le phénomène est resté limité. Par ailleurs, la banlieue s'est constituée en fonction de la loi du marché foncier qui était pour l'essentiel dicté par le rapport entre la distance au centre et le coût du logement. Pour des raisons historiques évidentes, la ségrégation ne s'opérait pas en cercles concentriques, mais entre des quartiers aristocratiques par tradition et les quartiers populaires. L'opposition entre la banlieue Ouest et la banlieue Est de Paris – qui n'est que le prolongement de la ségrégation entre les « beaux quartiers » et le Paris populaire – est, pour une part, analogue aux processus, mis en relief par Park, de diffusion et de sélection par la loi de l'offre et de la demande. L'analogie reste pourtant lointaine car cette structuration de l'espace urbain correspond à des oppositions entre classes sociales commandées par une longue histoire de tensions et de luttes urbaines. En tout état de cause, pas plus à Paris que dans les autres villes européennes ou dans les villes de province, le schéma spatial de l'École de Chicago n'est adéquat. De même, le polycentrisme typique des villes américaines ne correspond à aucune réalité en France. Il reste que, en mettant l'accent sur la mobilité, sur la transmutation perpétuelle de la société urbaine et sur les phénomènes d'osmose culturelle, l'École de Chicago a beaucoup contribué à la connaissance du fait urbain. Les géographes en ont retenu un modèle d'organisation urbaine qui, dans sa forme circulaire, rappelle d'autres modèles inventés par des économistes.

LES MODÈLES ÉCONOMIQUES APPLIQUÉS À L'ESPACE

Le schéma de Von Thünen

Le précurseur en la matière est un hobereau prussien du Mecklembourg, J.H. Von Thünen, qui publia en 1826 un ouvrage intitulé *Der isolierte Staat in Beziehung auf Landwirtschaft und Nationalökonomie* (*L'État isolé en relation avec l'agriculture et l'économie nationale*) dans lequel il tente d'élucider les rapports entre un marché urbain et l'espace agricole. Pour cela, il part d'une hypothèse abstraite : l'existence d'une ville isolée, coupée du monde extérieur, vivant en autosubsistance, dans un rapport de complémentarité avec la campagne proche. Cette campagne est supposée plate et homogène dans ses aptitudes naturelles. Le coût de transport est partout le même et proportionnel à la distance à la ville. L'ajustement de la production agricole à la demande urbaine est automatique. Dans ces conditions, quels sont les facteurs de la différenciation de l'espace agricole périphérique ? Von Thünen montre que le revenu à l'unité de surface ne varie qu'en fonction de la distance à la ville. La spécialisation agricole s'organiserait alors en aires concentriques. Dans le premier cercle, la « rente différentielle de localisation » tendrait à une production intensive de lait, de cultures maraîchères ; dans le deuxième cercle, ce serait une production de bois ; dans le troisième, une production céréalière intensive sans jachère, associée à la pomme de terre ; dans le quatrième, une rotation des cultures et des prairies sur sept ans avec jachère ; dans le cinquième, un système d'assolement triennal ; dans la sixième enfin, un élevage extensif.

Le modèle de Von Thünen

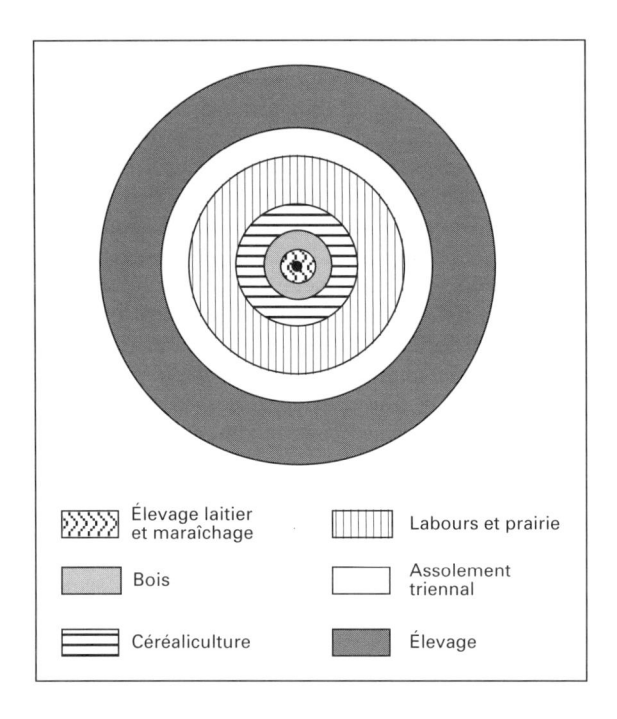

⧹⧹⧹	Élevage laitier et maraîchage	▥▥	Labours et prairie
▓	Bois	☐	Assolement triennal
☰	Céréaliculture	■	Élevage

Une fois ce modèle élaboré en éliminant toutes les contraintes subalternes, Von Thünen entreprend de les réintroduire pour mieux tenir compte de la réalité de l'agriculture et du marché. Par exemple, la diversité des sols, la présence d'une autre ville, d'une route, etc. Le modèle circulaire subit alors des modifications partielles sans que soit remise en cause la disposition générale.

Cette théorie économique appliquée à la localisation de l'agriculture est restée méconnue des géographes pendant un siècle. Elle revint au goût du jour lorsqu'on aperçut des analogies avec d'autres modèles concentriques d'organisation de l'espace. De plus, la réalité semble parfois se conformer au modèle. Ainsi, les *belts* agricoles entourant les Grands Lacs américains et le Nord-Est atlantique paraissent-ils confirmer la théorie. De même, on pourrait invoquer les ceintures maraîchères autour des grandes villes : dans les espaces proches des villes, la concurrence du foncier urbain impose des cultures dégageant de forts bénéfices (cultures délicates florales ou horticoles) qui, seules, permettent de valoriser la rente foncière. Mais la proximité de la forêt pour la production de bois de chauffe est, depuis qu'on utilise d'autres sources d'énergie (charbon, électricité, pétrole), sans nécessité. La forêt entre peut-être dans le circuit de l'économie urbaine aujourd'hui, mais seulement comme espace ludique. Par ailleurs, la présence de la forêt en Europe de l'Ouest résulte essentiellement de facteurs historiques (même si des facteurs pédologiques interviennent évidemment). Quant aux autres hypothèses initiales de Von Thünen, elles sont désormais anachroniques. Une ville isolée n'avait pas grand sens au début du XIXe siècle ; dans le cadre du marché mondial actuel, l'hypothèse est inconcevable. Comment, dans ces conditions, expliquer la pérennité du modèle ou sa récupération par les géographes depuis une cinquantaine d'années ? C'est que la méthode d'analyse de Von Thünen (méthode déductive) issue de l'économie classique a été retenue, plus que le résultat lui-même, pour étudier les phénomènes de localisation.

Alfred Weber et les localisations industrielles

Alfred Weber (1868-1958) s'interroge, dès le début du XXe siècle, sur la localisation des industries et tente d'en construire une théorie. Comme celui de Von Thünen, son espace est présupposé homogène quant aux coûts de transport (isotrope donc) mais hétérogène en ce qui concerne la localisation des facteurs de production (présence de matières premières, présence d'un marché, présence des sources d'énergie, etc.). Weber pose comme hypothèse que l'entrepreneur cherche à minimiser ses coûts de production, c'est-à-dire à minimiser les mouvements de marchandises (*inputs* ou *intrants* en amont, *outputs* en aval de la production) selon la loi du moindre effort *(lex parcimoniae)*. Si le coût du transport est le même partout, la dépense sera fonction du tonnage et de la distance. Distance, tonnage et coût sont les trois composantes du mouvement des marchandises. On peut évaluer le coût des mouvements des intrants en amont de la production (matières premières) et le coût des mouvements en aval en direction du marché. Si le rapport entre les deux est supérieur à 1, l'entreprise est dépendante des matières premières, s'il est inférieur à 1, l'entreprise est orientée vers le marché. Dans le cas d'une industrie lourde (l'exemple de Weber est une fonderie de zinc), le poids des intrants (minerai, charbon, argile réfractaire) est beaucoup plus important que le poids des produits finis (plaques de zinc). En ce cas, l'entreprise a intérêt à se situer le plus près possible des matières premières. Inversement, si le rapport est inférieur à 1, l'entreprise a intérêt à se placer à proximité du marché. Dans le cas d'une production complexe, faisant intervenir de nombreux intrants et dépendante de plusieurs marchés, le point de localisation (point de Weber) est le lieu géométrique des sources d'intrants et des lieux de marché.

On a reproché à la théorie de Weber de mettre trop l'accent sur les transports et d'en faire le facteur premier de la localisation de l'industrie. La théorie, en effet, se vérifie seulement pour les industries lourdes utilisant des matières premières pondéreuses. D'ailleurs, c'est un fait qu'au XIXe siècle, la sidérurgie ou la chimie lourde se sont localisées sur les bassins houillers, les gisements ferrifères ou sur les ressources salifères. De la même façon, la « délocalisation » de la sidérurgie et sa littoralisation dans les années 1960 peuvent s'interpréter comme une vérification de la théorie de Weber. En effet, le coût des intrants est plus faible pour un complexe intégré sur l'eau (Dunkerque ou Fos-sur-Mer) qui reçoit des matières premières par vraquiers gigantesques en provenance des pays du tiers monde que dans les anciens bassins sidérurgiques du Valenciennois ou de Lorraine. La littoralisation est une localisation qui minimise les coûts d'approvisionnement et qui permet l'exportation par la mer des produits fabriqués, autrement dit, qui rapproche la production du marché international. Ce choix a été mis en pratique d'abord par les Japonais pour répondre à leur problème d'approvisionnement dans les nouvelles conditions de l'après-guerre : celles d'une division internationale du travail fondée sur la baisse des coûts des matières premières qui pénalisent les pays du tiers monde, et celles d'une diminution des coûts du transport maritime due au gigantisme des navires.

La théorie ne vaudrait-elle que pour le cas limite des industries de base ?

Il est indéniable qu'au XXe siècle, la tendance à la diminution des coûts de transport est une constante. Cela revient à dire que le poids des transports est de moins en moins contraignant et que d'autres facteurs prennent, du même coup, de plus en plus d'importance. Par ailleurs, le poids des intrants tend à diminuer au fur et à mesure que la valeur ajoutée industrielle progresse. Pour la plupart des branches industrielles, le coût de la main-d'œuvre est devenu le facteur essentiel de localisation, soit parce que telle industrie demande une main-d'œuvre nombreuse et peu qualifiée (ce fut le cas de l'automobile), soit parce que telle autre demande une main-d'œuvre peu nombreuse mais avec un profil de qualification très élevée (industries d'équipements électroniques). La tendance actuelle va vers une libération de la localisation industrielle à l'égard des sources de matières premières. L'évolution invaliderait donc la théorie de Weber qui n'a jamais été opérationnelle. Aucune industrie n'a jamais procédé à une étude de ce type pour choisir son implantation. Il est toutefois juste de dire que Weber avait lui-même envisagé le jeu d'autres facteurs de localisation : la main-d'œuvre ou les économies d'échelle obtenues par les industries dans les villes.

De nombreuses tentatives de perfectionnement de la loi de Weber ont vu le jour qui, toutes, consistent en une introduction de facteurs supplémentaires de localisation. Les méthodes d'analyse multifactorielles, qui cherchent à rendre compte de la complexité de la réalité, abandonnent, de ce fait, la démarche déductive qui faisait l'originalité de la démarche wébérienne pour se rapprocher de la méthode inductive de la géographie classique.

Pavage hexagonal et théories des places centrales

Le point commun entre Weber et Von Thünen est donc cette approche déductive qui part d'une hypothèse éliminant tous les facteurs secondaires pour ne retenir que ceux qui sont déterminants pour analyser le phénomène considéré.

❏ **Christaller**, économiste et géographe, publie, en 1933, un ouvrage intitulé *Die zentralen Orte in Süddeutschland (Les Places centrales en Allemagne du Sud)*. L'espace étant, une nouvelle fois, posé comme continu et homogène, l'hypothèse de Christaller est fondée sur l'idée que les réseaux urbains se hiérarchisent en fonction des services et du commerce. Entre une région et la ville-centre des liens de complémentarité s'établissent. Si les habitants dispersés vont à la ville pour acheter des biens de consommation c'est qu'ils en manquent et inversement, s'ils en trouvent à la ville, c'est qu'il y a surplus ; Ces biens sont appelés centraux *(central goods)*. De la même façon, il existe des professions ou des services qui ne peuvent être que centraux. Entre les habitants dispersés et le lieu central, le jeu de la « distance économique », c'est-à-dire la somme des coûts engendrés par la distance est primordial.

Supposons une région dans laquelle vivent des habitants aux revenus identiques, régulièrement répartis sauf à l'endroit où la population a tendance à s'agréger ; supposons qu'un médecin s'installe au centre ; tout le monde ne sera pas placé à la même enseigne puisque ceux qui habitent loin doivent ajouter aux honoraires du médecin le prix du transport, la perte de temps, etc. Ce que Christaller nomme la « distance économique » est ce coût relatif de l'accès à un bien ou service central. S'il y avait des médecins partout l'égalité serait parfaite, mais les médecins n'auraient pas assez de clientèle pour vivre. Inversement, si deux médecins implantés dans deux places centrales proches ont trop de clients, où faut-il qu'un troisième médecin s'installe ? La réponse est évidente : au milieu !

En généralisant, Christaller affirme que la loi du marché est le facteur premier de l'organisation des places centrales. Dans un contexte de libre marché, chaque habitant produit ou consomme en fonction de la maximisation de son revenu. Le producteur a intérêt à se placer au centre d'une aire de marché pour diminuer au maximum la distance économique de la clientèle potentielle. Le consommateur a intérêt à s'adresser à la place centrale la plus proche pour acquérir un bien central. Plus il en est éloigné, moins il a intérêt à se rendre à la place centrale. A la limite, il arrive un moment où ce consommateur, au lieu d'aller à la place centrale A, ira à la place centrale B. De la sorte, autour d'une place centrale, une aire circulaire de marché apparaît, qui s'étend jusqu'à l'aire circulaire de la place voisine. Si la région est homogène, les cercles de semblable dimension se recoupent et un pavage hexagonal régulier s'organise.

Toutefois, les biens centraux ne sont pas tous du même ordre. Certains visent des besoins courants (on dirait aujourd'hui *ubiquistes*) qui se trouvent dans toutes les places centrales, même les plus petites. D'autres, qui correspondent à des besoins peu fréquents, sont de premier ordre (on dirait aujourd'hui *anomal*). Leur aire de diffusion est plus large. Cette hiérarchie des biens centraux engendre une hiérarchie des places centrales. La place centrale qui se trouve au centre de six hexagones de dernier ordre, concentre les services d'un niveau supérieur et ainsi de suite. Entre le niveau hiérarchique et le nombre de places centrales, une progression linéaire de facteur 3 s'établit. Pour les mêmes raisons, les distances entre les places centrales s'accroissent aussi selon une progression linéaire. Si le rayon du plus petit cercle est de 4 km, le tableau hiérarchique est le suivant :

Niveau	Nombre de places	Rayon des cercles (en km)
L (Land)	1	108
P (Provinz)	2	62,1
G (Gau)	6	36
B (Bezirke)	18	20,7
K (Kreize)	54	12
A	162	6,9
M	426	4

N. B. : Les lettres renvoient aux niveaux régionaux de l'Allemagne. Les correspondances pour la France sont approximativement les suivantes : *Land* = État, *Gau* = région, *Bezirke* = département, *Kreize* = arrondissement, *A* = canton, *M* = commune rurale

Cette démonstration mathématique étant faite, Christaller estime avoir établi, conformément à la loi du marché, la « loi de la distribution des places centrales » ou « loi de localisation ».

Cependant, il précise qu'elle est surtout valide pour les régions qui se rapprochent le plus de l'hypothèse de départ, c'est-à-dire des régions rurales, peu peuplées, faiblement industrialisées, avec une population répartie uniformément. Sinon, des lois secondaires peuvent être invoquées qui sont autant de « déviances » par rapport à la loi fondamentale.

Dans les régions de montagnes, avec des vallées concentrant les voies de communications, la déviance n'est due qu'au caractère axial du trafic. Lorsqu'une frontière politique partage l'espace, le dispositif des places centrales s'en trouve perturbé. La loi secondaire est dite de séparation.

Les facteurs historiques (création de villes, industrialisation) peuvent également introduire des modifications. Le cas de la France est mentionné avec l'hypertrophie de la capitale et la sous-représentation des grandes villes. Cet examen des lois secondaires conduit l'auteur à la conclusion que leurs effets ne jouent qu'à la marge et ne remettent pas en cause la loi de localisation.

Un problème méthodologique se pose alors : comment mesurer la centralité d'une ville ? quel indicateur choisir ? Le poids démographique est le premier critère évident mais si on s'en tenait là, cela signifierait que la centralité est strictement proportionnelle à la population. Or, la centralité est tout autant qualitative que quantitative. Christaller propose donc un instrument synthétique qui établit un rapport entre la population et le rôle qualitatif de la ville : la densité des téléphones. Le téléphone lui semble être, en effet, le meilleur indicateur des relations entre la place centrale et son aire circulaire.

Le modèle de Christaller

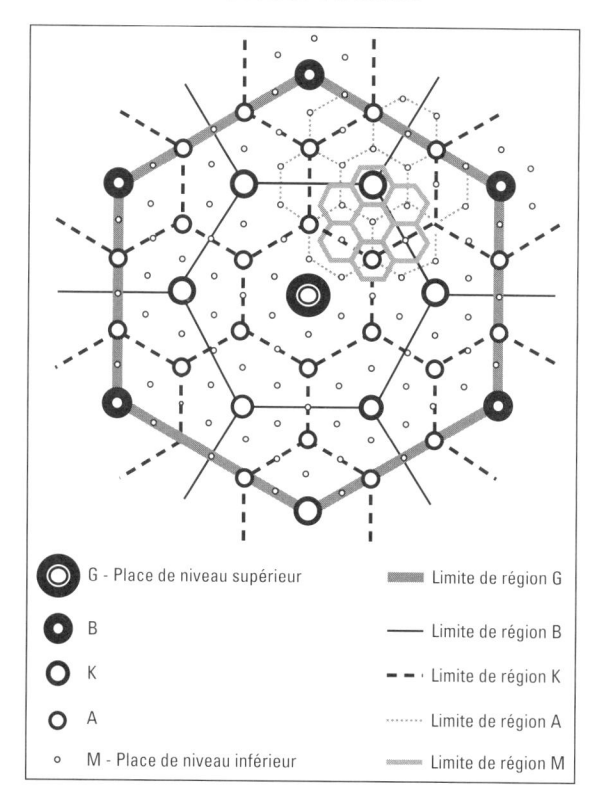

◉	G - Place de niveau supérieur	▬▬	Limite de région G
●	B	——	Limite de région B
○	K	– –	Limite de région K
○	A	······	Limite de région A
○	M - Place de niveau inférieur	▬▬	Limite de région M

Les précurseurs de la « nouvelle géographie »

L'Allemagne du Sud d'après Christaller

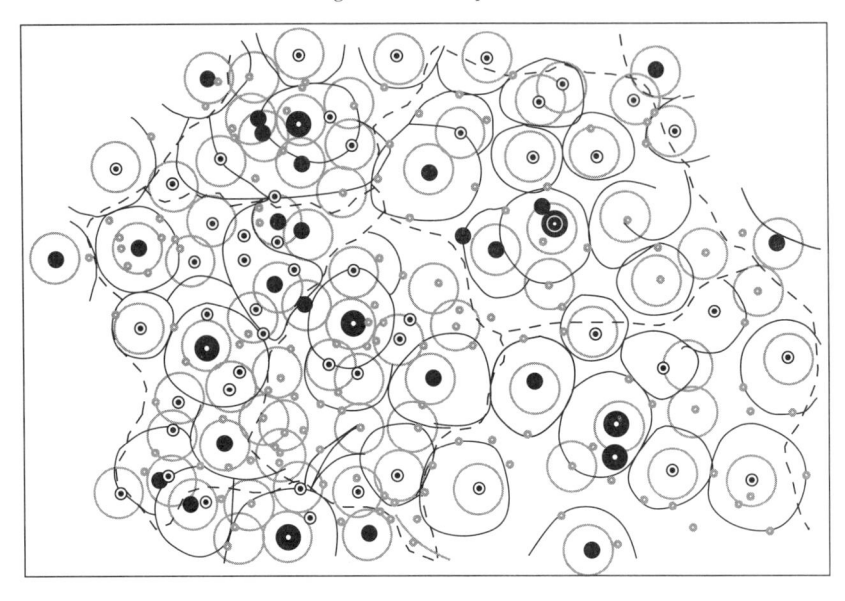

Schéma final

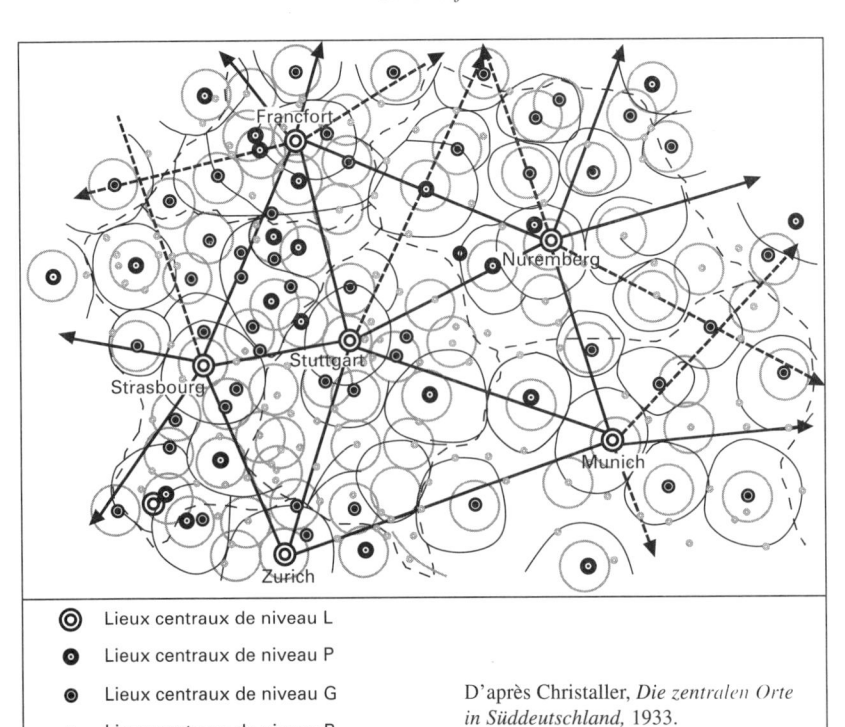

◎	Lieux centraux de niveau L
●	Lieux centraux de niveau P
◉	Lieux centraux de niveau G
·	Lieux centraux de niveau B

D'après Christaller, *Die zentralen Orte in Süddeutschland*, 1933.

Il peut alors confronter son modèle avec la réalité de l'Allemagne du Sud, choisie pour son homogénéité relative. (On peut noter, à ce propos, que la carte qu'il établit, englobe l'Alsace et la Lorraine du Nord ; Christaller ne cachait pas ses sympathies pour le nazisme). Il dresse la liste de toutes les localités, calcule pour chacune d'elles le poids de la centralité, les classe selon la hiérarchie du modèle et présente une première carte analytique. Puis il donne son interprétation en traçant des anneaux de 21 km autour des K-places et des anneaux de 36 km autour des B-places (les chiffres de 21 et 36 km correspondent au modèle théorique).

L'effet visuel est saisissant. On a l'impression d'une adéquation extraordinaire du modèle avec la réalité. En regardant de plus près, on peut se demander s'il ne s'agit pas d'une illusion d'optique ou si la réalité n'a pas été sollicitée par l'interprétation géométrique. La régularité dans la localisation est assez nette pour les grandes villes : Stuttgart, Nuremberg, Francfort (L-places). Elle l'est aussi pour les G-places mais seulement dans les régions orientales, en Bavière particulièrement ; très peu, au contraire, dans les régions rhénanes. Quant aux cercles de 21 km, sauf exception, ils ne relient qu'exceptionnellement les places de rang inférieur. Autant dire que le modèle appliqué à la réalité n'offre qu'une pertinence toute relative. Nous y reviendrons plus loin.

❏ *August Lösch* se rattache à l'école économique de Keynes. Sa philosophie humaniste lui faisait craindre une interprétation dogmatique et finaliste de ses travaux. Dans la conclusion de son ouvrage *Sur l'espace*, il estime que, même si l'espace présente des régularités, elles ne sont jamais des formes contraignantes. L'homme est libre et la diversité spatiale est l'expression de cette liberté. Il travaillait sur les mêmes thèmes que Christaller sans qu'il y ait communication entre eux et aboutit – c'est troublant – à des conclusions tellement semblables qu'on a fini par les associer systématiquement. Lösch, comme Christaller, en fonction d'hypothèses voisines et des mêmes postulats de départ, débouche en effet lui aussi sur un pavage hexagonal du territoire et sur une hiérarchie des places centrales fondée sur une démonstration de même type (*Die Raümliche Ordnung der Wirtschaft* publié en 1940, traduit en Anglais en 1954 sous le titre *The Economics of location*). Des différences sensibles apparaissent pourtant entre les deux auteurs. Lösch ne considère pas l'organisation spatiale du territoire comme relevant d'une stricte géométrie circulaire ou hexagonale. Certes, il admet que les hexagones sont les formes les plus économiques parce qu'ils minimisent les distances et donc les coûts entre le centre et son aire de marché, mais il admet que le carré est presque aussi efficace et que les hexagones ne sont pas obligatoirement disposés de façon régulière. Par exemple, les hexagones-cercles de Lösch ne sont pas comme ceux de Christaller de rayon variant selon un facteur constant en fonction de la hiérarchie des centres. A partir de la même disposition d'unités de peuplement de base, là où Christaller ne propose qu'un type de construction

Modèle de Lösch

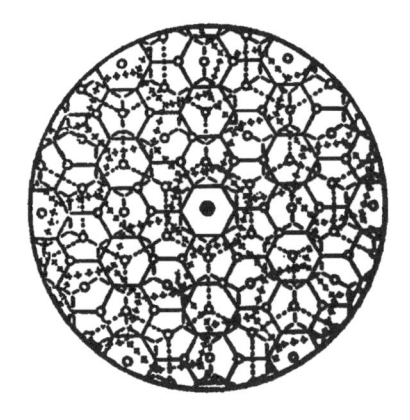

Modèle théorique
d'un espace économique

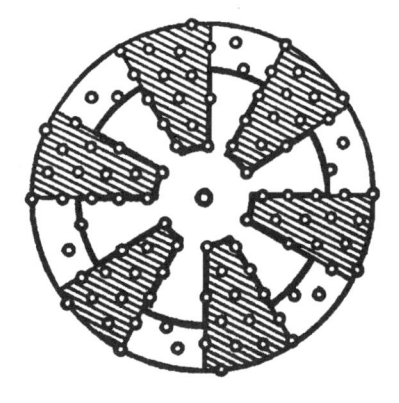

Modèle théorique d'un espace
économique, mais sans le maillage

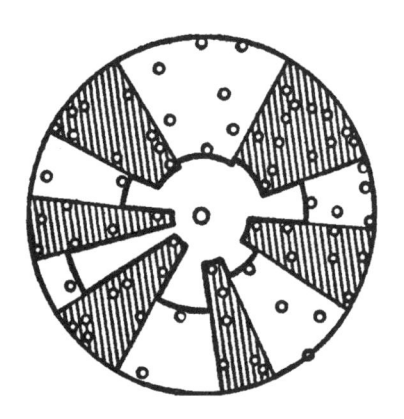

Indianapolis et sa région
dans un rayon de 60 miles

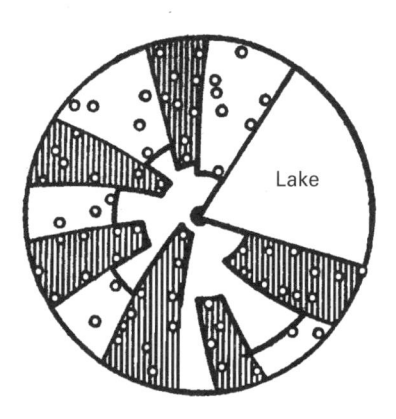

Toledo et sa région
dans un rayon de 60 miles

In A. Lösch, *The Economies of Location*,
New Haven, Yale University Press, 1940.

hexagonale, Lösch propose neuf hexagones de dimensions différentes, centrés sur la même place centrale. En poursuivant le raisonnement, il construit une sorte de rosace de 12 champs dans lesquels la densité des places centrales est inégale. Lösch ne rejette nullement la démarche déductive mais il s'intéresse autant aux écarts par rapport au modèle qu'au modèle lui-même. Loin de chercher à faire entrer, à tout prix, la réalité dans un modèle mathématique donné une fois pour toutes, il tente d'intégrer dans un modèle plus perfectionné ce que Christaller nomme les « déviances » dont l'examen constitue même l'essentiel de son ouvrage. Quelles sont les formes d'organisation de l'espace dans une région rurale, dans le cadre d'une économie d'autosubsistance ? Quel est l'effet des voies de circulation sur la disposition des places centrales ? Quel est l'effet des frontières ? Au lieu de conserver l'hypothèse d'un milieu isotrope et isomorphe, il dissèque, au contraire, tous les facteurs de différenciation : variation de prix, variation du prix des transports, différence de productivité, interférence entre des places centrales voisines. Il consacre de longs développements aux facteurs humains, au comportement des individus, producteurs ou consommateurs. Il tente enfin une forme de synthèse dans son approche des régions économiques, « la forme la plus complexe des aires économiques, celle qui est la plus éloignée de la simplification théorique du schéma géométrique ». La confrontation du modèle avec la réalité est un moyen pour lui d'en montrer les limites. S'il choisit ses exemples aux États-Unis, c'est parce qu'il estime que ce territoire est, dans sa simplicité, plus proche des hypothèses de départ, ce qui ne l'empêche nullement de montrer la variété des situations par rapport au modèle.

Autrement dit, Lösch, pourtant économiste de profession, a beaucoup plus que Christaller, le souci de l'espace réel. Sa démarche est plus géographique que celle de Christaller. Et pourtant, son audience est moins grande dans les milieux de la géographie.

❏ *La pertinence des modèles.* Quoi qu'il en soit, la question reste de savoir si ces modèles sont pertinents et opérants en géographie. Et, tout d'abord, pourquoi cette récurrence des formes circulaires aussi bien chez Burgess que chez Von Thünen, Christaller ou Lösch ? L'espace géographique serait-il soumis aux lois de la gravitation universelle ? La réponse est évidente, tout au moins pour les modèles qui concernent le rapport hiérarchique des villes avec l'espace environnant. La forme circulaire découle des hypothèses préalables : celle de l'espace homogène et celle du fonctionnement des lois du marché. Le cercle est la seule réponse logique. La réalité correspond-elle au modèle ? Oui, dans une certaine mesure. Il est vrai que des régularités apparaissent dans la disposition des villes en fonction de leur niveau hiérarchique. Il est indéniable que le long du couloir rhodanien, une certaine symétrie existe entre Lyon et Marseille, avec Valence et Avignon en position intermédiaire, Orange, Montélimar, Vienne, en position basse. Il est vrai que Paris semble empêcher le développement de villes dans son orbite immédiate, limiter l'essor des villes de la couronne urbaine du Bassin parisien (Rouen, Amiens, Reims, Orléans, Caen) et n'autoriser l'apparition de véritables métropoles régionales qu'à la périphérie du territoire. Pour autant, les raisons invoquées par les théories des modèles valent-elles dans le cas de la France ? N'y a-t-il pas des explications d'un autre ordre, et d'abord historique, autrement complexes mais peut-être plus adéquates ? Est-ce seulement le commerce ou les services qui sont à l'origine de la polarisation urbaine ? Dans des espaces comme ceux de l'Europe, les relations entre ville et campagne sont au moins millénaires. Comment pourrait-on rendre compte par un schéma circulaire de la formation du système urbain français ou européen, de l'Empire romain au XXe siècle, en passant par la période médiévale, les créations urbaines de la monarchie, et les effets de la révolution industrielle ?

Admettre l'existence des régularités n'implique pas de souscrire à la globalité d'une théorie. D'ailleurs, il y a longtemps que cette régularité a été perçue. Dès 1841, le polytechnicien Jean Reynaud, saint-simonien, raisonnant comme les économistes du XXe siècle sur la base d'hypothèses semblables, avait formulé une théorie de la hiérarchie des villes et avait, lui aussi, imaginé une structure hexagonale. En 1875, Léon Lalanne, chargé des études concernant le tracé des voies ferrées, montre, à partir de l'exemple français, une « tendance à l'équilatérie » entre les villes de même importance et corrélativement, une « loi des distances multiples » qui établit une proportionnalité entre la taille des villes et les distances qui les séparent : plus les villes sont grandes plus elles sont espacées et inversement. Sa démarche était expérimentale puisqu'il partait d'une étude du système urbain français pour découvrir les lois mathématiques de la disposition des villes (*Deux Siècles de géographie française*, 1984).

❏ *L'espace rural et le modèle christallérien.* Par ailleurs, le schéma christallérien s'applique-t-il aux espaces ruraux ? A regarder une carte de la Beauce, l'impression d'un pavage hexagonal homogène sur de grandes étendues, dessiné par le finage des communes, est immédiate. Lösch aborde ce problème sous l'angle du service minimal (le maréchal-ferrant) commun à chaque village. Il mentionne aussi le fait que la mise en place de ce type de paysage se situe dans un contexte d'autosubsistance intégrale ce qui interdit toute émergence d'une place centrale. On pourrait, là encore, considérer que l'origine de cette régularité est à mettre au compte de l'organisation de la société médiévale dans laquelle la communauté villageoise constituait l'unité de base. L'assolement triennal lié au système des contraintes collectives, mis en place au XIIIe siècle, supposait une organisation plus ou moins circulaire autour d'un village groupé. Et puisque la terre limoneuse était partout fertile, les labours s'étendaient jusqu'aux limites des finages. En d'autres termes, n'est-ce pas l'habitat groupé au centre du finage qui est à l'origine et la cause d'une organisation auréolaire du territoire, et non l'inverse ? On peut avancer le même argument concernant l'organisation concentrique (qui rappelle celle de Von Thünen) des villages hollandais avec l'opposition entre l'*Esch* (champs laniérés et étroits à proximité du village) et le *Kämpden* (champs ou prés clos à la périphérie). En ce cas aussi, la position centrale du village est la cause de l'organisation en cercles concentriques. Le village groupé au centre relève d'une forme d'organisation de la société rurale et non pas des lois de la libre concurrence ou de l'agrégation des services.

La séduction exercée par les modèles circulaires ne doit pas en masquer les limites. Exclusivement économiques, ils ne prennent en compte ni l'histoire, ni les « conditions naturelles ».

Les prémices de la « nouvelle géographie »

Les théories de Christaller et de Lösch ont été reprises à leur compte et réinterprétées par les chercheurs américains avant de se répandre et de revenir à nouveau en Europe occidentale.

Le modèle s'est ainsi enrichi de toutes les recherches conduites dans les universités américaines pour vérifier la validité de lois spatiales dans une confrontation avec la réalité de l'espace américain. Les géographes américains étaient préparés à ce type d'approche par les économistes et par l'ambiance pluridisciplinaire des universités.

❑ ***Loi de Reilly et courbe de Zipf.*** Avant même la publication des travaux de Christaller, William L. Reilly, dès 1929, avait proposé une « loi de la gravitation du commerce de détail », sur le modèle de la loi de la gravitation universelle de Newton, qui lui permettait de tracer les limites entre les aires de chalandises appartenant à deux villes voisines. Cette loi, exprimée sous une forme mathématique, paraît énoncer une évidence : les flux entre deux villes sont proportionnels au volume de leur population respective et inversement proportionnels au carré de leur distance. Cela signifie que plus une ville est grande, plus les flux de relations avec d'autres villes sont importants et que, plus les villes sont lointaines, plus les flux sont faibles. Christaller et Lösch ne disent pas autre chose en établissant les lois de la hiérarchisation des places centrales.

George K. Zipf (*Human Behaviour and the Principle of Least Effort*, Cambridge, Massachusetts, 1949), dans la logique des postulats de Christaller, démontre l'existence d'une relation mathématique entre le rang des villes et leur taille, puisque la hiérarchie urbaine se développe de façon géométrique et régulière. La courbe établissant un rapport entre le volume de la population et le rang de chaque ville est une droite de pente -1. Cette courbe de Zipf a été vérifiée pour la plupart des pays du monde et la réalité confirme souvent cette régularité dans la hiérarchie des villes. Pourtant, il y a des exceptions notables, notamment dans les pays du tiers monde qui connaissent un phénomène de macrocéphalie : l'Argentine avec Buenos Aires, le Mexique avec

Mexico, l'Uruguay avec Montevideo, l'Égypte avec Le Caire, le Zaïre avec Kinshasa, etc. Cette hypertrophie des capitales, somme toute récente, révèle le déséquilibre profond dans lequel se trouvent ces pays et la crise agricole qui rabat sur la ville les flux de migrants issus du monde rural du fait de la pression démographique.

En Europe, il existe aussi des anomalies : la Hongrie, l'Autriche, la Grèce ou la France. L'anomalie de l'Autriche et de la Hongrie se comprend aisément. Dans les deux cas, Vienne et Budapest, sont surdimensionnées aujourd'hui, dans un territoire très restreint par rapport au temps où elles jouaient le rôle de capitales de l'Empire austro-hongrois. Pour la Grèce, l'hypertrophie d'Athènes ne doit rien à son passé antique, mais au retour massif des Grecs qui vivaient dans l'empire ottoman, lors des guerres avec la Turquie. Dans le cas de la France, on peut évidemment invoquer le centralisme monarchique, la tradition jacobine et napoléonienne pour expliquer le poids écrasant de la capitale par rapport aux autres villes de province.

En revanche, la courbe de Zipf est efficace dans les pays développés à structure fédérale comme l'Allemagne ou les États-Unis où l'essor des métropoles a vu coïncider une fonction politique décentralisée et une industrialisation à base régionale forte.

❏ *Le besoin de théorie.* Chaque piste ouverte par Christaller ou Lösch a, de la sorte, fait l'objet d'approfondissements qui s'inscrivent dans la problématique initiale.

Il en est ainsi pour la question des fonctions urbaines. Le raisonnement des précurseurs s'appliquait à des activités commerciales (souvent le commerce de détail) ou à des services élémentaires. La question se posait de savoir s'il était possible et nécessaire de distinguer les activités banales des activités plus rares. Déjà, Christaller avait noté que la hiérarchie des services allait de pair avec la hiérarchie des places centrales. La théorie de la *base économique* des villes est celle qui distingue les activités induites directement par la présence de la population : les commerces alimentaires (boulangerie, boucherie, etc.), les services de proximité, l'enseignement obligatoire, etc., se retrouvent dans chaque ville proportionnellement à la population urbaine et à la population de l'aire commerciale qu'elle couvre. En revanche, il est d'autres activités qui constituent la spécialité de la ville et qui lui apportent des richesses (travail, capitaux, etc.). La firme Michelin à Clermont-Ferrand fabrique des pneus non pour les seuls Clermontois mais pour l'ensemble du marché national et même au-delà. Cette fonction industrielle fait vivre et se développer la ville. C'est ce qu'on appelle, non sans ambiguïté, la base de la ville ou le *basic* par opposition au *non basic* des activités banales. Le *basic* de Biarritz ou de Cannes est le tourisme ; celui de Lourdes, les activités liées aux pèlerinages. Dans le domaine du commerce ou des services, l'opposition s'opère en fonction de la rareté. Si chaque petite ville a ses écoles primaires et son collège, l'université se localise dans une capitale régionale (académie).

Si chaque village a sa mairie, les fonctions centrales de l'État se localisent dans la capitale politique. Seuls les États décentralisés de type fédéral, dispersent ces fonctions entre plusieurs grandes villes.

Les villes ne sont pas le seul domaine à être investi par la « nouvelle géographie ». Un Suédois, Torsten Hägerstrand, élabore, en 1952, un modèle de la diffusion spatiale des innovations. Fondée sur l'observation des progrès de l'agronomie dans les campagnes suédoises, son hypothèse est que l'innovation se diffuse, dans un premier temps, de façon aléatoire, portée par des pionniers. Puis dans un deuxième temps, la diffusion s'opère en tache d'huile, par contagion, autour de chaque pionnier. Ce modèle qui pouvait facilement être traité par des méthodes mathématiques, a fait l'objet de multiples vérifications dans des domaines variés : diffusion des épidémies, diffusion de la croissance urbaine, diffusion des cultures, etc. (T. Saint-Julien, *La Diffusion spatiale des innovations*, Reclus, 1985).

Ainsi, au cours des années 1950, la littérature géographique est prolifique aux États-Unis. Le besoin de sortir de l'empirisme donne une impulsion à la recherche de théories. Quelques chercheurs jouent un rôle essentiel pour unifier ces théories autour des thèmes qui sont à la base de la « nouvelle géographie » : celui de la répartition et de la régularité des localisations, celui de la distance, celui des zones d'influence des villes, celui de la polarisation d'un espace régional par les villes. William Bunge qui publie en 1962 *Theoretical Geography*, Brian J. L. Berry qui reconstitue autour de lui une « École » de Chicago et multiplie les publications synthétiques à partir de 1960, Ullman qui en fait autant à Washington et qui est à l'origine de l'expression « géographie quantitative » en sont les meilleurs exemples. Cette effervescence intellectuelle est le signe d'un optimisme concernant la géographie. On a parlé à juste titre de néo-positivisme pour caractériser la « nouvelle géographie ». En effet, l'idée prévaut désormais qu'il est possible, en perfectionnant la démarche hypothético-déductive, de découvrir les lois mathématiques de l'organisation de l'espace.

DOCUMENT

■ **Robert Ezra Park**

[...] Comme Oswald Spengler l'a montré récemment, la ville a sa propre culture : « La ville est à l'homme civilisé ce que la maison est au paysan [...]. »
   La ville a été étudiée récemment du point de vue de sa géographie et, plus récemment encore, du point de vue de son écologie. A l'intérieur des limites d'une communauté urbaine – et, en fait, de n'importe quelle aire naturelle d'habitat humain –, des

forces sont à l'œuvre qui tendent à produire un groupement ordonné et caractéristique de sa population et de ses institutions. La science qui cherche à isoler ces facteurs et à décrire les constellations typiques de personnes et d'institutions produites par leur convergence, nous l'appelons écologie humaine, par opposition à écologie végétale ou animale.

Les transports et les communications, les tramways et le téléphone, les journaux et la publicité, les édifices en acier et les ascenseurs – toutes choses, en fait, qui « tendent à accentuer en même temps la concentration et la mobilité » des populations urbaines – sont les facteurs principaux de l'organisation écologique de la ville

Pourtant, la ville n'est pas seulement une unité géographique et écologique : c'est en même temps une unité économique. L'organisation économique de la ville est fondée sur la division du travail. La multiplication des emplois et des professions au sein de la population urbaine est un des aspects les plus frappants et les moins bien compris de la vie urbaine moderne. En ce sens, rien ne nous interdirait de nous figurer la ville, c'est-à-dire les lieux, les hommes et tous les rouages et équipements administratifs qui leur sont liés, comme un tout organique ; une sorte de système psychophysique dans lequel, au travers duquel, les intérêts privés et politiques trouvent leur expression non seulement collective mais aussi organisée [...].

Ce qui frappe au premier abord dans la ville, particulièrement dans la ville américaine, c'est qu'elle semble si peu être le fait de processus naturels, dans sa naissance et sa croissance, qu'il est difficile de voir en elle une entité vivante. Le plan au sol de la plupart des villes américaines est un damier ; l'unité de distance est le « block ». Cette apparence géométrique laisse penser que la ville est une construction purement artificielle dont on peut imaginer le démantèlement, puis la recomposition, comme un jeu de cubes [....].

C'est dans la mesure où la ville a sa vie propre qu'il y a des limites aux modifications arbitraires qu'il est possible d'imposer à sa structure matérielle et à son ordre moral.

Le plan de la ville, par exemple, établit des limites et des bornes, fixe de manière générale la localisation et le caractère des constructions urbaines et impose, à l'intérieur de l'aire urbaine, un agencement ordonné aux immeubles érigés par l'initiative privée comme par les services administratifs... La ville ne peut pas fixer les valeurs foncières et nous laissons en grande partie à l'entreprise privée le soin de déterminer les limites urbaines et la localisation de ses quartiers résidentiels et industriels. Les convenances et les goûts personnels, les intérêts professionnels et économiques tendent infailliblement à la ségrégation, donc à la répartition des populations dans les grandes villes. De sorte que les populations urbaines s'organisent et se distribuent suivant un processus qui n'est ni voulu ni maîtrisé...

La géographie physique, les avantages et les inconvénients naturels, y compris les moyens de transport, déterminent par avance les grandes lignes du plan urbain. Au fur et à mesure que la population urbaine s'accroît, les influences subtiles de la sympathie, de la rivalité et de la nécessité économique tendent à contrôler la répartition de la population. Des quartiers résidentiels élégants voient le jour et l'augmentation de la valeur foncière dans ces quartiers en exclut les classes pauvres incapables de se prémunir face à l'association du vice et de la déréliction.

In Grafmeyer, Y. et Joseph, J., *L'École de Chicago.*
Naissance de l'écologie urbaine, Paris, 1979.

3
La « nouvelle géographie » en France : enrichissements et soubresauts

La théorie des places centrales a eu une influence considérable sur les destinées de la géographie française, mais la diffusion du modèle ne s'est faite qu'avec la médiation des « nouveaux géographes » anglo-saxons.
 A partir du début des années 1960, la new geography s'étend aux pays européens et d'abord en Angleterre.
 En France, sa pénétration est plus difficile, en raison de fortes résistances exprimées aussi bien par les géographes formés à la culture vidalienne que par les géographes marxistes, nombreux à l'époque. Elle a ses propagandistes militants et ses adversaires acharnés. Elle atteint d'abord ceux qui s'intéressent à la géographie urbaine. Influence directe ou air du temps, le fait est que, coup sur coup, plusieurs thèses inaugurent une problématique qui se rapproche de celle de la « nouvelle géographie ».

LES ANNÉES 1960 : UNE TRANSITION

Les thèses initiatrices

❏ **Alsace et Languedoc.** Un des premiers géographes français à s'intéresser au problème des villes et à leur insertion dans le tissu régional est Philippe Pinchemel qui participe, en 1959, à la publication d'un cahier du C.E.R.E.S. (Comité d'études régionales économiques et sociales) consacré aux *Niveaux optima des villes du Nord-Pas-de-Calais*. L'étude proposait un classement quantitatif et qualitatif des villes en fonction de leur taille, de leur structure socioprofessionnelle, de leurs fonctions et de leurs équipements. Les références au modèle christallérien ne sont pas explicites, mais il ne fait guère de doute que les travaux américains étaient connus des auteurs. Cette méthode de classement hiérarchique des villes fut étendue à la France entière et, en 1963, paraissait, en collaboration avec F. Carrière, *Le Fait urbain en France* qui reste, aujourd'hui encore, un ouvrage de référence.
 Pourtant, c'est peut-être la thèse de Michel Rochefort sur *L'Organisation urbaine de l'Alsace* (1960) qui joua le rôle essentiel. Pour M. Rochefort, les villes sont des « centres qui coordonnent et dirigent les activités de production, qui assurent aux autres agglomérations de leur région la distribution des

objets ou du crédit dont elles ont besoin, et possèdent les services divers qui sont nécessaires à leurs habitants ». Quelle est la nature des rapports entre les villes alsaciennes et la campagne ? Les citadins sont rarement des propriétaires ruraux, à la différence d'autres régions françaises. Mais il existe, en Alsace, un ancien système de relations entre une campagne spécialisée dans des produits agricoles (tabac, vin, houblon...) et la commercialisation ou la transformation qui se réalise dans les bourgs ou les petites villes. Par ailleurs, l'industrie est-elle un facteur de hiérarchie urbaine ? Michel Rochefort montre qu'en Alsace il n'en est rien ; l'industrie se superpose aux autres fonctions urbaines sans modifier le niveau hiérarchique de la ville. Il lui est alors possible d'établir une classification en fonction d'une batterie de fonctions tertiaires. Il définit sept niveaux : le village, centre élémentaire de production agricole ; le village-centre dont les services ou les commerces desservent quelques villages ; le bourg, centre de ramassage de la production ou centre industriel ; la ville-bourg et la petite ville, relais commercial, bancaire, administratif ou culturel (exemple : Ribeauvillé, Molsheim, Obernai...) ; la ville centre de sous-région, carrefour routier ou ferroviaire avec ses grossistes, ses agences bancaires, ses industries (Saverne, Sélestat, Haguenau...) ; enfin, au sommet de la hiérarchie, les centres régionaux, Strasbourg, Mulhouse et Colmar, à la tête de réseaux urbains. Strasbourg, par ses fonctions, rayonne sur l'ensemble de l'Alsace, et détient un statut de capitale régionale.

La thèse de M. Rochefort est originale par rapport aux travaux américains : il cherche dans l'histoire commerciale, bancaire, industrielle et politique de l'Alsace, les raisons de la mise en place d'un tel réseau et d'une telle hiérarchie. Il ne se borne pas à constater que le semis des villages est régulier ni que la hiérarchie s'ordonne conformément au schéma christallérien. La thèse de M. Rochefort ne s'inscrit donc pas en rupture avec la tradition française ; elle intègre les innovations en matière de recherche urbaine dans la continuité de l'école française de géographie.

Raymond Dugrand publie, en 1963, une thèse intitulée *Villes et campagnes du Bas-Languedoc* qui fait date, elle aussi. Le Bas-Languedoc recouvre un ensemble de plaines littorales, de plateaux et la Montagne noire. Il est divisé en de nombreux « pays » qui recoupent les différents milieux complémentaires dans l'économie traditionnelle méditerranéenne (la fameuse quadrilogie méditerranéenne : blé, vigne, olivier, ovins), avec, à leur tête, des villes. Les rapports historiques ville/campagne sont complexes et, avec la spécialisation de l'agriculture et la monoculture viticole, elles le sont devenues plus encore. Raymond Dugrand montre qu'en Languedoc, depuis le XIXe siècle, et plus particulièrement depuis la crise du phylloxéra, le rapport ville/campagne est essentiellement fondé sur la propriété citadine et sur l'organisation par la ville de la commercialisation du vin. Autour de chaque ville, la propriété de la terre est dominée par les citadins, bourgeois, mais aussi employés ou ouvriers. La rente foncière n'a jamais été à l'origine d'une accumulation de capitaux susceptibles de s'investir dans l'industrie. L'industrie, très faiblement représentée, est d'origine extérieure. Cette spécificité languedocienne (Roger Brunet montrera qu'elle vaut aussi pour la région toulousaine) explique à la fois le faible dynamisme régional au cours de la révolution industrielle, la permanence des liaisons entre la ville et la campagne, et le maintien de la hiérarchie des villes qui s'ordonne de la façon suivante : à la base, on trouve 446 villages ; 140 « centres élémentaires », petits marchés ruraux ; 81 bourgs avec un rôle commercial plus affirmé ; puis 23 petites villes. Les « centres sous-régionaux », souvent capitales de « pays », sont au nombre de 12 (Pézenas, Lodève, Bédarieux...) ; ils assurent le commerce agricole, les services administratifs et sont aussi le relais des plus grandes villes. Quatre centres régionaux principaux se partagent l'influence sur la région : Montpellier, Béziers, Nîmes et Alès. En l'absence de métropole confirmée, la région est soumise aux aires d'influence des métropoles voisines ou lointaines comme Toulouse, Marseille, Lyon ou Paris. L'avantage de Montpellier n'était pas encore évident à l'époque, et R. Dugrand concluait sur l'inachèvement du réseau languedocien. Ce dispositif est donc très proche du schéma théorique de Christaller.

Après trente années de croissance ininterrompue de Montpellier et après la grande opération d'aménagement balnéaire du littoral, la situation n'est évidemment plus la même. Montpellier a définitivement pris le pas sur les autres centres régionaux.

Ces deux thèses ont fait figure de modèle au début des années 1960 et ont été suivies de beaucoup d'autres de même type comme celle de Y. Babonaux, *Villes et régions de la Loire moyenne,* ou celle de B. Barbier, *Villes et centres dans les Alpes du Sud*. Signe des temps : trente ans auparavant, la thèse était régionale-rurale ; une décennie plus tôt, il fallait avoir fait ses preuves avec une thèse de géomorphologie (comme Ph. Pinchemel sur la Picardie ou J. Beaujeu-Garnier sur le Morvan) ; désormais, la thèse pouvait être régionale-urbaine.

❏ **Le rapport Hautreux-Rochefort.** 1963 est, par ailleurs, une date importante pour les géographes puisque c'est l'année de la création de la DATAR (Délégation à l'aménagement du territoire et à l'action régionale). La IVe République avait déjà largement déblayé le terrain de l'aménagement du territoire et de nombreux organismes régionaux avaient vu le jour sous l'égide des Chambres de commerce et d'industrie et des élus locaux pour élaborer des politiques de développement régional. La question du rééquilibrage du territoire était posée depuis le fameux livre de Jean-François Gravier, *Paris et le désert français*, publié en 1947, qui diagnostiquait deux déséquilibres majeurs : celui de l'hypertrophie de la Région parisienne écrasante pour le reste du pays et le déséquilibre entre la moitié nord-est de la France, industrialisée et urbanisée et la moitié sud-ouest, sous-urbanisée et sous-industrialisée.

Le Commissariat au Plan confia à M. Rochefort et J. Hautreux, en collaboration avec la DATAR, la rédaction d'un rapport sur le double problème de l'armature urbaine française et des métropoles régionales.

Ce rapport Hautreux-Rochefort dresse le palmarès des 42 villes françaises de plus de 100 000 habitants au recensement de 1962, pour dégager le niveau supérieur de la hiérarchie, c'est-à-dire les quelques villes susceptibles de contrebalancer l'influence de Paris. Plutôt que de disséminer les services et les activités métropolitaines, ne serait-il pas préférable de les concentrer dans quelques grandes villes, les mieux placées, pour ce rééquilibrage du territoire ? Telle était la question posée.

Pour réaliser cette étude de la hiérarchie urbaine, les auteurs ont choisi de ne tenir compte que des activités tertiaires rares (tertiaire de direction, de décision, équipements de haut niveau), celles qui sont le signe d'une forte polarisation et d'une ample influence régionale. Ils ont donc éliminé de leur classement le tertiaire banal *(non basic)*, aussi bien dans le commerce que dans les activités bancaires, les services aux particuliers ou les services administratifs. Il s'agit, ni plus ni moins, d'une application de la théorie des places centrales qui postule le type d'activité qui fait la hiérarchie urbaine : commerces de gros, commerces inter-industriels, commerces de détail rares, sièges sociaux, Bourses, expertise comptable, conseil juridique, enseignement supérieur, musée, bibliothèque, théâtre, stade, etc.

A cette analyse en termes de structure, les auteurs ont ajouté une approche dynamique appréciée en fonction des flux de personnes (mouvements migratoires journaliers) et des communications téléphoniques, ainsi qu'une tentative de mesurer les zones d'influence, en comparant en particulier le nombre des salariés dépendant des sièges sociaux de la ville avec ceux de l'extérieur.

En attribuant une note à chacun des critères retenus, quantitatifs ou qualitatifs, les rapporteurs ont obtenu une somme pour chaque ville et un classement général qui plaçait 8 villes nettement en tête du lot : ce sont les huit villes qui ont été retenues par la DATAR pour devenir les « métropoles d'équilibre » : Lyon, Marseille, Lille-Roubaix-Tourcoing, Bordeaux, Toulouse, Nancy, Nantes, Strasbourg. Grenoble suivait, précédant un groupe de 10 villes « centres régionaux » : Rennes, Nice, Clermont-Ferrand, Rouen, Montpellier, Dijon, Saint-Étienne, Caen, Limoges.

Un dernier groupe formé des « centres sous-régionaux », de capitales régionales comme Reims, Orléans, Poitiers ou Amiens, de chefs-lieux de département, ou encore, de villes industrielles, rassemblait les villes qui, tout en bénéficiant d'une zone d'influence incontestable, ne jouaient qu'un faible rôle régional, mesuré à l'aune des critères choisis.

Pour une fois, une politique d'aménagement du territoire était directement inspirée d'un rapport de recherche. Par ailleurs, cette politique a été constamment maintenue depuis trente ans. Dès lors, est-on en mesure d'apprécier la méthode par ses applications ?

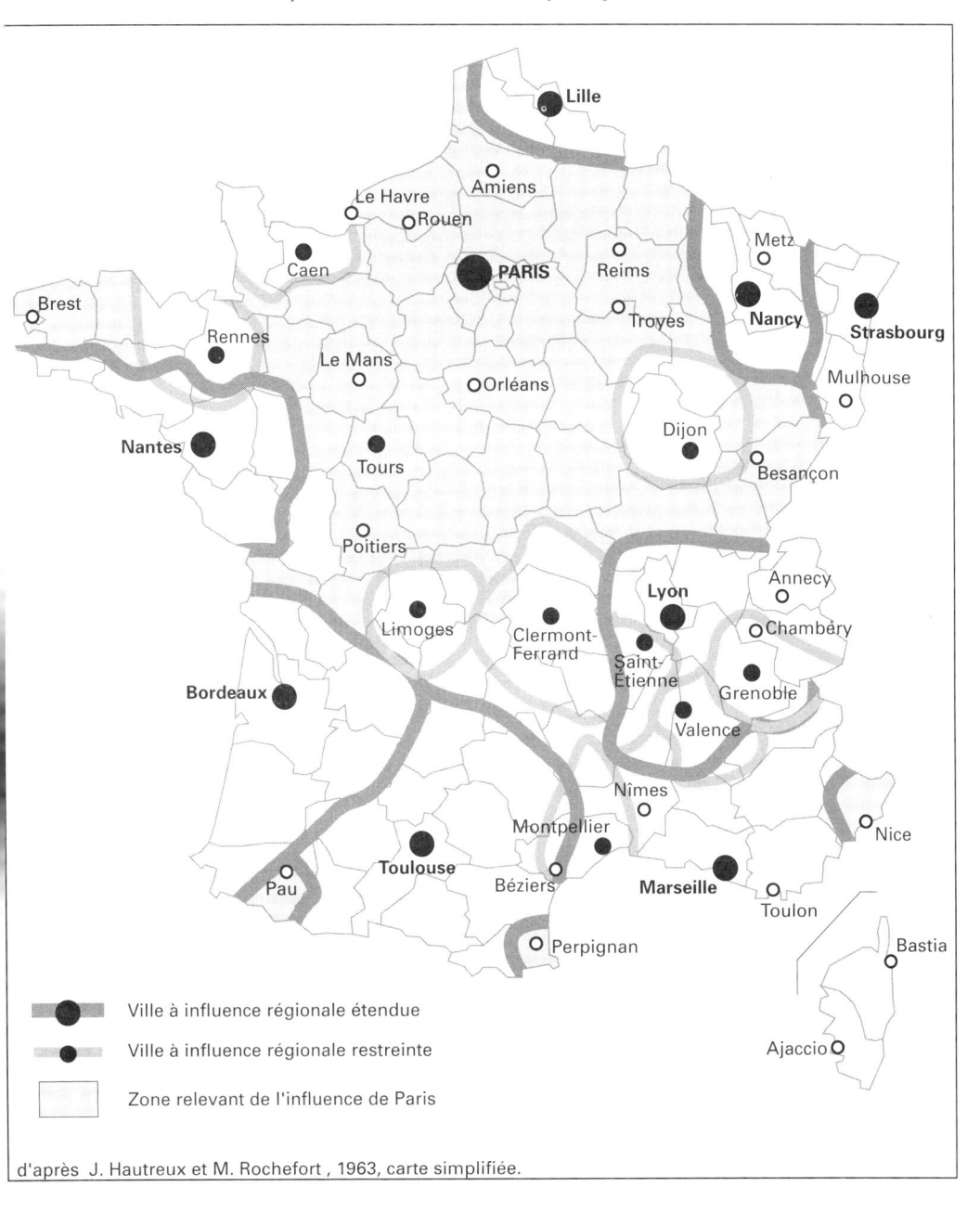

Zones d'influence des villes déterminées d'après les communications téléphoniques

d'après J. Hautreux et M. Rochefort, 1963, carte simplifiée.

La réponse est difficile, car si la politique des métropoles d'équilibre a été constante sur le plan du discours, rien ou presque n'a été fait pour déconcentrer ou décentraliser les activités métropolitaines de Paris vers les métropoles régionales. Quelques services ministériels ont été déplacés, quelques centres de recherche ont été transférés, par exemple le BRGM (Bureau de recherche géologique et minière) à Orléans, la Monnaie à Pessac, la Météorologie nationale à Toulouse, etc. Rien qu'un saupoudrage ! Autrement dit, on ne peut rien prouver par la politique puisque celle qui a été définie n'a pas été mise en pratique. Mieux même, tout laisse penser que la centralisation des fonctions métropolitaines sur la région Ile-de-France s'est renforcée au cours de la période (voir chap. 7).

Une objection déjà formulée à l'encontre de la théorie des places centrales a resurgi lors de la publication du rapport Hautreux-Rochefort : malgré l'importance donnée aux critères qualitatifs, le classement des villes obtenu est-il différent du simple classement démographique ? Les services tertiaires ne sont-ils pas simplement proportionnels au volume de la population, y compris en termes qualitatifs ? Plus une ville est importante démographiquement, plus elle concentre les services de haut niveau.

L'écart, en effet, entre la hiérarchie Hautreux-Rochefort et le classement démographique est faible. Les seuls écarts significatifs concernent les villes industrielles qui montrent un déficit dans les services ou les équipements : Lille, Strasbourg, Rouen, Saint-Étienne, Mulhouse, Le Havre, etc.

La proximité de Paris paraît se traduire par une carence des fonctions métropolitaines. C'est tout particulièrement le cas à Rouen. Mais est-elle provoquée par la concurrence parisienne ou relève-t-elle du caractère industriel des cités concernées ? La question se pose pour Rouen ou Lille, mais aussi pour beaucoup de villes du Bassin parisien : Amiens, Reims, Tours, Troyes...

Inversement, la position périphérique des 8 têtes de la hiérarchie semble confirmer l'existence d'une ombre portée de la capitale sur une auréole de 400 à 500 km de rayon. Mais cette ombre agit-elle comme un frein sur les activités tertiaires ou comme un frein démographique ? Pour qu'une métropole régionale ait quelque consistance faut-il qu'elle soit hors de cette zone d'ombre parisienne ? Faut-il qu'elle soit loin de la capitale pour atteindre un volume de population induisant des fonctions métropolitaines ?

Finalement, on peut se demander si la loi du marché, celle de l'offre et de la demande des activités tertiaires est bien le principe fondamental de l'explication de la géographie urbaine de la France. Pourtant, cette idée – on devrait plutôt dire cette idéologie – est restée dominante au cours de toute cette période. Elle s'est trouvée encore renforcée par la légitimation officielle de l'Aménagement du Territoire dont la politique s'inspirait de cette idée de libre concurrence entre les centres de l'armature urbaine.

Le développement des études urbaines

❏ **Hiérarchie urbaine et fonctions.** Ainsi, le territoire français semble, y compris dans ses anomalies, correspondre au schéma christallérien. L'anomalie majeure, explicative des autres anomalies subalternes, est celle du poids parisien qui perturbe l'ordonnancement régulier de la hiérarchie et le dispositif des grandes villes. C'est sans doute cette adéquation globale au schéma qui est à l'origine de la profusion des études sur le système urbain depuis le début des années 1960.

Les vérifications du modèle se sont donc multipliées à l'échelle régionale, comme à l'échelle nationale. Le petit livre de D. Noin, *L'Espace français* (Armand Colin, 1976), devenu un classique des études de géographie, développe l'exemple bien connu de la Basse-Normandie qui a fait l'objet de nombreuses analyses à l'occasion de la publication de l'*Atlas régional* (G. Gelée, 1964). La régularité dans la distribution et dans la hiérarchie des centres, des petits centres locaux à Caen, pôle principal, en passant par les petits pôles (Coutances, Bayeux...) et les pôles moyens (Lisieux, Alençon, Cherbourg...), confirme ce que d'autres avaient déjà mis au jour dans d'autres régions.

En moins d'une décennie, on a vu paraître une collection presque complète d'atlas régionaux qui représentent une somme d'informations et de réflexions d'une richesse incomparable.

A l'échelle nationale, D. Noin a entrepris une étude des activités spécifiques (le *basic*) des villes françaises en prenant en compte, non plus seulement les 42 premières, mais les 250 plus grandes agglomérations avec, comme critère, l'effectif employé dans les services privés en excluant les services banaux (le *non basic*). Il définit alors six niveaux hiérarchiques. La capitale domine avec 850 000 emplois de ce type. Les trois plus grands pôles, Lyon, Marseille et Lille en détiennent moins de 100 000 (entre 65 000 et 97 000). Viennent ensuite 9 grands pôles (entre 24 000 et 36 000), puis 24 assez grands pôles, 54 centres moyens et 158 petits centres. En excluant Paris, la progression est assez régulière et se rapproche de celle découverte par Christaller. La capitale parisienne domine au moins la moitié nord de la France. Dans un rayon de 100 km autour de la capitale, seuls quelques petits centres peuvent vivre. Dans un rayon de 200 à 250 km, aucun grand centre n'existe, à l'exception de Rouen. Tout se passe donc comme si l'offre de services de la capitale se traduisait par une stérilisation des villes proches. D. Noin remarque par ailleurs que les villes nées de la révolution industrielle apparaissent très peu dans son classement, supplantées qu'elles sont, par les villes-marchés de la période pré-industrielle, y compris en Lorraine ou dans le Nord-Pas-de-Calais. La remarque est de taille à tous égards. Elle montre l'importance de l'inertie historique en matière de hiérarchie urbaine et l'anomalie majeure qui frappe les cités industrielles en matière de services de haut niveau.

❏ *Zone d'influence et région.* Jusqu'alors, la région est considérée comme une aire naturelle qui se traduit dans des paysages (les *régions naturelles* de Vidal de La Blache). Désormais, on considère la région comme l'aire de rayonnement d'une ville. Cette opposition entre une région homogène dont le principe d'organisation est naturel, et une région polarisée dont la ville est le facteur d'organisation est illustrée par les deux formules suivantes : en 1958, Max Sorre définit la région « comme l'aire d'extension d'un paysage » ; en 1959, Pierre George en fait « l'aire de rayonnement et de structuration d'une ville ».

Selon cette nouvelle logique et pour tenter de donner une base scientifique au découpage régional, acquis dès 1955 dans le cadre des *régions de programme* et maintenu depuis lors, les géographes essayent de donner corps à l'aire de domination des centres urbains sur leur espace. L'aire ou la *zone d'influence* correspond à l'aire des services rendus par une ville à la population alentour. Les critères peuvent varier à l'infini. L'aire de chalandise est celle de la clientèle des différents types de commerce assurés par une ville. Les services administratifs couvrent par définition une circonscription administrative (pour la préfecture, l'aire d'influence est donc le département). Dans le domaine de l'enseignement, les équipements de la scolarité obligatoire (écoles primaires et collèges) sont, par définition, ubiquistes. La localisation des équipements de la scolarité non obligatoire sont au contraire hiérarchisés. Pour alimenter un lycée, il faut une ville d'une certaine consistance. *A fortiori,* l'échelle des aires de recrutement des universités ou des grandes écoles est régionale, voire nationale. Il en va de même pour des équipements culturels ou pour l'aire de diffusion de la presse.

La loi de Reilly qui met en rapport la distance et l'intensité des relations entre les centres urbains (voir chap. 2) est l'outil qui paraît le plus adéquat pour établir ces zones d'influence. En Basse-Normandie, on l'a utilisée pour calculer la distance théorique du partage entre Caen, Rennes et Le Mans, et on l'a confrontée avec les zones de chalandise du commerce des biens les plus élevés (autrement dit, les plus rares). Les chiffres réels sont très proches des chiffres théoriques.

Cependant, les zones d'influence concrètes varient en extension pour chaque critère. On a tenté de superposer les différents champs correspondant aux différents flux : marchandises, médecins spécialistes, universités, diffusion de la presse, marché de l'emploi, migrations alternantes quotidiennes, flux téléphoniques, etc. Les cartes obtenues montrent des « patatoïdes » centrées sur les villes mais qui ne coïncident jamais exactement, puisque les services ne sont pas de même nature. La délimitation d'une aire d'attraction urbaine reste floue. Il est logique qu'une auréole d'incertitude existe aux marges des zones d'influence ; les habitants qui se trouvent à la charnière entre deux aires voisines optent pour l'un ou l'autre des centres selon la nature du service demandé.

Les cartes des zones d'influence des villes françaises diffèrent selon les auteurs mais dans de modestes proportions. On les trouve désormais dans les atlas scolaires. Quels que soient les critères, la zone d'influence de la capitale couvre une grande partie de la France du Nord. Celles de Toulouse et Bordeaux sont d'une belle ampleur et se partagent l'espace aquitain. Celle de Lyon est également bien individualisée et englobe les aires d'influence de Saint-Étienne et de Grenoble. Celles des grandes villes frontalières, Lille ou Strasbourg, sont limitées à leur arrière-pays immédiat. On trouve un phénomène analogue en ce qui concerne les villes portuaires, Nantes et Marseille. Dans les régions faiblement urbanisées de l'Ouest ou de la périphérie du Bassin parisien, le pavage des zones d'influence est assez régulier, l'organisation urbaine étant faiblement hiérarchisée (voir plus haut la carte des zones d'influence du rapport Hautreux-Rochefort, 1963).

Cette notion de zone d'influence a son corollaire : celui d'espace polarisé. En effet, les plus grandes villes sont celles qui offrent, en leur centre, les activités de haut niveau qu'elles sont les seules à détenir et qui servent à la population de toute leur zone d'influence. Elles sont les pôles qui « dominent » leur espace. Elles polarisent leur espace parce qu'elles sont à la tête de la hiérarchie urbaine de leur région. Pour qu'un découpage régional soit cohérent, il faut que chaque région ait à sa tête une capitale régionale qui polarise avec suffisamment de vigueur son espace. Est-ce le cas ? Dans une large mesure, la réponse est affirmative. Pourtant, lorsque deux villes de même niveau se partagent un espace régional, comme en Lorraine avec Nancy et Metz ou en Corse avec Ajaccio et Bastia, ou lorsque la polarisation est peu affirmée comme dans les régions méditerranéennes, ou encore lorsque d'anciennes capitales historiques se trouvent coupées de leur ancien territoire comme Nantes et la Bretagne, quelques problèmes de légitimité peuvent se poser qui se traduisent le plus souvent par des concurrences entre les villes intéressées.

En France tout au moins, polarisation et régionalisation sont des notions très proches qui sont apparues, au même moment, pour des raisons analogues. Mais ce sont des notions avant tout économiques

Jean Labasse a été un précurseur en la matière, lui qui, dès 1955, avait étudié plus spécialement le rôle des capitaux dans la région lyonnaise et avait montré sous l'angle historique, le rôle de la banque et des capitaux industriels dans l'organisation spatiale de la région.

Les années 1960 ont ainsi été un temps de développement intense pour la géographie française. Elle a digéré aisément les apports en provenance de la géographie anglo-saxonne, en les inscrivant dans les traditions fortes de « l'école française ». Elle a fait face aux mutations économiques et sociales des années de croissance en complétant son champ d'étude et en l'ouvrant à la géographie urbaine. La géographie régionale a été reconsidérée dans son rapport avec les villes. Sans rien perdre de ses caractéristiques originales de la période antérieure, ni de ses tendances à l'encyclopédisme, elle a réussi une modernisation dans ses méthodes et dans ses applications puisque la géographie paraissait désormais en mesure de peser sur les choix d'aménagement du territoire.

Mieux même, à l'ancienne définition de la géographie comme *science de synthèse*, s'est substituée une nouvelle définition : la géographie, *science de l'organisation de l'espace*. Cette formule – qui est la traduction de *Raumordnung* de la géographie allemande – avait l'avantage d'inclure implicitement aussi le sens de *Raumplanung*, de définir un objet, en apparence, clair (l'espace) et de poser la géographie comme discipline fondamentale, face à l'aménagement du territoire, conçu comme son débouché pratique et sa finalité sociale. De plus, la formule était unitaire ; elle permettait le maintien, dans un cadre unique, de toutes les branches issues du tronc commun, la géographie physique, la géographie humaine, la géographie régionale, avec toutes leurs subdivisions et, même, ce qu'on commençait à appeler la « géographie active ». La formule « science de l'organisation de l'espace » pour définir la géographie, a, pour ces raisons, fait l'unanimité des géographes et s'est imposée, du moins pour un temps, comme allant de soi (voir chap. 5).

LES VINGT DERNIÈRES ANNÉES : UNE CRISE D'IDENTITÉ

Des courants divergents

❏ *1968 et ses suites.* Depuis vingt ans, la géographie française a été reprise par le doute sur son identité. Déjà ébranlée par ses propres divisions internes, elle le fut plus encore par les coups de boutoir des remises en cause de Mai 68. La contestation estudiantine et lycéenne a, en effet, été violente à l'encontre d'une discipline, réputée ennuyeuse parce que faite de nomenclatures de lieux et de chiffres, sans grande portée pour comprendre le monde ni pour agir sur les inégalités et les injustices. La question : « A quoi ça sert ? » date de 1968, et la réponse de Y. Lacoste, en 1976 : «Ça sert d'abord à faire la guerre » est, dans sa forme et dans son contenu, directement tributaire des interrogations de 1968. Après 1968, la géographie française entre dans une longue période de crise identitaire dont il n'est pas sûr qu'elle soit sortie. Une crise encore aggravée par le fait que « l'école française » était restée trop longtemps doublement isolée, par rapport au déploiement de la discipline dans les autres pays occidentaux d'une part, par rapport aux autres sciences humaines d'autre part.

Aux anciennes tendances à l'éclatement, se sont ajoutées celles issues des réflexions portant sur les fondements épistémologiques de la discipline et celles des divers courants qui traversent les sciences humaines à la même époque. C'est sans doute là qu'il faut chercher la raison de l'apparition d'écoles, de clans, de chapelles où s'entremêlent des divergences de conception, des conflits politiques et des discordes idéologiques.

Sur le plan international, des courants assez nettement identifiés, analogues à ceux qui traversent les autres sciences humaines, s'affrontent dans de vifs débats. On distingue en particulier le courant *positiviste*, le courant *béhavioriste* et le courant *radical* (voir à ce sujet P. Claval, *Géographie humaine et économique contemporaine*, PUF, 1984).

Le courant *positiviste* ou *néopositiviste* regroupe la géographie des modèles, de Von Thünen à Lösch, et se prolonge aujourd'hui dans la « nouvelle géographie ». Il considère l'espace comme ordonné par des lois qu'il suffit de découvrir. Les hypothèses ont pour objet de mettre au jour les principes fondamentaux de l'organisation : espace homogène, comportements du moindre effort, minimisation des coûts et maximisation des intérêts ; espace polarisé, modèles gravitaires ; espace de la diffusion, modèle d'Hägerstrand. C'est la géographie nomothétique par excellence, celle qui, par la démarche déductive, entend donc découvrir des lois de l'espace.

Le courant *béhavioriste* critique les vues réductrices de la « nouvelle géographie » concernant les comportements humains qui seraient déterminés non pas par des principes élémentaires (loi du moindre effort), mais par des motivations individuelles complexes. Les béhavioristes proposent de partir des individus, de leurs itinéraires, de leurs choix, pour expliquer l'organisation de l'espace y compris dans ses régularités. Dans le même ordre d'idée, se situent les conceptions qui accordent à la subjectivité une place importante ainsi qu'aux représentations que les individus se font de leur espace. La perception des choses varie d'un individu à l'autre, et d'un groupe social à l'autre. L'espace est vécu et perçu différemment, et l'analyse des représentations fait partie intégrante de la géographie. Cette conception rompt donc avec l'économisme des modèles spatiaux.

Le courant *radical*, souvent associé au marxisme, est en opposition avec les uns et avec les autres. Il considère l'espace comme étant produit par les modes de production dans un rapport de domination à la nature et dans le cadre de rapports sociaux déterminés par la structure de classe de la société. Les rapports entre le centre et la périphérie, à l'échelle du monde comme dans l'espace urbain, sont des rapports de domination d'une classe sur une autre. L'inégal développement est une caractéristique majeure de l'espace.

Il est difficile de trouver des correspondances en France. La « nouvelle géographie » a acquis une position dominante parce qu'elle tend à englober tout ce qui apparaît comme novateur. Positivisme, béhaviorisme, bergsonisme, marxisme, fusionnent dans le creuset de la « nouvelle géographie » qui reprend à son compte le thème *espace vécu/espace perçu*. Les géographes redécouvrent l'existentialisme d'Eric Dardel (voir le texte en fin de chapitre). La géographie des représentations qui fait de l'espace subjectif, l'objet de ses recherches est, en quelques sorte, le volet qui compense le positivisme de la géographie des modèles. Ce sont souvent les mêmes, d'ailleurs, qui manient les approches différentes dans une volonté de rechercher les complémentarités (voir le texte de Robert Ferras en fin de chapitre). Chacun semble puiser son inspiration, au gré de sa spécialité, dans l'arsenal des thèmes lancés par les théoriciens anglo-saxons.

❏ *La « stérilité du marxisme ».* Il faut toutefois faire une exception, ceci expliquant peut-être cela. Le courant marxiste a été très puissant dans la géographie française, des années 1950 aux années 1970, au point d'être ressenti parfois comme étouffant. Des débats réels portant sur la définition de la géographie, sur ses méthodes ont agité le cercle des géographes marxistes à la fin des années 1950. Au départ, aussi bien en géomorphologie que dans les diverses composantes de la géographie humaine, la perspective marxiste a bousculé la vision statique de la terre et de l'homme figé dans ses « genres de vie ». L'utilisation de la « dialectique », cette méthode d'analyse qui cherche dans les contradictions les raisons du mouvement des choses de la nature ou de la société, remettait en question le « fixisme » encore en vigueur dans le domaine de la géographie physique comme dans celui de la géographie humaine. Les travaux de J. Tricart (géomorphologie dynamique), ceux de P. George (géographie sociale, géographie économique, géographie urbaine, etc.) sont devenus, pour une génération de géographes, des références à la fois théoriques et pratiques. Comme en histoire et dans d'autres sciences humaines, l'audience du marxisme s'est élargie au cours de cette période. Beaucoup, parmi les géographes arrivés sur le devant de la scène universitaire au début des années 1960, en ont été marqués, dans leur façon d'aborder les questions comme dans les thèmes choisis pour leur recherche. Néanmoins, cette influence s'est traduite davantage sur le plan directement politique, par l'intérêt porté aux pays socialistes ou au « mouvement de libération des peuples », que sur le plan de la réflexion théorique. L'analyse des marxistes concernant l'URSS et l'Europe de l'Est s'est diffusée progressivement au point de devenir dominante jusque dans les manuels scolaires. Dans le domaine de la décolonisation, des hommes comme J. Dresch ont contribué à élargir l'audience d'une géographie engagée dans les grands événements du monde contemporain.

Parce que la géographie des marxistes ne se distinguait de la géographie traditionnelle que par sa finalité politique, son pouvoir de séduction s'est rapidement estompé. Le temps des interrogations politiques, en 1956 d'abord, puis en 1968, entraîna des dispersions ; les bifurcations dans les itinéraires individuels furent nombreuses. D'ailleurs, les engagements politiques n'avaient plus d'incidence réelle sur le type de recherche géographique. Le marxisme restait extérieur à la géographie que pratiquaient les marxistes, ou alors il s'agissait d'analyses économiques ou sociales non spatialisées et donc, non géographiques. Hormis quelques travaux comme ceux de Manuel Castells sur la ville, plus connu à l'étranger qu'en France, il est ainsi difficile de rapporter au marxisme une production qui lui soit propre. Certains ont même recherché dans les textes de Marx les raisons de la stérilité géographique des marxistes ou de l'incapacité du marxisme à appréhender l'espace (P. Claval ou Y. Lacoste, par exemple). Paradoxalement, l'apport principal du marxisme à la géographie émane du philosophe Henri Lefebvre (*Le Droit à la ville*, Anthropos, 1968 ; *Du rural à l'urbain*, Anthropos, 1970 ; *La Production de l'espace*, Anthropos, 1974…).

Il est pourtant resté quelque chose de cette influence, finalement plus diffuse qu'il n'apparaissait. Une ambiance, une culture, qui explique les résurgences, ici et là, de concepts empruntés au marxisme.

❏ *La géographie du sous-développement.* Un des effets indirects de cette influence concerne le thème du sous-développement. De nombreux géographes avaient une expérience approfondie de l'ancien empire colonial français. Les territoires coloniaux avaient fait l'objet de multiples travaux dans l'entre-deux-guerres et dans l'après-guerre. La géographie coloniale se portait bien, mais elle se confondait avec la géographie zonale des pays tropicaux ; l'œuvre de jeunesse de P. Gourou en témoigne.

La rupture de la décolonisation et l'apparition des problèmes du sous-développement ont peu intéressé les géographes français qui ont abandonné aux économistes ce terrain d'investigation. Les ouvrages et manuels portant sur les critères, sur les mécanismes, sur les origines du sous-développement se sont multipliés au cours des années 1960 et 1970. En revanche, les travaux des géographes portant spécifiquement sur le sous-développement sont restés rares. Pendant longtemps même, la confusion entre le sous-développement et la géographie tropicale s'est maintenue comme si les pays sous-développés subissaient un fatalisme climatique. Il faut ici insister sur la portée du livre d'Yves Lacoste *(La Géographie du sous-développement,* P.U.F., 1966), réédité constamment depuis lors, et qui fut la première analyse sérieuse du phénomène par un géographe. La période était au « tiers-mondisme » et le discours idéologique pénétrait tous les travaux. Frantz Fanon, Samir Amin, P. Jallée ont été les maîtres à penser de la théorie, qui faisait de la colonisation la cause historique du sous-développement et du pillage du tiers monde par l'impérialisme, le facteur fondamental de l'extension du phénomène. Yves Lacoste fut un des premiers à situer le sous-développement à l'intersection entre des facteurs externes (la domination des pays industrialisés) et des facteurs propres aux sociétés sous-développées. La revue *Hérodote* a consacré, depuis son lancement, en 1976, de très nombreux numéros à l'analyse des problèmes du sous-développement.

Cela dit, les travaux des géographes se sont souvent limités, soit à une différenciation du sous-développement selon les continents (Afrique, Amérique latine, Asie du Sud et du Sud-Est), soit à une analyse du phénomène urbain. L'influence de Milton Santos, géographe brésilien, invité pendant une courte période à Paris puis remercié cavalièrement en 1970, y est sans doute pour quelque chose, lui qui a mis l'accent sur le dualisme de l'économie urbaine, partagée entre un *circuit supérieur,* intégré à la sphère du capitalisme mondial et un *circuit inférieur* d'économie souterraine faite de productions et d'échanges clandestins plus ou moins licites. La traduction spatiale de ce dualisme est celle d'une opposition entre le centre moderne des buildings du pouvoir politique et des firmes internationales, associé à l'habitat souvent luxueux des classes moyennes, et la périphérie des bidonvilles où s'entassent les habitants du circuit inférieur. Il est l'un des premiers à avoir montré que ce dualisme s'accompagne de relations étroites nouées entre les deux secteurs sans lesquelles les villes du tiers monde seraient beaucoup plus explosives qu'elles ne le sont (Milton Santos, *L'Espace partagé*, éd. Genin, 1975).

De la géographie coloniale à la géographie du sous-développement, les « tropicalistes » ont largement contribué au développement de la géographie, non sans quelques ambiguïtés parfois (cf. documents en fin de chapitre). Les problèmes du Sahel ont fait naître des recherches sur les interactions entre la péjoration climatique des confins du Sahara et les ruptures provoquées par la colonisation ou l'introduction de l'économie monétaire dans les sociétés sahéliennes (cf. les travaux de J. Dresch ou ceux de J. Gallais, *Le Delta intérieur du Niger*). Les études comparatives sur les sociétés agraires ont retenti sur les recherches concernant le monde rural européen (cf. les travaux de P. Pélissier sur *Les Serers du Sénégal*). Les enjeux des politiques de développement ont été clairement définis aussi bien par A. Sautter que par P. Pélissier, B. Kayser ou R. Pourtier.

❏ *Le structuralo-marxisme.* La géographie est, en revanche, restée presque complètement étrangère à l'énorme vague du structuralisme qui, dans toutes les autres sciences humaines, fut portée par des hommes de grand talent. Pas de Lévi-Strauss, ni de Lacan, ni de Foucault en géographie pour remettre en question les paradigmes antérieurs et proposer un renouvellement des problématiques. L'histoire était beaucoup mieux préparée par l'École des Annales à s'ouvrir à l'influence du structuralisme et les successeurs de F. Braudel, G. Duby, J. Le Goff, E. Le Roy Ladurie, ont assuré la continuité du mouvement en même temps que sa régénération. Même Lévi-Strauss, très proche à beaucoup d'égards de la géographie, eut peu d'écho chez les géographes.

Au début des années 1970, cependant, quelques frémissements se font sentir. La nouvelle revue *L'Espace géographique*, fondée par R. Brunet en 1972, est, d'emblée, ouverte aux thèmes du structuralisme. R. Brunet et F. Durand-Dastès lancent le débat lors d'un colloque qui se tient à Paris, en 1975, sur le thème : « Structures, systèmes et processus ». Mais, le mouvement qui apparaît comme une contestation « périphérique » de partisans de la « nouvelle géographie » contre le bastion de la géographie parisienne réputée conservatrice, reste très limité. Plus que d'une ouverture des géographes aux influences des autres sciences humaines, c'est d'une sollicitation de philosophes structuralistes à l'égard de la géographie, qu'est venue l'impulsion.

En 1973, le philosophe F. Chatelet demande à Y. Lacoste une contribution portant sur l'état de la géographie pour son ouvrage *La Philosophie des sciences sociales*. En retour, lors du lancement de sa revue *Hérodote* (au sous-titre évocateur : *Stratégies, géographies, idéologies*), aux éditions Maspero, en 1976, Y. Lacoste constitue un groupe de discussion en guise de comité de rédaction comprenant des géographes le plus souvent marxistes, mais aussi des philosophes (F. Chatelet), des ethnologues, des urbanistes, et le premier numéro comporte une interview de M. Foucault (« Questions à M. Foucault sur la géographie »).

Compte tenu de l'ambiance du moment dans la géographie française et dans les sciences sociales, il n'est pas surprenant que ce soit surtout l'influence du courant althussérien, le « structuralo-marxisme » (cf. François Dosse, *Histoire du structuralisme*, éd. La Découverte, 1992) qui ait été le plus fort. La revue *Espace-Temps*, fondée en 1975 par une équipe de jeunes géographes et historiens, s'est livrée à un véritable jeu de massacre à l'encontre de la géographie en place. On dénonçait le caractère pré-scientifique des recherches faites jusque-là, tout en cherchant la *coupure épistémologique* salutaire à partir de laquelle on allait pouvoir entrer dans la géographie scientifique. Une levée de bouclier suivit la parution du premier numéro mais les polémiques violentes se sont progressivement éteintes car beaucoup reconnaissaient une part de vérité dans les accusations de cette équipe qui, de son côté, entreprit un travail de réflexion critique de qualité.

De toute cette effervescence somme toute marginale, que reste-t-il ? En apparence, peu de chose. Néanmoins, l'intérêt pour une approche structurale de l'espace et l'accent mis sur le caractère synchronique de la géographie aggravaient la rupture avec la conception de la géographie comme « science de synthèse », comme avec l'économisme des géographes de la période antérieure. Les préoccupations épistémologiques touchaient ainsi tous les géographes, les anciens comme les nouveaux. Le champ était libre pour le déploiement de nouvelles problématiques.

Nouvelles pistes et impasses

❏ **Les limites de la géographie quantitative.** Les années 1970 ont été aussi celles du développement de la géographie quantitative. La géographie quantitative va de pair avec la géographie déductive, celle qui a conduit aux modèles, et dont elle n'est qu'un prolongement. Ainsi le terme est presque devenu méprisant aux yeux, en tout cas, des détracteurs de la « nouvelle géographie », puisque, comme elle, la géographie quantitative a cherché à s'imposer en s'opposant à la géographie traditionnelle, « empirique et descriptive ».

Pourtant, depuis longtemps, la géographie utilisait les statistiques, dans le domaine de la démographie tout particulièrement. Depuis le début des années 1960, toutes les formations universitaires offraient des cours d'initiation aux études statistiques. L'analyse statistique était parfaitement compatible avec la géographie descriptive. La mesure des densités, de la répartition des revenus, des catégories socioprofessionnelles est une pratique ancienne des géographes. Le perfectionnement des recensements, sous l'égide de l'INSEE, appelait une utilisation plus intensive des données quantitatives.

Ce n'est donc pas sur le terrain statistique proprement dit que se joue la différence entre la géographie quantitative et la géographie dite descriptive. La géographie quantitative a cru trouver dans l'informatique l'outil scientifique qui manquait à la géographie déductive. Comme dans d'autres sciences humaines, à la même époque, quelques universitaires ont pensé que l'utilisation conjointe de la mathématique et de l'informatique légitimerait une recherche appuyée sur l'analyse factorielle. Dans la pratique même, on a parfois cru que l'informatique pourrait dispenser de poser une problématique. La formule de G. Bachelard « il faut réfléchir pour mesurer et non mesurer pour réfléchir » a été oubliée par certains géographes.

A partir de 1970, les manuels d'analyse statistique à destination des géographes se sont multipliés. Le groupe Dupont (dit d'Avignon, puis « géopoint ») qui rassembla de jeunes géographes en quête d'une formation au traitement statistique, élargit rapidement son audience. Le groupe Chadule, sous-ensemble grenoblois du groupe Dupont, publia en 1974 un *Manuel d'initiation aux méthodes statistiques en géographie* qui fut suivi par beaucoup d'autres.

Il faut reconnaître que les recherches en géographie quantitative ont été souvent décevantes. Les thèmes abordés ne différaient pas toujours de ceux de la géographie classique, qu'il s'agisse de la géographie rurale ou de la géographie urbaine mais surtout, les résultats ne révélaient pas d'innovations saisissantes par rapport aux travaux antérieurs. Souvent encombrés de justifications méthodologiques, ils étaient d'un abord difficile pour les étudiants et, en fin de compte, ne faisaient que restituer ce qu'on savait déjà.

Progressivement, les publications ne se sont plus bornées au seul maniement des statistiques. Elles portaient sur les problèmes méthodologiques et, de proche en proche, sur les questions épistémologiques. Leur visée allait bien au-delà puisqu'il s'agissait de fonder sur la mathématique la géographie déductive. Certains auteurs ont d'ailleurs proposé de substituer à l'expression « géographie quantitative », celle de « géographie mathématique ». L'ambition se déployait sur la logique des modèles. Si les formes spatiales sont géométriques, si le modèle gravitaire est valable, si, plus généralement, il existe des lois scientifiques dans l'organisation spatiale, alors, elles ne peuvent que relever de relations mathématiques. Plus que sur l'utilisation des statistiques, c'est donc sur le recours aux mathématiques que se jouait la différence entre la géographie « empirique » et la géographie « scientifique ».

La démarche déductive supposait une recherche préalable d'hypothèses ou d'axiomes concernant, d'une part, les éléments constitutifs de l'organisation de l'espace : le lieu, la distance, la surface, susceptibles d'une définition mathématique et valables universellement, et, d'autre part, les variables du phénomène plus spécifique qu'on voulait étudier. « L'axiomatique » a cru trouver dans la formulation mathématique un fondement « scientifique » à la géographie.

Système spatial montagnard ancien

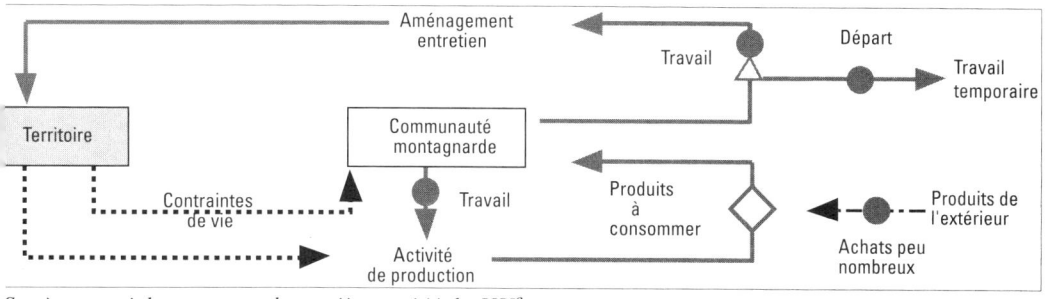

Système spatial montagnard première moitié du XXe

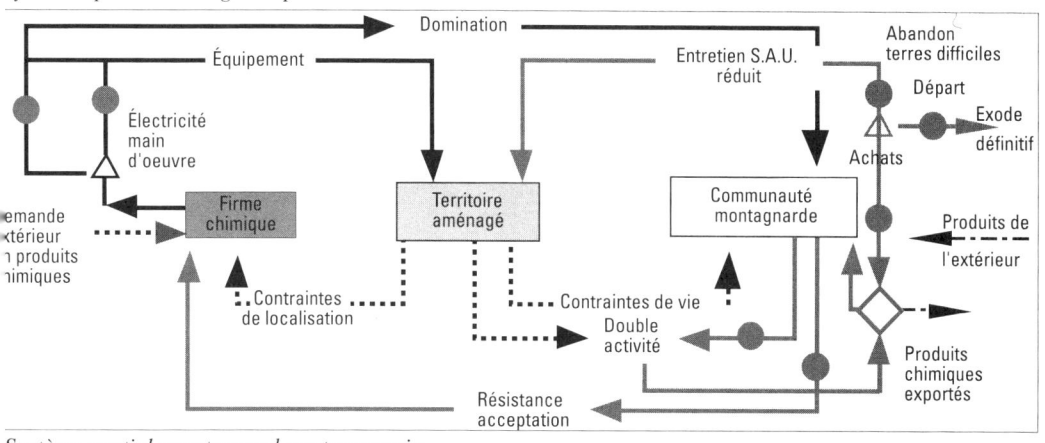

Système spatial montagnard contemporain

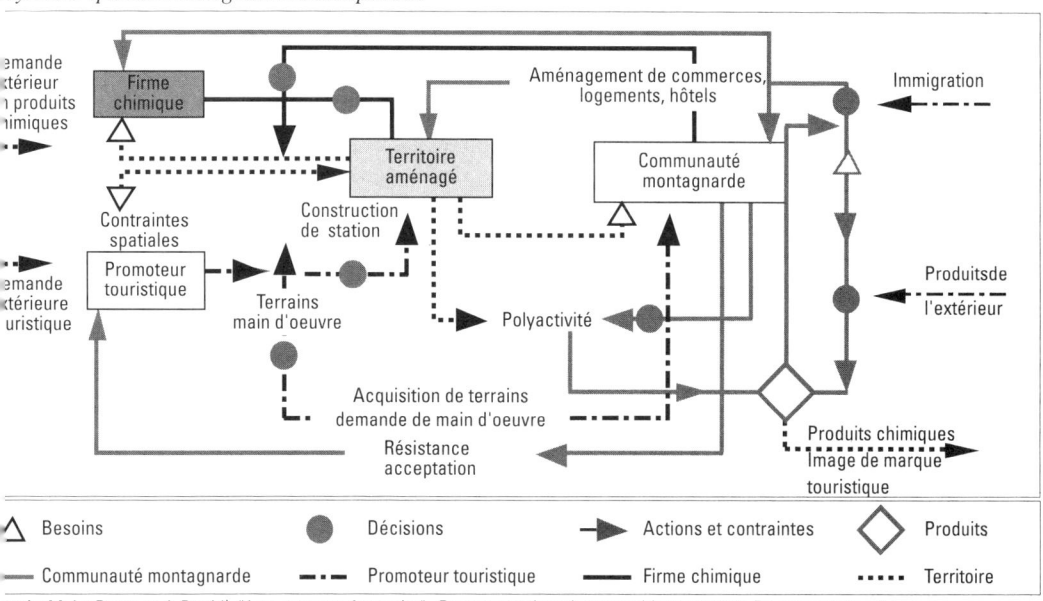

△ Besoins	● Décisions	▶ Actions et contraintes	◇ Produits
— Communauté montagnarde	—·— Promoteur touristique	— Firme chimique	····· Territoire

après M. Le Berre et J. David), "*La montagne française*", Documentation photographique n° 6090, Documentation française.

❏ *Les systèmes.* Ce qu'on appelle la *géographie systémique* procède des mêmes logiques. Le terme de système n'est pas nouveau en géographie. Les géographes physiciens l'ont utilisé pour caractériser des mécanismes et des processus d'érosion (système d'érosion périglaciaire) ; les biogéographes l'ont fait pour définir des formes d'équilibre entre le milieu minéral, le climat et la biomasse (écosystème). La géographie systémique ne se situe par sur ce plan-là. Elle est née de l'application de modèles mathématiques utilisés dans les sciences de la nature à un espace géographique conçu en termes de structure. Dans un système, les éléments sont interdépendants. Toute modification de l'un entraîne une modification de l'ensemble. Un système peut donc évoluer s'il est soumis à des contraintes ou à des variations d'une ou de plusieurs de ses composantes. Par exemple le système montagnard traditionnel (système fermé) qui utilisait l'étagement des versants pour associer les cultures de vallée, l'alpage et l'utilisation de la forêt dans le cadre d'une économie d'autosubsistance a été subverti, d'abord par l'introduction de l'industrie, puis par le tourisme qui utilise l'espace d'une tout autre façon et qui transforme ou détruit la société montagnarde (voir le schéma page précédente).

Le terme de *système* s'identifie souvent avec celui de *structure* et même avec celui de *modèle* ce qui n'est pas fait pour clarifier le débat. De plus, il prend une dimension fantasmatique dans la didactique de la discipline, tout à fait disproportionnée par rapport à la place que cette question occupe dans les recherches. Il n'est d'ailleurs pas du tout évident que les auteurs aient tous la même conception « systémique ». Ph. Pinchemel dans *La Face de la Terre* donne une définition intéressante du *système* (ensemble à « double solidarité fonctionnelle et formelle ») qui est très proche de celle que R. Brunet attribue au terme de *structure*, mais il reconnaît que son acception est différente de celle des autres auteurs.

Cette géographie quantitative ou plutôt les illusions qu'elle a pu engendrer a fait long feu. Elle s'est heurtée rapidement à des objections de fond. La réalité géographique est trop complexe pour être appréhendée sous la forme mathématique, les variables sont trop nombreuses pour être isolées et simplifiées.

La géographie théorique n'a souvent produit que de la théorie. Les ouvrages de géographie théorique souffrent souvent des mêmes défauts que ceux de la géographie quantitative. Ils se livrent en général à une justification de la démarche hypothético-déductive. Ils proposent des perfectionnements des modèles mathématiques de plus en plus sophistiqués. Mais les applications sont peu probantes. Le retour à la réalité est décevant. Ce sont d'ailleurs souvent ceux-là mêmes qui s'étaient lancés dans ces recherches qui ont procédé à la critique de leur propre pratique (voir, à cet égard, l'ouvrage de H. Isnard, J. B. Racine et H. Reymond, préfacé par P. George, *Probléma-*

tiques de la géographie, PUF, 1981, ou celui de A. Bailly et *alii, Les Concepts de la géographie humaine*, Masson, 1991, ou encore A. Bailly et H. Beghin, *Introduction à la géographie humaine,* Masson, 1992, qui, tous trois, montrent l'apport et les limites de la géographie axiomatique).

Ce qui reste de tangible, d'indubitable et d'irréversible dans le développement de la géographie quantitative, c'est le progrès dans la maîtrise des données statistiques par le traitement informatique qui convient à tous les types de recherche géographique. L'utilisation de l'ordinateur est particulièrement adaptée à l'analyse géographique qui, quelle que soit la conception qu'on en ait, implique toujours une masse considérable de variables. Corrélativement, la cartographie automatique est devenue d'un maniement aisé, à la portée de tous et offre ainsi, des outils d'analyse quasi instantanés.

L'essor de la géographie quantitative ne doit cependant pas cacher la profusion des recherches menées dans le même temps sans aucun postulat théorique ou méthodologique.

❏ *La crise de la géographie active.* De la phase optimiste des années 1960 et des premiers développements de la politique d'aménagement du territoire, est née, chez les géographes, l'espérance d'avoir une autre utilité sociale que celle de l'enseignement. « Géographie active », « géographie volontaire », « géographie appliquée », « aménager le territoire », ces titres d'ouvrage ont fleuri au cours de cette période. La commande sociale, par le biais de l'État ou des collectivités locales, en direction de la géographie, a joué un rôle favorable, apportant à la fois des moyens financiers et une finalité motivante à la recherche. La géographie avait son mot à dire sur les actions à entreprendre pour « harmoniser la croissance » sur le plan territorial. Elle pouvait devenir agissante et participer aux circuits décisionnels. Dans les faits, la participation des géographes a été réduite à la portion congrue. Au mieux, ils étaient sollicités pour s'intégrer dans des équipes pluridisciplinaires avec, pour tâche, d'élaborer des monographies dans la plus pure tradition. A eux l'environnement et le rural, les choses sérieuses étant réservées aux économistes et aux urbanistes. Quant aux décisions, elles étaient normalement du ressort du politique. Il en est résulté une sorte de pilotage par l'aval d'une partie de la recherche géographique qui entretenait d'un côté un fort courant d'illusion technocratique et de l'autre côté, contribuait à maintenir la géographie dans ses carences en matière de réflexion fondamentale. Les géographes n'ont joué qu'un rôle mineur dans les grandes opérations d'aménagement du territoire, qu'il s'agisse de l'aménagement du Languedoc ou de Fos-sur-Mer. Ils n'ont eu qu'à en étudier les effets *a posteriori..*

D'ailleurs, avec les années de crise, l'Aménagement du Territoire qui n'avait plus d'activités ni d'emplois à distribuer, compte tenu de la stagnation économique et de la chute des emplois industriels, a périclité pour entrer dans une décennie de sommeil, de la fin des années 1970 à la fin des années 1980.

❑ *L'essor de la géopolitique.* La géopolitique à la façon ratzélienne s'était disqualifiée pour avoir légitimé l'idéologie du nazisme. A partir des années 1970 et surtout 1980, elle revient en force au point de constituer une nouvelle branche de la géographie. Il y a à cela des raisons qui tiennent à l'élargissement accéléré des problèmes au niveau des grands espaces et au niveau mondial. La partition du monde en deux blocs antagonistes (l'Ouest et l'Est, le capitalisme et le socialisme), en équilibre précaire de « coexistence pacifique », se traduisait par le report des tensions sur des fronts chauds régionaux de « guerre froide » : le Moyen-Orient, le Sud-Est asiatique, l'Amérique latine, l'Afrique, l'Europe. La mondialisation de l'économie, celle des techniques, celle de l'information, ont fait comprendre que les enjeux étaient planétaires. La crise de 1975 a accéléré cette prise de conscience. Le risque d'un déséquilibre démographique mondial, le danger d'épuisement des ressources non renouvelables, les menaces concernant l'environnement expliquent l'essor des mouvements écologiques qui ont joué un rôle incontestable dans la diffusion de l'idée d'une solidarité nécessaire de l'ensemble de l'humanité. L'effondrement du bloc communiste qui s'accompagne d'une résurgence des nationalismes a bouleversé les anciens équilibres et fait naître de nouvelles tensions. Du développement scientifique à la révolution de l'information, du sous-développement au sida, tous les problèmes se situent aujourd'hui à l'échelle mondiale.

La géographie ne pouvait que participer à l'exploration de cette échelle d'appréhension de l'espace. La renaissance de la géopolitique se situe dans ce contexte. Depuis quelques années, les atlas géopolitiques prolifèrent. Les cartes « centrées » sur la Chine ou l'Australie entendent rompre avec une vision européano-centrée du monde et révéler le « point de vue » des autres. Les atlas géostratégiques cartographient les zones de tensions présentes ou prévisibles ou les rapports de force militaires. Le système-monde avec ses « centres » économiques, politiques, militaires dominant, ce qu'Olivier Dollfuss nomme les « oligopoles » (*Mondes nouveaux,* tome 1 de la *Géographie universelle,* Hachette, 1991) devient un thème en vogue. La question des transports et des réseaux est un champ permanent de la géographie. Il lui faut, désormais, prendre en compte ce passage à la mondialisation des échanges, ainsi que l'avènement d'une société de plus en plus « informationelle ». (M.-F. Durand, J. Lévy, D. Retaillé, *Le Monde : espaces et systèmes,* FNSP-Dalloz, 1992).

Mais la géopolitique n'abandonne pas pour autant le niveau des nations et des États. L'organisation spatiale du champ politique s'effectue à toutes les échelles, au niveau régional, national, au niveau des « grands espaces » et au niveau mondial (P. Claval, *Régions nations, grands espaces,* Genin, 1968). Renouant avec la géographie politique d'A. Siegfried, la France a fait l'objet de nouvelles recherches, complémentaires de celles des politologues. Dans ce domaine aussi, qui dépasse celui de la simple géographie électorale, les publications se multiplient (Y. Lacoste, *Géopolitique des régions françaises,* Fayard, 1986).

Un bilan contrasté

Le bilan des deux dernières décennies est donc très contrasté. La « nouvelle géographie » a donné une forte impulsion aux recherches qui tendaient à se diversifier d'elles-mêmes en s'adaptant aux mutations du monde contemporain. La géographie s'est incontestablement enrichie dans ses méthodes comme dans ses champs d'analyse. Pourtant, les vieilles questions n'ont pas trouvé de réponses. La géographie est toujours autant tiraillée de l'extérieur en même temps qu'elle se fragmente à l'intérieur. Le problème de son unité reste posé. Les oppositions entre géographie physique et géographie humaine ne sont pas dépassées. Certains craignent qu'en élargissant ses horizons, la géographie perde son identité en se confondant avec les disciplines voisines et concurrentes.

Bilan contrasté donc, mais loin d'être négatif. La floraison de multiples tendances n'est pas le signe d'une stagnation, bien au contraire. Les oppositions sont provocantes et stimulantes pour la recherche. L'exploration des nouvelles pistes laisse des traces, des savoirs et des savoir-faire. Mais chacun sent bien que la géographie a besoin de retrouver une identité et une unité.

Sans personnaliser à l'excès, on peut remarquer que les efforts des uns et des autres convergent désormais vers cette perspective : P. Claval qui cherche dans l'histoire les bases d'une identité rénovée ; Ph. Pinchemel qui essaie de retrouver, dans une synthèse globale, l'unité perdue ; R. Brunet, enfin, qui tente de réaliser une synthèse générale entre la géographie traditionnelle et la « nouvelle géographie ».

DOCUMENTS

■ **La géographie existentialiste : Éric Dardel, *L'Homme et la Terre**
Nature de la réalité géographique (1952)

Il est difficile d'imaginer à notre époque une autre relation de l'homme avec la Terre que celle de la connaissance objective proposée par la géographie scientifique. Cette volonté de promouvoir un ordre spatial et visuel du monde répond à la tendance générale de la pensée occidentale dans les temps modernes. Visualisation du monde en image universelle, en représentation, que l'homme tient présente devant lui pour la mieux dominer. Comme l'a montré Heidegger dans les *Holzwege*, une telle objectivation du monde depuis la Renaissance et surtout depuis Descartes provient de ce que l'homme assume pleinement sa subjectivité, en ce sens qu'il accepte pour seul fondement de la vérité la certitude intérieure du moi : à la différence de l'homme antique, pour qui le monde se dévoile lui-même, qui vit ainsi, pour ainsi dire, sous le regard des choses environnantes et se voit, dans cette « apparition », déterminé comme destin ; à la différence aussi de l'homme médiéval qui soumet sa pensée à l'autorité d'une vérité révélée, transmise par la doctrine chrétienne, l'homme des temps modernes, lui, se croit et se veut maître souverain de la vérité ; il n'admet d'autre garantie que celle qu'il peut lui-même lui donner, étant cette liberté qui fonde tout fondement et toute raison. Il s'avance à l'attaque de tout ce qui est, armé de ses mesures et de ses calculs, posant toute chose en face de lui, dans l'obéissance et le service à sa cause.

Il est donc inévitable, et il est salutaire, que la géographie poursuive sa tâche de dresser, par des inventaires, par des cartes précises, par des statistiques serrées, l'image la plus exacte et la plus complète de la Terre. Mais il est bon de nous souvenir que l'objectivité n'est pas, par elle-même une garantie de vérité si absolue qu'il faille s'y abandonner sans réserve. Une vision purement scientifique du monde pourrait bien désigner, comme nous le rappelle P. Ricœur, une tentation d'abdiquer, « un vertige de l'objectivité », un « refuge quand je suis las de vouloir et que l'audace et le danger d'être libre me pèsent ». C'est pour nous une obligation morale et un devoir de probité intellectuelle de revenir à la conscience que l'homme moderne tire son objectivité de sa propre subjectivité de sujet, que c'est, en dernier ressort, sa liberté spirituelle qui est juge de la vérité, et qu'il ne peut, sans renoncer à son humanité, aliéner sa souveraineté. « Cet être de raison qu'est l'homme au siècle des Lumières, dit Heidegger, n'est pas moins sujet que l'homme qui se comprend comme nation, qui veut être peuple, qui s'impose la discipline de la race et s'empare en fin de compte de la terre pour la dominer. » Au moment où se propage partout cette race d'hommes qui réduisent l'espace en objet, la Terre en matière première ou en source d'énergie industrielle, qui disposent de tout et même de la vie humaine souverainement, il faut bien admettre que ce ressort secret qui érige l'homme d'aujourd'hui sur sa propre liberté ne diffère pas essentiellement d'une volonté de puissance, tendue de toute la force de son pouvoir-être, et fort perméable à la passion. Si même nous oublions l'usage parfois inquiétant que fait aujourd'hui l'homme de sa souveraineté absolue sur le plan général, en renforçant sans cesse « très objectivement » son pouvoir de destruction, en détruisant scientifiquement des vies humaines par la guerre ou le camp de concentration, des faits incontestables allégués sur le terrain de la géographie suffiraient à nous inciter à plus de prudence et de modestie quand nous exaltons notre vision purement objective du monde. Que l'on veuille bien prêter attention aux avertissements fort objectifs d'un Josué de Castro dans sa *géographie de la faim* ou d'un William Vogt, dans la *faim dans le monde*. On verra qu'il y a beaucoup à dire sur la manière dont l'homme dispose de la Terre en maître absolu, provoquant ici l'érosion des sols, là un régime de carences alimentaires proche de la famine.

Il conviendrait aussi de rappeler qu'au moment même où l'occident s'ingénie à soumettre toute la Terre à sa puissance par la science et l'industrie, où il « dénaturalise » la réalité géographique en espaces urbains et nivelle toute les différences géographiques sous une civilisation matérielle uniforme, on voit se multiplier les moyens que l'homme se donne de s'évader de ce monde artificiel et de retrouver avec la géographie un contact plus naturel, plus direct : tourisme, vacances payées, scoutisme, auberges de jeunesse. L'expérience géographique se fait souvent en tournant le dos à l'indifférence et au détachement de la géographie savante, sans tomber pour autant dans l'absurdité. Elle se réalise dans une intimité avec la Terre qui peut rester secrète. Inexprimée, inexprimable est la « géographie » du paysan, du montagnard ou du marin... La Terre, pour quoi l'on vit et pour quoi l'on meurt, ressemble peu à celle d'un savoir désintéressé ; elle est bien l'intérêt, par excellence. La Terre est l'enjeu de l'histoire : convoitise de l'espace étranger ou expansion territoriale pour les uns, défense du sol national pour les autres.

E. Dardel, L'Homme et la réalité géographique,
CTHS, 1990, pp. 115-128

■ La géographie des représentations : Robert Ferras, *Ville : paraître, être à part*

Il n'y a plus de ville. Il n'y a plus que des capitales et des métropoles affublées de mentions propres à figurer dans un livre de records, mais en fait destinées à la page publicitaire du magasine ou au placard mural. La ville existe sous cette forme dans l'esprit de ceux qui en sont et la gèrent, de ceux qui y vont et surtout de ceux qui y font aller. Regardons-y d'un peu plus près, et avec d'autant plus de précautions que l'on sait la ville rarement prise en compte avec le détachement propre au « savant ». La campagne rassure, stabilise, assied. La ville inquiète, dérange, perturbe. A chacune son image...

[...] On fera un sort au vieux problème, tout plein d'angélisme : qu'est-ce qu'une ville ? Car les représentations ont, entre autres avantages, celui de battre en brèche les critères « objectifs » soigneusement établis par les différents pays et qui ne s'appliquent à peu près nulle part de la même façon. Que dire des énormes villages et des « villes primaires » d'Andalousie, de Hongrie, de Calabre ou des Pouilles ? On est en ville dès qu'on franchit le cap des 2 000 habitants en France, des 10 000 en Suisse, des 20 000 aux Pays-Bas. D'autres pondèrent cela en prenant en compte des pourcentages de population active employée en dehors du secteur primaire : la ville des industries et des services. Autant vaut-il faire comme Israël, qui estime l'inestimable, ce que l'on juge être « l'aspect urbain » du groupement de population, et qui finalement, n'est pas plus mal. Au-delà de la réalité des lieux (laquelle ?), émergent des critères qui sont les nôtres, un peu comme la bouteille qui est soit à moitié pleine soit à moitié vide pour une même hauteur de liquide.

Une version de la ville « subjective » représente un renversement total de l'approche « géographique » habituelle. Cela ne revient pas à nier l'existence de facteurs « autres », le foncier, le réseau de transports, tout ce que développent si bien les annuaires et abondamment les manuels. Mais le monde a rapetissé, la ville n'a plus ses mêmes dimensions, pas partout et pas pour tout le monde. Il y a des espaces rapprochés et des espaces rétrécis, le centre, il est des espaces éloignés et dilatés, la banlieue. Or l'espace est un produit social, et sont liées à l'appartenance sociale les formes de représentation, de pratiques, de manifestations socioculturelles sur la ville.

Chacun porte sa ville en soi, et il est bien rare qu'il en connaisse le nombre d'habitants. Par contre, toute expression artistique est chargée d'indications sur la ville, comme les intérieurs nets et les places grouillantes des maîtres hollandais, comme ces personnages qui traversent le ciel des villes de Chagall...

Mythologie et symbolique nous imprègnent jusqu'à l'oubli, tellement ils peuvent être d'évidence. Il est des villes rouges comme Albi, rouge de briques, et rouge de l'histoire de sa coopérative ouvrière ; quel discours pourrait remplacer la forme sous laquelle la municipalité distribue sa documentation ? Moscou est rouge de sa place rouge. Toulouse fut un temps rose et violette, avant de se parer de l'aéronautique....

[...] Quel déterminisme, quel imaginaire créent la « méditerranéité » ? Le linge aux fenêtres est d'abord napolitain, et le palais délabré sicilien, une rue vide et chaude d'un été ensoleillé est en Corse, à l'heure de la sieste estivale. La démarche est encore plus grave encore quand l'on passe du stéréotype à l'ethnotype, quand on quitte le réel pour quelque chose d'autre, l'idéologie. Cela remet en question les approches habituelles sur le concept d'espace. Une approche phénoménologique repose sur la prise en compte de l'individu, souvent noyé dans une appartenance sociale dont on ne nie pas l'importance ; Antoine Bailly (1977) dit « l'espace n'existe qu'à travers les perceptions que l'individu peut en avoir, qui conditionnent nécessairement toutes ses réactions ultérieures. A ce titre cet espace est loin d'être partout équivalent à lui-même, comme voudraient nous l'enseigner les géographes....

L'espace n'est que subjectif, mais il n'y a pas que des images individuelles et un libre arbitre....

[...] Les valeurs de *l'idéologie* varient avec le temps, de l'idéologie comme ensemble des idées propres à une époque et à une société, par opposition aux faits économiques ou à d'autres critères. Elles masquent stratégies, intérêts, construction à partir du même objet, et une réalité sous le mythe, qui est construction idéologique. Ainsi de la région, belle construction idéologique que l'on oppose parfois à la ville qui la gère, région que l'on prétend appartenir à tous, alors que l'espace est « régional » pour quelques-uns seulement, que la régionalisation relève de l'appareil d'État, et le régionalisme des militants. A partir de ce que l'on prend pour une réalité, il y a donc substitution à la réalité de ce que l'on prend pour une « information », des valeurs-modèles, des référentiels qui conditionnent les représentations.

La *sémiologie* permet de réinterpréter des approches plus classiques plutôt que de les mettre à bas, en leur adjoignant toute la richesse des apports du signe et du message. La reprise des centres-ville « à l'ancienne » s'accommode fort bien de ces approches pour faire émerger d'un ensemble flou (« la ville »), et irréductible à une unicité, d'autres valeurs.

Le *fonctionnalisme* met l'accent sur l'activité économique, ce qui relève des marchés, échanges, flux, avec une systématisation qui donne la loi de Reilly, les modèles de Christaller, de Hoyt... Ces modèles sont autant de guides, raisonnés, d'une organisation urbaine, même si la variété de la ville, dans sa richesse, est tout autre...

La *pratique* passe par la maximisation d'interactions sociales sur un espace pratiqué par des groupes sociaux. Les *stratégies* mettent l'accent sur enjeux et conflits, confrontations sur les lieux urbains convoités, disputés et par là même, sur les politiques urbaines. La forme est révélatrice de la complexité de la ville et met l'accent sur le finalisme d'un objet formel et d'une composition architecturale. Le *territoire urbain,* au sens éthologique du terme, renvoyant à l'identité, à la psychosociologie, peut réapparaître sous les thèmes d'approche du quartier. L'*histoire* joue aussi son rôle, de plus en plus inévitable, dans les grandes opérations dont l'haussmannisation reste un exemple.

Les *représentations* se dégagent peu à peu d'une accumulation béhavioriste et de collection d'images sous les espaces, « espèces d'espaces » selon la formule de Perec, qui sont de la vie, vécus ou, imposés, imposés pour être vendus. Il y a là un changement de paradigme, de position épistémologique par rapport à la place habituelle qu'occupe la géographie urbaine, entre le béhaviorisme prenant en compte le comportement du citadin, et le matérialisme considérant la ville comme lieu de reproduction de la force de travail et d'échange de biens.

R. Ferras, *Ville : paraître, être à part,*
Reclus, 1990, pp. 20-35.

4
La géographie chorématique

Pour certains de ses détracteurs, Roger Brunet est l'inventeur de la « banane bleue » et des « chorèmes » dont il est de bon ton de se gausser.

La « banane bleue » est cet amas de villes qui forment, vu de nuit d'un satellite, une nébuleuse s'étendant du Bassin de Londres à la plaine du Pô, en passant par les pays rhénans. Paris semble quelque peu à l'écart de cette mégalopole européenne, plus importante que celle du Nord-Est des États-Unis et que celle du Japon.

Selon R. Brunet, les « chorèmes » sont un « alphabet de l'espace ». Pour ses adversaires, le « chorème » est une caricature de la France simplifiée à l'extrême sous la forme d'un hexagone.

Parce qu'il occupe une position clé dans la géographie actuelle, parce qu'il est au centre des débats, il convient de cerner sa conception de la géographie, avec le plus de précision possible.

LA CONCEPTION ORIGINALE DE ROGER BRUNET

L'espace est un produit social

❏ **Un courant dynamique.** R. Brunet est souvent présenté comme le chef de file de la « nouvelle géographie », considérée comme formant un bloc monolithique, coupée des réalités, se complaisant dans la théorie, dans les généralités et dans des schémas abscons et s'opposant frontalement aux traditions de la géographie française.

Pour ses adversaires, « l'école » de R. Brunet serait comme une secte avec son idéologie (la géographie nomothétique), sa langue de bois, ses slogans (centre/périphérie, gradient, etc.), ses icônes (les « chorèmes », etc.), son langage (« géon », « taxon », « étant », etc.).

Qu'il y ait, chez R. Brunet, ou chez certains de ses émules, quelques excès de langage, un goût immodéré pour les jeux de mots, une propension à en inventer à partir de racines grecques, un certain dogmatisme qui érige en vérité ce qui n'est encore qu'une piste de recherche, une volonté provocatrice, tout cela est indéniable.

Il faut pourtant reconnaître à R. Brunet et à ceux qui participent à cette entreprise, un rôle considérable dans la modernisation et la rénovation de la géographie contemporaine. Depuis une vingtaine d'années, l'impulsion donnée a contribué à remettre en cause et à dynamiser la géographie française.

Remettre en cause parce que les coups de boutoir ont ébranlé définitivement l'édifice déjà vacillant de la géographie traditionnelle. La formation d'une « école » a accentué les querelles. Aux provocations ont répondu les anathèmes qui ont, un temps, obscurci l'horizon. Le débat en a pourtant été approfondi. Il a permis de préciser les clivages principaux et de clarifier la nature des oppositions.

Dynamiser parce que, de tous les courants qui traversent la géographie contemporaine, celui-ci est incontestablement le plus efficace et le plus productif. Une part essentielle de la production géographique et des recherches se rattache directement ou indirectement à ce courant. Une dynamique nouvelle s'est progressivement affirmée qui entraîne désormais toute la géographie.

Il y a des aspects symboliques saisissants en cette affaire. Le « centre » n'est plus à Paris mais en province, à Montpellier : il s'agit de la Maison de la géographie dotée d'équipements sophistiqués et d'une structure souple, le GIP-Reclus, d'une équipe de chercheurs rayonnant par ses antennes dans toutes les villes universitaires. Le traitement, par des techniques informatiques bien maîtrisées, des données les plus récentes rehausse la qualité des recherches ; des publications régulières *(Mappemonde, La Lettre d'Odile)* assurent la diffusion des recherches.

Ce qui pouvait apparaître comme une secte est devenu, sinon le seul pôle, du moins le plus grand pôle d'innovation géographique en passe de conquérir une véritable hégémonie intellectuelle sur la discipline tout entière. Le rapport de force a tourné à l'avantage de R. Brunet, et ce sont les adversaires irréductibles qui agissent parfois comme une secte pratiquant l'ostracisme.

Un ouvrage récent qui tente de faire le point sur tous les domaines de la géographie en administre la preuve, involontairement peut-être : *L'Encyclopédie de la géographie*, publiée sous la direction de A. Bailly, R. Ferras et D. Pumain, qui réunit une cinquantaine de spécialistes. La plupart sont des proches ou gravitent dans l'orbite de ce courant, en tous les cas, participent à la « nouvelle géographie ». Que ces contributions soient précédées par un article de Ph. Pinchemel et suivies, en guise de conclusion, d'un autre de P. George, deux des plus grands noms de la géographie française qui ne lui ont pas toujours été favorables, est significatif du poids acquis et d'une sorte de reconnaissance par les aînés de la qualité du travail fourni.

Le « phénomène Brunet » n'est pas séparable du contexte dans lequel il s'est développé. La contestation de tous les ordres établis, en 1968, a provoqué, même chez les géographes, une remise en cause de leur discipline (cf. chapitre 3). Le terrain ayant été préparé par les « quantitativistes », des groupes de réflexion se sont multipliés pour faire face à une demande profonde de rénovation.

En 1972, R. Brunet fonde une nouvelle revue, *L'Espace géographique*, en rupture avec ses vieilles consœurs comme les *Annales de géographie* fondées par Vidal de La Blache, ou les nombreuses revues régionales. Résolument moderne dans son titre, dans son style comme dans son contenu, *L'Espace géographique* a joué un rôle essentiel dans la diffusion et dans la propagation du courant de R. Brunet.

Par comparaison, on peut mesurer la différence avec d'autres revues nées à la même époque. *Hérodote*, lancée par Yves Lacoste, a rapidement abandonné le champ de la réflexion épistémologique pour s'orienter vers le tiers-mondisme et vers ce qu'on pourrait appeler une géopolitique engagée.

La revue *Espace-Temps* s'est ouverte, dès l'origine, sur l'ensemble des sciences sociales. La réflexion théorique ne s'est jamais démentie, mais elle est plus tournée vers les sciences sociales que vers la seule géographie.

Ces deux revues ont leur public qui leur manifeste une belle fidélité mais elles ont laissé le champ libre à la réflexion épistémologique de R. Brunet et de son « école ». Quelle en est la teneur ?

On dispose avec la nouvelle *Géographie universelle* (Hachette, 1990), d'une part, d'une sorte d'éditorial, rédigé de la main du maître, qui fait l'objet du premier tome et, d'autre part, de l'application de la théorie aux divers ensembles régionaux auxquels sont consacrés les tomes suivants.

❏ **La production de l'espace.** Avant de porter appréciation sur l'apport de cette géographie, il convient d'en dégager les traits principaux et les logiques originales. Quel est donc le champ de la géographie pour Roger Brunet ?

A la question : « qu'est-ce qu'un espace géographique ? » il répond sans aucune ambiguïté : « L'espace géographique est une œuvre humaine. » Il est même un mode d'existence des sociétés. Aucune société n'existe sans son espace organisé. « L'espace est une dimension intrinsèque des sociétés. » Toute société produit un espace organisé sous des formes visibles et matérielles (paysages, infrastructures, habitat), mais cet espace ne se réduit pas au visible. Il est aussi organisé par des champs de force, des flux qui ne sont révélés que par l'analyse géographique.

L'espace géographique n'est donc pas l'espace naturel. En passant, R. Brunet donne un coup de patte à ceux qui, comme Vidal de La Blache ou F. Braudel, « plantent le décor naturel avant de passer aux choses sérieuses ». « Le géographe n'est pas l'inspecteur des décors. Notre espace est prométhéen car c'est l'humanité qui l'a fait [...]. » L'espace géographique n'est pas le « milieu » comme l'a cru la géographie déterministe. Cette notion qui se confond avec celle de l'environnement, « est chargée de naturalité ». Or, dit-il, « il n'y a pas de lois du milieu ». L'espace est fait d'acteurs et les contraintes naturelles ne sont pas des acteurs. L'espace géographique n'est évidemment pas indépendant du milieu, mais il contient le milieu alors que la réciproque n'est pas vraie, à l'inverse de la démarche classique de la géographie.

L'espace est produit et organisé. La définition devenue courante de la géographie comme *science de l'organisation de l'espace* risque de faire apparaître l'organisation comme le résultat d'un ordre préétabli alors que son organisation résulte d'un mouvement constant de transformation. Pour connaître l'espace, « le géographe doit chercher à comprendre les œuvres humaines et les sociétés qui les font ».

L'espace géographique est social. Ses formes et ses structures proviennent de l'action humaine. Quelles sont donc les forces de construction de l'espace géographique ? Quel est le contenu social de l'espace ?

Reprenant une idée de Ph. et G. Pinchemel, R. Brunet répertorie cinq « usages » de l'espace qui sont autant de processus de construction des formes et des structures spatiales :

– l'appropriation. Un espace approprié a un propriétaire et il est propre à une utilisation. Le terme « appropriation » a constamment ce double sens. Il peut être le fait de l'État qui s'approprie un territoire, y compris par la force, de la communauté (tribu, clan, etc.) ou de la collectivité territoriale ou de l'individu. L'espace continental est aujourd'hui totalement approprié, y compris l'Antarctique. Il n'en va pas de même pour l'espace océanique ou l'espace stratosphérique. L'appropriation est un processus complexe étroitement lié au mode de fonctionnement des groupes et des sociétés. Il aboutit à une affectation et à une partition de l'espace inséparables d'une utilisation spécifique à des fins de production.

– l'exploitation. Elle peut être également individuelle, collective ou étatique. Elle consiste à utiliser l'espace pour la production et, de ce fait, elle contribue à produire un espace.

– la communication. Les échanges s'opèrent entre les lieux (ville-campagne, ville à ville) par le biais des voies de communication. La fonction logistique des transports marque profondément l'espace des villes et des campagnes par les équipements qu'elle entraîne.

– l'habitation. On retrouve, ici, l'idée de l'« homme-habitant » de Le Lannou, considéré non plus comme l'objet central de la géographie, mais comme un élément parmi d'autres. La fonction d'habiter engendre des formes spécifiques, rurales ou urbaines, qui contribuent, par leur agencement, à la construction de l'espace.

– la gestion. Tout groupe social implique une forme de gouvernement, des institutions, un ordre, destinés à réguler le fonctionnement de la société, à garantir la cohésion sociale et à en assurer la reproduction. L'espace est géré en même temps qu'il est construit par les services du cadastre, les notaires, les Ponts et Chaussées, l'Office des eaux et forêts, les urbanistes, les forces de l'ordre... Le beffroi, le château, l'église sont des points de repères ou des lieux sacrés.

❑ *Les acteurs de l'espace.* Il y a donc des producteurs de l'espace, des acteurs et des consommateurs : l'État, les collectivités, les entreprises, les groupes, les individus qui agissent dans un système complexe d'interactions à l'échelle locale, nationale ou internationale. Les intérêts des uns et des autres peuvent diverger. L'espace est l'objet de demande, de tensions, de concurrence. L'espace a une valeur d'usage et, comme telle, son usage engendre une valeur marchande. La valeur marchande ne dépend pas des qualités naturelles des lieux, de leur « vocation » ou de leurs « potentialités » (termes trop souvent utilisés par les géographes selon R. Brunet), mais de leur affectation à un usage donné. Bien sûr, le « terroir » exprime des qualités naturelles mais elles ne sont rien sans l'action humaine. Dans les sociétés stables, les conditions techniques et le système de production ne se modifient guère et les terroirs se perpétuent. Mais ces conditions se transforment sans cesse et l'utilisation de l'espace avec elles.

Parmi ces acteurs, l'État joue un rôle éminent parce qu'il est à la fois territoire, nation et gouvernement. Son appareil a ses espaces réservés. Ses administrations, ses services, ses fonctionnaires occupent des espaces centraux. Son armée est un acteur puissant en temps de paix par ses implantations et, en temps de guerre, par ses destructions suivies de reconstructions. L'État, de tout temps, s'est chargé des grands travaux. Bien avant l'avènement des politiques de l'Aménagement du Territoire, il a contribué à aménager son territoire.

Les collectivités locales gèrent directement l'espace placé sous leur compétence mais elles sont soumises au cadre des lois nationales et de l'action gouvernementale. Entre pouvoir central et collectivités locales, l'interaction est constante.

L'individu, la famille, les groupes informels, les communautés, contribuent, chacun à son niveau, à façonner l'espace par l'habitat, la mobilité, le travail, la vie sociale.

L'entreprise est devenue un acteur essentiel de la production de l'espace, moins par son implantation que par les flux qu'elle engendre : flux de marchandises, flux de main-d'œuvre. Elle agit sur son espace en organisant son bassin d'emploi, mais aussi en améliorant ou en polluant le cadre local.

Des interactions se développent aujourd'hui entre l'entreprise et l'État, à l'échelle nationale et, de plus en plus, à l'échelle internationale. Les États soutiennent les multinationales qui émanent de leur territoire. « Le monde est devenu un système d'interactions qui fonctionnent à plusieurs niveaux géographiques entre lesquels abondent les contradictions. »

Espace vécu, espaces singuliers, espace en général

Si l'espace est produit par les sociétés, il est en même temps vécu par les sociétés qui l'ont créé. Le lot commun de toutes les sociétés est d'agir dans et avec leur espace et d'en avoir leur propre représentation faite de savoir et de sentiments. Même « les peuples démunis ont un sens aigu de leur espace ». L'espace vécu n'est pas le même pour tous. Selon la position sociale, selon le lieu où l'on se trouve, la perception de l'espace change. Des solidarités peuvent se nouer, des sentiments d'appartenance peuvent apparaître, des communautés peuvent se former, en fonction de la position occupée. Une des composantes essentielles de l'espace vécu est le paysage.

❏ *Paysages.* Le paysage participe de l'espace perçu. C'est ce qui permet de différencier une contrée par rapport aux autres. Il peut être imaginaire (l'Éden, l'Eldorado, le pays de Cocagne). Il peut être construit : le paysage de western du cinéma a contribué à façonner la conscience collective des Américains. Il a une valeur affective et une valeur d'usage. Il existe une demande de paysage rural ou urbain qui se traduit par une valeur marchande.

Les géographes ont-ils eu raison de lui accorder une place essentielle ? En portant l'accent sur l'unicité des paysages, ils ont cédé à une sorte de fétichisme du paysage. Ils l'ont réifié alors que « le paysage n'a pas de sens ». Il est avant tout « le produit d'une pratique exercée sur le monde physique, entre la simple retouche et l'artefact intégral ». Il n'a pas de sens mais il porte des signes qu'il faut savoir déchiffrer.

En accordant une place privilégiée au paysage de la carte topographique, les géographes ont survalorisé le paysage-objet. Le paysage, tel qu'il a été appréhendé par la géographie classique, est donc, pour R. Brunet, un aspect de l'espace géographique, mais il n'est que l'élément visible de l'espace perçu.

Curieusement, R. Brunet indique qu'il existe des « paysages statistiques ou politiques » qui demandent un traitement thématique pour être interprétés au travers de cartes représentant des phénomènes non perceptibles. Il y a là, semble-t-il, une certaine contradiction avec ce qui précède.

Par définition le paysage est multiple. Chaque portion de l'écorce terrestre, définie par sa position, sa situation, son étendue et par ses attributs concrets, est singulière. La surface du globe est une « juxtaposition d'une multitude de lieux concrets », paysages ou « terrains », objets de l'étude de la géographie classique.

❏ *Espaces concrets, espace abstrait.* Mais, « l'activité humaine crée des espaces et de l'espace ». Le travail du géographe consiste à étudier à la fois les espaces concrets et l'espace géographique. L'espace géographique est celui de l'abstraction et de la conceptualisation. L'espace géographique est celui de l'analyse, de l'identification et de la vérification des lois de l'espace. La géographie classique s'est intéressée surtout aux espaces concrets ; il convient maintenant de promouvoir une science de l'espace abstrait.

Selon R. Brunet, l'espace abstrait n'est ni l'espace mathématique ni l'espace géométrique, ni l'espace physique de la nature ; il est celui des formes et des structures qui ordonnent l'espace des sociétés humaines. De la même façon que les sociétés sont régies par des lois qui font l'objet des sciences sociales (économie, sociologie, anthropologie...), l'espace a ses propres lois.

Les lois de l'espace découlent de deux notions fondamentales : l'espacement et la distance. « Les choses sont espacées et arrangées. » Le finage des villages est aux dimensions des déplacements quotidiens des agriculteurs ; les relais s'établissent à des distances qui varient selon le mode de transport utilisé : pied, cheval, automobile, etc.

Tout compte fait, l'ordonnancement de l'espace obéit aux lois de la gravitation et à celles de la relativité générale comme l'avaient découvert Reilly, Christaller, Lösch ou Thiessen, et pour dire les choses de façon triviale et aisément compréhensible, R. Brunet propose la formulation suivante: « Plus c'est gros, plus ça attire ; plus c'est loin, moins ça compte et moins on y va ; plus c'est près, plus facilement on y va et plus on y va ; plus c'est gros, moins il y en a ; plus c'est petit, plus il y en a et plus c'est rapproché. »

Derrière la complexité apparente des phénomènes, on peut donc discerner des régularités, des formes récurrentes qui se reproduisent dans toutes les sociétés. Trois lois fournissent les modèles de base de l'organisation de l'espace : l'espace géographique peut être concentrique à la manière de Von Thünen, hexagonal et hiérarchisé à la manière de Christaller ou Thiessen, hiérarchisé selon la loi rang/taille de Zipf.

Ces trois modèles, dont les inventeurs ont chaque fois postulé un espace théorique isotrope, continu et homogène, se vérifient en règle générale, même si, dans la réalité, des déformations multiples peuvent être observées, même si des discontinuités apparaissent. Ces écarts par rapport aux modèles sont-ils des anomalies ? Non, répond R. Brunet. Si la réalité de l'espace géographique montre des discontinuités, ce n'est pas par accident mais par essence. L'espace géographique n'est pas homogène ; il est discontinu, hétérogène, anisotrope.

Ainsi, R. Brunet n'hésite pas à prendre ses distances à l'égard des modèles mathématiques ou économiques. Son adhésion est critique. Si l'espace a ses lois, encore faut-il ne pas tomber dans le fétichisme du modèle. « Certains s'acharnent à trouver des équations en perdant de vue toute relation avec les processus réels. » Les lois de l'espace n'ont de sens que si elles expriment une logique sociale. Il en va de la sorte pour les lois de la gravitation dont « les géographes avisés savent qu'elles vont de soi et n'expliquent pas tout [...] ».

S'il reconnaît un grand intérêt aux théories d'Hägerstrand concernant la diffusion de l'innovation dans l'espace en fonction de la distance, des émetteurs et des récepteurs, il exprime aussitôt sa méfiance à l'encontre des modèles mathématiques sophistiqués, « ces simulations laborieuses à la Monte Carlo qui ne dépassent pas toujours le niveau de la description ».

Les modèles permettent néanmoins de reconnaître des familles de formes et des structures.

Pourtant, si l'espace est régi par des lois, ne retombe-t-on pas dans un déterminisme aussi rigide que celui de la géographie naturaliste ? Non ! D'abord, parce que l'espace géographique n'est pas celui des équations mathématiques. Ensuite, parce que les formes d'organisation sont, pour une part, le fait de stratégies des sociétés et des individus et, d'autre part, des lois de l'espace. L'espace est-il pour autant le produit d'une volonté ? Non plus, car « les structures sont rarement préméditées [...]. Elles sont venues toutes seules ». La société construit son espace mais rarement en ayant conscience de le faire. L'organisation de l'espace est donc le produit d'une action consciente ou non des hommes d'un côté, et par ailleurs, il se trouve que cet espace obéit à des lois et à des modèles.

Comment, pour autant, résoudre les contradictions entre l'analyse des espaces singuliers – celui des paysages, des lieux, des contrées – et l'analyse de l'espace, des lois et des modèles. Cette contradiction est bien centrale dans l'histoire de la géographie puisqu'après une longue période d'analyse d'espaces singuliers, a succédé une phase où la géographie théorique ne s'intéressait plus qu'aux lois spatiales, et les « écoles » s'opposent encore autour de ce dilemme. R. Brunet pense avoir trouvé la clé qui permet de surmonter la contradiction avec les « chorèmes ».

CHORÈMES ET CONCEPTS

Les « chorèmes »

❏ *Un alphabet de l'espace.* « Chorème » est un mot inventé par R. Brunet à partir du radical grec *khorê* qui signifie : lieu, espace particulier. Ce radical se retrouve dans les termes « chorologie » ou « chorographie » qui ont parfois été utilisés comme équivalents de géographie. La création du mot « chorème » est récente (ce qui explique les incertitudes sur sa signification), mais il est en train de s'imposer chez les géographes y compris chez les adversaires de cette géographie-là.

R. Brunet accorde une importance fondamentale à cette découverte puisqu'il déclare : « Le "chorème" est le chaînon qui manquait à la géographie théorique, entre l'espace en général et les espaces particuliers, qui dénoue la contradiction entre le nomothétique et l'idiographique, entre la science de l'espace et la connaissance des lieux particuliers. »

Les « chorèmes » sont les formes élémentaires de l'espace qui constituent une sorte d'alphabet de l'espace grâce auquel il est possible d'analyser et de représenter tous les espaces, du plus simple au plus complexe, de l'espace local au système-monde.

Quelles sont les formes élémentaires ? En partant des quatre configurations les plus simples : le point, la ligne, la surface, le réseau et en croisant avec les sept formes d'organisation élémentaires : le maillage, le quadrillage, la gravitation, le contact, le flux, la diffusion, la hiérarchie (toutes formes qui trouvent leur origine chez les précurseurs de la géographie théorique), on obtient 28 signes qui sont les « sons de l'alphabet spatial ».

Les « chorèmes » permettent de rendre compte de toutes les structures, aussi bien celles qui relèvent de la nature que celles qui sont produites par les sociétés. Néanmoins, les formes naturelles qui s'apparentent aux « cho-

1. L'aire

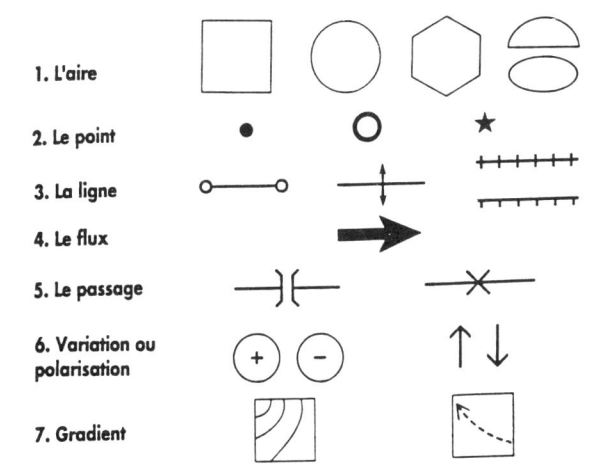

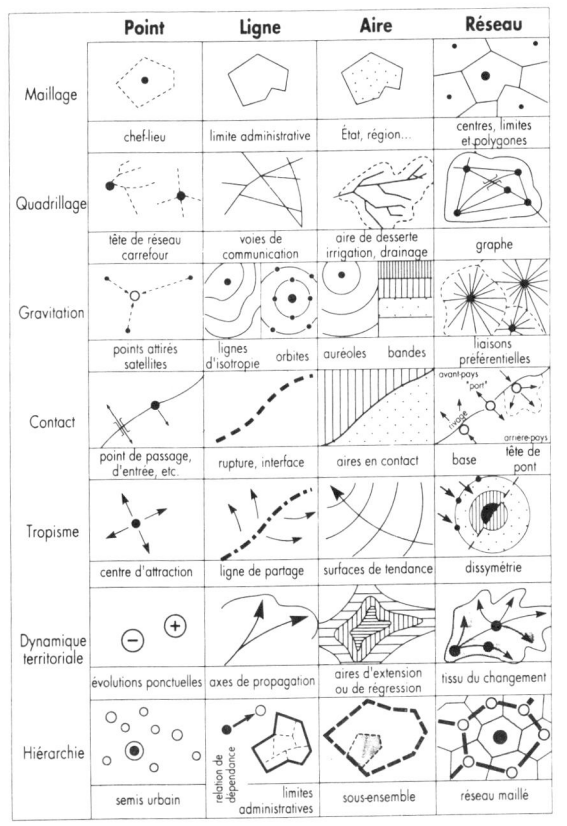

2. Le point

3. La ligne

4. Le flux

5. Le passage

6. Variation ou polarisation

7. Gradient

	Point	Ligne	Aire	Réseau
Maillage	chef-lieu	limite administrative	État, région...	centres, limites et polygones
Quadrillage	tête de réseau carrefour	voies de communication	aire de desserte irrigation, drainage	graphe
Gravitation	points attirés satellites	lignes d'isotropie / orbites	auréoles / bandes	liaisons préférentielles
Contact	point de passage, d'entrée, etc.	rupture, interface	aires en contact	avant-pays / port / arrière-pays / base / tête de pont
Tropisme	centre d'attraction	ligne de partage	surfaces de tendance	dissymétrie
Dynamique territoriale	évolutions ponctuelles	axes de propagation	aires d'extension ou de régression	tissu du changement
Hiérarchie	semis urbain	relation de dépendance	limites administratives / sous-ensemble	réseau maillé

La table des chorèmes

« A. Sept signes de base permettent d'exprimer toute l'organisation de l'espace. L'**aire** la plus élémentaire pose et circonscrit l'espace analysé : carré, cercle et hexagones sont symétriques, mais peuvent être étirés dans un sens pour marquer une dissymétrie ; les mêmes figures servent à indiquer à l'intérieur de l'espace un sous-ensemble, une tache, une aire remarquable. Le **point** définit un lieu, une ville, un équipement. La **ligne** est de liaison *(a)*, de contact *(b)* ou de séparation (symétrique *c* ou dissymétrique *d*). Le **flux** marque toujours une dissymétrie. Le **passage** *(e)* peut se fermer *(f)*. **Plus** et **moins**, vers le haut ou vers le bas, peuvent indiquer soit des croissances et des décroissances, soit des attractions et des répulsions. Le **gradient** est un figuré de surface, relativement encombrant, qui se rend correctement par des isolignes ou des aires dégradées, économiquement par des flèches tournées vers les fortes valeurs.

B. Sept fois quatre colonnes, vingt-huit cases pour placer les figures fondamentales qui représentent les chorèmes, structures élémentaires de l'espace. Les trois premières colonnes sont de l'ordre de l'analyse ; la dernière, qui met les précédentes en réseaux, est de celui de la synthèse.

Avec ces représentations peuvent s'exprimer toutes les organisations spatiales. »

Roger Brunet, *Géographie universelle*, Hachette/Reclus, 1991, t. 2, p. 119.

rèmes » ne sont que des ébauches et « ce n'est pas la géologie qui fait le réseau urbain » ; « une proéminence sur la carte topographique n'est pas forcément une structure éminente ». Mais, bien sûr, « il n'est pas inutile de reconnaître les grandes configurations naturelles pour appréhender les spécificités de certains espaces » et cette reconnaissance est bien plus importante que la coupe géologique...

En mariant entre eux les « chorèmes », on peut atteindre l'essentiel de l'organisation d'un espace et, en comparant les analyses, il est possible de dégager des types qui sont dénommés « chorotypes ». Par exemple, les îles tropicales au passé colonial montrent trois dissymétries : la dissymétrie opposant le littoral à l'intérieur ; la dissymétrie opposant la côte au vent à la côte sous le vent ; la dissymétrie entre les phénomènes de pénétration et de diffusion. Ou encore, le port de fond d'estuaire, au contact de l'axe fluvial et de l'océan, premier carrefour terrestre. Cette possibilité d'établir des typologies de situations chorématiques permet à la géographie d'être une « science du général et du particulier ».

La chorématique est à la fois une analyse et une représentation. Elle effectue des choix, elle dégage des structures fortes. Elle permet la différenciation de l'espace et la représentation de cette différenciation.

L'espace français, par exemple, peut être représenté « à partir d'une demi-douzaines de "chorèmes" et d'une dizaine de clés d'intérêt moindre ». A l'échelle régionale, la comparaison entre la Champagne et le Languedoc révèle les différences de structure et de situation. «Être dans la partie rhénane de la France et dans l'orbite de Paris est tout autre chose qu'être loin de Paris, du Rhin, et dans le croissant du Midi. »

R. Brunet se défend contre l'accusation qui lui est souvent adressée de faire dans la caricature et dans le schématisme. Les configurations peuvent être simples ; elles n'empêchent nullement les analyses complexes de situations complexes. C'est même lorsqu'on prétend partir de la situation complexe qu'on en arrive à tellement rogner la réalité qu'on tombe dans la caricature...ce qui n'est pas faux. Toutefois, l'exemple qu'il choisit ou plutôt la formulation qu'il utilise risque fort de provoquer des fureurs : « Aussi scandalisé que l'on puisse être, le dessin de la péninsule bretonne n'est à peu près pour rien dans les structures du territoire français et n'explique que secondairement ce qui se passe en Bretagne [...]. » D'où la représentation chorématique de la France sous la forme d'un hexagone. La première affirmation n'est pas choquante outre mesure ; la deuxième, en revanche, l'est plus. Le réseau des villes bretonnes à la périphérie de la péninsule s'explique par leur localisation en fond de ria. Est-ce un fait secondaire ?

❏ *Espace et système.* A l'instar de la géographie théorique, R. Brunet accorde beaucoup d'importance au systémisme. Les structures de l'espace s'organisent en systèmes et elles sont engendrées par les systèmes. L'étude des formes et des structures spatiales, considérées en elles-mêmes, pourrait

*Système général d'énergie
dans le fonctionnement des territoires*

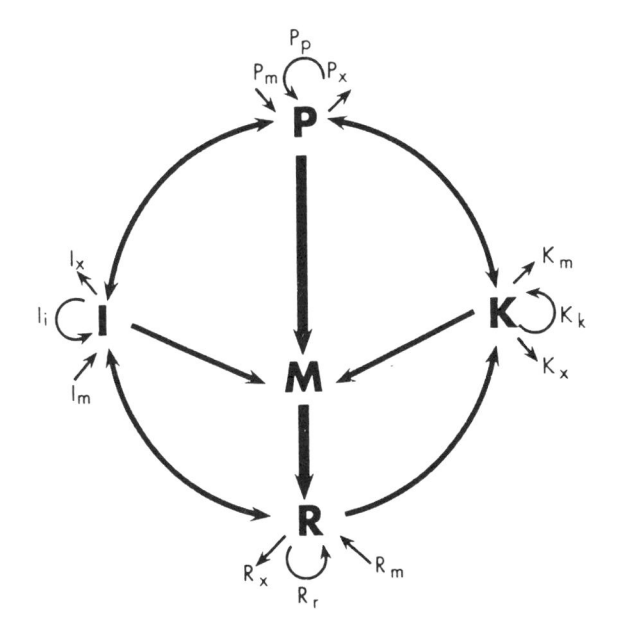

> « Un système circulaire met en relation les populations (P), que l'on peut voir comme forces de travail ; l'information (I) ; les ressources (R) détectées et créées par celle-ci ; le capital (K) à la fois produit et source d'énergie. Les moyens de production (M), parmi lesquels l'organisation de l'espace, servent de relais et de leviers. Chacun de ces éléments est en relation avec les autres, et avec l'extérieur : on en importe (m) et l'on en exporte (x). Chacun a une capacité d'autodéveloppement (Kk, RR, etc.). »
>
> Roger Brunet, *Géographie universelle*, t. 2, Hachette/Reclus, 1991, p. 130.

conduire à l'idée d'une stabilité de l'espace. Il est vrai aussi que les formes présentent une pérennité et une inertie qui font qu'elles durent plus longtemps que les causes qui en ont été à l'origine (ainsi du paysage rural). Mais la géographie ne saurait se contenter d'une analyse statique des structures. Elle ne serait plus alors qu'une archéologie. La mise en relation des structures et des systèmes dont elles dépendent introduit une dynamique dans l'analyse et permet de comprendre les jeu des forces en action dans l'espace.

Le système-monde est celui qui contient tous les autres. L'espace-monde se subdivise en sous-systèmes qui se déploient aux différentes échelles : de la

La géographie chorématique 85

planète au local, en passant par les grandes régions, les territoires nationaux et les régions. Ces forces en jeu peuvent-elles être inventoriées et se retrouvent-elles aux différents niveaux ? Oui, car elles sont, en définitive, peu nombreuses. Empruntant certaines catégories du marxisme, R. Brunet distingue les forces productives (la force de travail, le capital, l'information qui englobe aussi bien la formation que les communications, les « ressources naturelles socialisées ») des moyens de production. Les interactions et rétroactions entre ces éléments nouent un système qui détermine les champs de force à l'échelle du monde. On retrouve là les idées déjà développées par F. Braudel ou I. Wallerstein. La division internationale du travail, la stratégie du capital à l'échelle des multinationales ou au plan local, le rôle fondamental de l'information et de la communication, déjà souligné par J. Habermas, l'importance décisive du développement technologique, tout cela n'est pas spécifique de la géographie mais la géographie a bien à en connaître. On voit alors comment se différencie, à l'intérieur de ce système général, le fonctionnement des pays développés et celui des pays sous-développés (l'« anti-monde ») avec sa crise démographique qui jette sur le marché du travail une main-d'œuvre disponible sous-qualifiée et non utilisée, les rapports du capital international et celui du secteur informel, des ressources exploitées de l'extérieur en fonction des besoins du monde développé, l'insertion segmentée et parasitaire de l'économie du sous-développement dans les circuits de l'économie-monde par l'intermédiaire des zones franches, du trafic de drogue ou du commerce international.

Pourtant cette approche économique n'est pas directement opératoire pour l'analyse de l'espace. Il convient de dégager des médiations liant ce système de forces au territoire ou plus précisément la question est de savoir comment passer du système général aux sous-systèmes.

L'« œuf de Colomb » de la géographie résout le problème.

Un espace géographique (A) est façonné par un système d'énergie (E) qui est déterminé par une société (S) dirigée par un gouvernement (C). La production de l'espace de cette société « fournit du paysage (L) et du territoire (T) ». Cet espace compose avec les « mémoires » : la nature (N), l'histoire (H) et les lois générales de l'espace universel (U) dont la traduction concrète dépend de (S). Le travail du géographe est centré sur (A) mais son domaine s'organise autour des rapports entre L, T, I (information) et K (capital). Si le géographe a à se préoccuper des métasystèmes (ceux qui englobent les sous-systèmes), il se consacre essentiellement aux sous-systèmes qui sont des niveaux d'organisation des espaces géographiques. R. Brunet remarque que ces niveaux s'ordonnent selon une croissance géométrique : du canton, à la région, aux États et aux continents.

Ces sous-systèmes s'individualisent par rapport aux ensembles voisins mais peuvent néanmoins participer d'autres systèmes plus vastes. Le sous-système Alsace participe du système France et du système rhénan. Les sous-systèmes, par ailleurs, n'ont pas toujours des limites nettes. Les chevauchements sont fréquents sur les marges, là où se produit un affaiblissement du système par rapport au cœur.

L'«œuf de Colomb» de la géographie

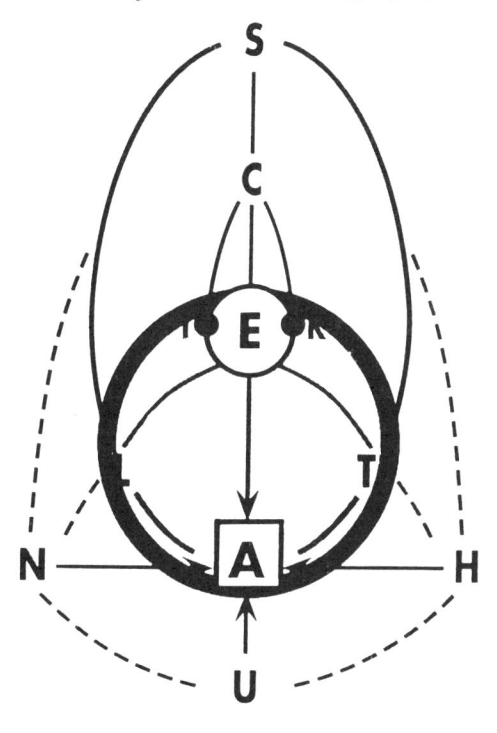

A = espace
S = société
L = paysage
N = nature
U = espace universel

E = système d'énergie
C = gouvernement
T = territoire
H = héritage de l'Histoire

Les structures de l'espace

❏ *Une batterie conceptuelle.* La tentative de R. Brunet consiste à croiser structures et système pour identifier des unités géographiques, en inventant des mots ou en redéfinissant des termes existants pour les désigner. La difficulté vient du fait que, très souvent, des modes d'organisation différents coexistent sur un même espace.

Pour donner un nom à ces unités géographiques individualisées en sous-systèmes et qui correspondent à des sociétés identifiables, R. Brunet propose le terme de « géon ». La définition qu'en donne l'ouvrage *Les Mots de la géographie* (Reclus-La Documentation française, 1992) est un résumé du texte de R. Brunet. Elle est particulièrement confuse et la promouvoir au rang de concept semble pour le moins inapproprié et prématuré :

«*Géon* : terme proposé (R. Brunet, 1990) pour définir un espace géographique façonné par un système spatialisé identifiable. Ce concept vise à donner un statut scientifique à la notion classique de contrée. Le géon est un espace produit par un système géographique. Par opposition à la maille, ou à la tombée urbaine, il se définit par l'équipotence de ses lieux ; l'induration de son centre ; sa pluri-appartenance à différents métasystèmes ; la possibilité de recouvrement et le flou des limites ; l'incomplétude de la couverture spatiale : l'inintentionnalité ; la globalité ; la non-équivalence […]. »

Plus simplement, le « géon » est une unité structurale coïncidant avec un système. Quelle différence alors avec la notion de région ? C'est que la région est « la notion la plus floue et la plus controversée de la géographie » qui peut s'appliquer à n'importe quelle échelle, de la micro-région à un continent, avec n'importe quel contenu : « région naturelle », région administrative, région polarisée, etc. Il reste à savoir si le « géon » apporte une clarification et s'il ne sera pas encore plus discuté. Lui aussi peut s'appliquer à n'importe quel type d'organisation. La vallée de la Meuse dans les Ardennes est un géon dit R. Brunet, mais aussi le Middle West et pourquoi pas la France ?

Mais alors le « géon » n'est-il pas synonyme de territoire ? Non, car le territoire suppose une conscience ou un sentiment d'appartenance : « Le territoire est une contrée conscientisée. »

Une autre division de l'espace est dénommée « maille ». Il s'agit d'une subdivision du territoire, avec un centre de commandement, un chef-lieu. Le département est le système de maillage mise en place par la Constituante en 1790. Par définition, les mailles couvrent la totalité du territoire et leurs limites sont nettes et jointives. Elles s'inscrivent dans un système hiérarchisé. En France plusieurs maillages se superposent : ceux des communes, des cantons, des arrondissements, des départements, des régions. Les États nationaux sont, eux-mêmes, des mailles au regard de l'ONU. Les mailles de même niveau sont équivalentes en droit.

Parfois, une « maille » peut coïncider avec un « géon ». Mais, en règle générale, les deux réalités diffèrent. Les mailles sont des créations, le plus souvent, administratives. Autre différence : les géons ne sont pas jointifs ; des vides peuvent subsister entre eux ; ils ne sont pas équivalents entre eux.

Le « pays » mérite-t-il d'être considéré comme un concept ? R. Brunet lui reconnaît une existence. C'est une maille de la période pré-capitaliste qui a été abandonnée, mais qui conserve une forte réalité dans l'espace de la convivialité, et dans la conscience d'appartenance, au point qu'il tient une grande place dans le discours des élus locaux.

Enfin, au plus bas niveau de l'organisation spatiale, se situe le lieu. « L'espace est fait de lieux, de liens de lieux et de lieux de lieux. » Le lieu est nommé, il est donc « lieu-dit ».

❏ *Les réseaux.* La notion de *réseau* s'applique à un autre ordre de phénomènes : celui des relations et des échanges entre des lieux. En passant, R. Brunet réagit contre une mode qui tend à survaloriser le réseau et va jusqu'à prétendre le substituer à la notion d'espace. S'il est vrai que le rôle des réseaux se développe avec la mondialisation des échanges et des informations, leur mise en place n'a pas toujours les mêmes effets géographiques. Par exemple, le réseau aérien se traduit essentiellement dans l'espace par les aéroports, même si les routes aériennes sont rigoureusement établies. On pourrait en dire autant des transports maritimes. L'idée forte de R. Brunet est que « les réseaux ont des bases territoriales et, en tout cas, ramènent au territoire ».

Les réseaux sont hiérarchisés. Les réseaux mondiaux sont ceux des grandes firmes, ceux des relations informationelles ou ceux du crime... Un réseau mondial des très grandes métropoles contrôle la finance et la politique mondiale.

Pour la plupart, cependant, les réseaux ont une existence « régionale ». Ils mettent en rapport des lieux et le système de transport qui permet les échanges : réseau ferré, réseau du TGV, réseau autoroutier, dont l'envergure peut s'étendre au niveau national ou au niveau de l'Europe. Mais la notion est tout aussi valable lorsqu'elle s'applique aux systèmes urbains et il est tout à fait légitime de parler de réseaux urbains ou d'armature urbaine.

L'espace géographique est également traversé par des *champs* de forces. Lorsque de multiples réseaux interfèrent et entrent en résonance sur un même espace, *un champ* s'organise avec des centres, des foyers et des périphéries « frémissantes ». Certains champs sont définis par la nature : les grandes zones bioclimatiques, les champs tectoniques. D'autres sont l'œuvre des hommes. La « banane bleue », par exemple, est un « champ puissant structuré par l'axe Londres-Lombardie structuré par le Rhin ; bien des choses dépendent de la distance à cet axe, et Paris n'est qu'en bordure de sa zone centrale [...] ».

Le monde connaît trois mégalopoles qui sont les trois centres du système-monde : mégalopoles américaine, européenne et japonaise. Ce sont des *amas* de villes caractérisés par leur polycentrisme. Mais il y a bien d'autres sortes d'amas comme les *nébuleuses* du delta du Nil ou du delta du Gange par exemple.

Entre ces amas, les communications s'organisent en couloirs, en seuils, en sas, en façades, dont les configurations sont, en partie, dictées par la nature (îles, presqu'îles, archipels, détroits, estuaires). Les façades maritimes qui établissent des interfaces entre les continents, jouent le rôle de *synapses*, « sortes d'espaces nés de la communication entre les autres » (R. Brunet).

Tous ces termes désignent des êtres géographiques ou des *étants*. Lieu, maille, géon, réseau, champ sont des *étants* singuliers qui appellent un nom propre. Les « chorèmes » et les *chorotypes* sont des formes répétitives et sont désignés par des noms communs : le grand ensemble, la station de sport d'hiver, le bidonville, la vallée industrielle encaissée dans un massif ancien, etc. Ils sont utilisables pour une classification. Ce sont des *taxons*.

DÉBAT ET PROBLÈMES

Les « chorèmes » : des outils d'analyse ?

❑ *Le chaînon manquant ?* On l'aura compris à travers ce résumé succinct et forcément réducteur, R. Brunet a effectué un énorme travail d'approfondissement théorique de la géographie. Il s'est livré à une refondation de la géographie en tentant une synthèse générale et globale de la discipline. Tous les problèmes fondamentaux sont-ils résolus pour autant ? Quelques groupes de questions, d'importance variable, restent encore en suspens.

Les « chorèmes » sont-ils vraiment le « chaînon manquant » qui permet de réaliser la synthèse entre l'étude des espaces concrets et singuliers et celle de l'espace abstrait, celui des lois de l'espace ?

Les chorèmes sont davantage un langage, une façon de représenter les formes élémentaires de l'espace que des outils d'analyse. Ils ne peuvent être utilisés que lorsque l'analyse est achevée et qu'elle a permis de comprendre les traits essentiels de l'organisation de l'espace considéré. Alors seulement, les formes peuvent être dégagées et représentées dans une approche qui hiérarchise les articulations essentielles. Autrement dit, les « chorèmes » sont des outils sémiologiques, fort utiles pour la cartographie et pour la réalisation de « schémas de synthèse ». Ou encore, des outils pédagogiques qui permettent de réaliser des schémas simples en fonction d'un langage unifié (l'alphabet) dégageant les traits essentiels d'un espace. A ce titre, ils représentent un incontestable progrès par rapport aux têtes de vache qui représentaient l'élevage, ou aux bobines de fil qui indiquaient l'industrie textile, il n'y a pas si longtemps, sur les croquis de manuels scolaires et universitaires. Nombreux sont les pédagogues de la géographie qui s'essayaient à des représentations schématiques qui n'étaient pas très éloignées des « chorèmes ». Peut-on représenter l'espace français à l'aide de six « chorèmes » ? Pourquoi pas si l'on veut s'en tenir au strict minimum. Le risque majeur est bien de confondre analyse et représentation et, ce faisant, de tomber dans le stéréotype. Un exemple peut être fourni par le tome de la *Géographie universelle* (Hachette, 1992) consacré à l'Amérique latine, au demeurant passionnant. Les auteurs construisent, pour chacun des grands pays, une représentation chorématique qui est approximativement la même. La raison est évidente : l'espace de l'Amérique latine est marqué par la colonisation à partir du littoral, l'exploitation des terres, par le système de la plantation qui impliquait une infrastructure portuaire et, aujourd'hui, par la macrocéphalie urbaine avec son cortège de bidonvilles. N'est-ce pas l'essentiel qui se retrouve partout, d'une façon ou d'une autre ? Mais, en même temps, cela étant dit, on n'a pas dit grand-chose. Si l'on s'en tient là, il est logique que les schémas se ressemblent. Les auteurs en ont tellement conscience qu'ils proposent un « retour à la carte » pour confronter le schéma à une réalité plus complexe, à cette réalité qu'ils analysent avec profondeur dans le texte de l'ouvrage. C'est bien que le schéma chorématique n'est qu'une étape de l'analyse ou de la représentation et non une fin.

Par ailleurs, et plus fondamentalement, le choix des « chorèmes » implique une interprétation de la part de l'auteur. La justification des choix s'impose. L'utilisation des « chorèmes » n'implique aucune légitimité scientifique. Et pourtant, elle est souvent présentée comme telle. Prenons l'exemple de cette mégalopole européenne, cet « amas » de villes, la « banane bleue » inventée par les journalistes (R. Brunet, *Le Territoire en ses turbulences,* Reclus, 1992). Elle a une incontestable consistance ; mais est-elle autre chose qu'un amas démographique, c'est-à-dire une agglutination de villes ou de régions urbaines sur un espace restreint, pour des raisons historiques de différentes natures, et qui n'induisent par nécessairement un champ de force privilégiée. Des routes historiques ont relié la Lombardie à la Flandre par les cols alpins et la vallée du Rhin. Les relations entre les riverains de la Mer du Nord et de la Baltique sont intenses depuis la Hanse jusqu'à nos jours. Cela signifie-t-il que cette Europe rhénane soit un fait dominant pour comprendre les dynamiques européennes et que, se situer en dehors d'elle, constitue un handicap insurmontable ? Il faudrait démontrer l'existence de relations et de flux particulièrement intenses entre Londres et Milan pour valider le privilège rhénan. D'ailleurs, est-il avantageux pour l'Alsace ou le Nord de la France d'être dans la « structure rhénane » ? Une représentation simplifiée fait apparaître cet amoncellement de villes comme un ensemble cohérent et parfaitement délimité. On pourrait, avec autant de légitimité, prouver son caractère hétéroclite, en insistant sur le développement autonome des différentes régions qui le composent : Bassin de Londres, Randstad hollandais, Ruhr, couloir rhénan, Suisse et Plaine du Pô. D'ailleurs, dans un ouvrage récent (Marie-France Durand, Jacques Lévy et Denis Retaillé, *Le Monde : espaces et systèmes,* FNSP/Dalloz, 1992), les auteurs proposent une construction chorématique de l'Europe qui représente le « réseau-noyau » de l'Europe non plus comme une banane mais comme une juxtaposition de noyaux. On pourrait tout aussi bien, avec des arguments pertinents, englober les régions de Paris et de Lyon, dans ce « cœur européen », tant il est vrai que les limites ne valent que pour celui qui les choisit. Après tout, comme on l'a déjà dit, il faudra moins de temps pour aller de Paris à Bruxelles en TGV que pour relier Londres ou Milan au cœur de cette Europe rhénane. On pourrait en dire autant de « l'arc méditerranéen en formation » qui relie Valence à Rome en passant par Gênes, Marseille, Barcelone et... Montpellier. Et si F. Braudel avait raison, lui qui montrait dans le premier tome de *la Méditerranée au temps de Philippe II,* que la géographie méditerranéenne, du fait de son histoire, était caractérisée par une organisation alvéolaire autour de villes portuaires, sans grande liaison entre elles ? Un alignement de villes ne prouve pas l'existence d'un réseau ou d'un champ. La chose est évidemment possible, encore faut-il le démontrer. Mais alors, si la « banane bleue » et l'« arc méditerranéen » sont contestables ou du moins discutables, ce sont deux des six « chorèmes » fondamentaux de la France qui perdent de leur consistance.

Entendons-nous bien, il ne s'agit nullement de nier l'intérêt des « chorèmes ». Il s'agit d'insister sur le fait, qu'au-delà de leur aspect séduisant et des progrès réalisés dans la formalisation et la représentation cartographique, les « chorèmes » n'ont d'autre signification que ce que vaut la recherche qui les sous-tend. Autant une certaine normalisation sémiologique est nécessaire, autant il ne faudrait pas en arriver à dogmatiser les formes élémentaires et interdire toute autre forme de représentation. Mais, inversement, tout refus *a priori* de la représentation chorématique ne peut participer que d'un parti pris. Les « chorèmes » constituent un aspect du progrès des connaissances en géographie ou en tout cas un progrès de la sémiologie géographique.

❏ *L'œuf de Colomb.* Quelques questions subsistent également concernant le rapport entre systèmes et espaces. R. Brunet déclare, à maintes reprises, que l'espace fourmille de systèmes qui s'enchevêtrent et se superposent, ce qui n'est nullement contradictoire avec l'idée d'une hiérarchie des systèmes. On ne peut qu'être d'accord. Peut-on alors définir le géon comme une structure spatiale corrélée avec un système ? N'est-ce pas le propre de tout espace que d'être structuré par plusieurs systèmes ? Ce qui fait la différenciation de l'espace, est-ce la juxtaposition de structures dépendant d'un système ou l'agencement différent de multiples systèmes interférant entre eux. La question est d'importance car elle soulève à nouveau celle des espaces singuliers et de l'espace en général, de même que la question des *lois de l'espace*. On peut admettre l'*œuf de Colomb de la géographie* comme étant le système global qui fait que les sociétés produisent leur espace. Mais les rapports entre les éléments de l'*œuf* varient à l'infini non seulement en fonction de chacune des sociétés établies aujourd'hui à la surface de la terre, mais encore, selon les niveaux d'organisation interne de chaque société, et plus encore, en fonction de l'histoire propre à chacune d'elle. Dire que l'Alsace dépend du système France et du système rhénan ne suffit pas à régler le problème de l'identité géographique de l'Alsace. D'abord parce que ces deux systèmes ne sont pas du même ordre. Le système France est de l'ordre politico-territorial, celui du Rhin est lié à l'axe de relations qui s'est établi en liaison avec le fleuve. Ensuite, parce que beaucoup d'autres systèmes sont en action (ou l'ont été) sur cette portion du territoire (cf. la thèse de M. Rochefort, *op. cit.*). Les deux « chorèmes » de la Champagne et du Languedoc proposés par R. Brunet (reproduits ci-contre) sont d'ailleurs l'illustration de cet enchevêtrement de systèmes à l'œuvre sur un territoire. C'est peut-être par là qu'on retrouve la géographie idiographique qui veut rendre compte de la singularité des lieux et des espaces et qui reproche à la géographie théorique de rechercher un espace abstrait qui n'existe pas. Et pourtant, la construction de ce type de chorème ne consiste-t-elle pas à définir une région par sa *situation* dans des champs de détermination qui la dépassent et non par la société qui y vit. Ce « situationnisme » ne risque-t-il pas de déboucher sur un nouveau déterminisme (voir aussi le texte de T. Saint-Julien et D. Pumain en fin de chapitre).

Champagne

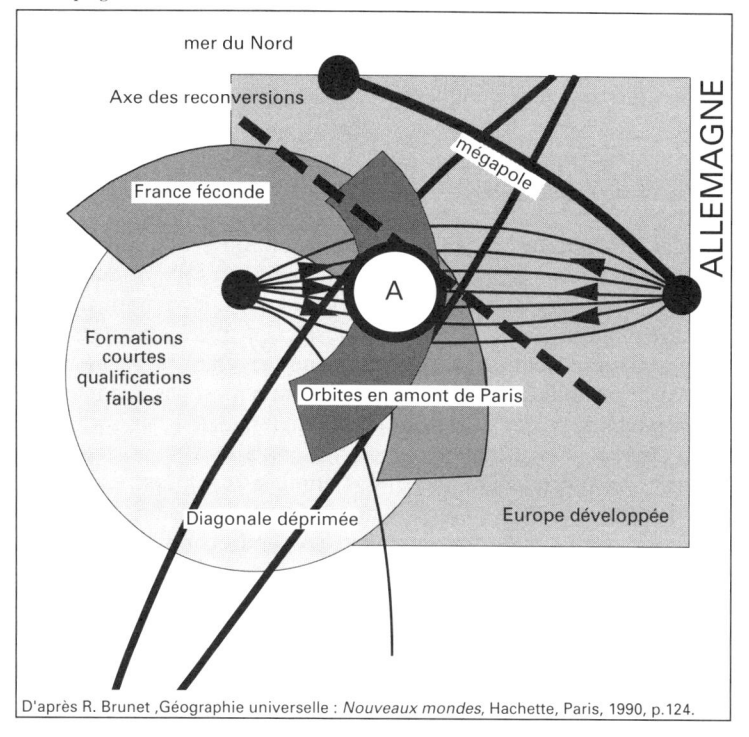

mer du Nord
Axe des reconversions
mégapole
France féconde
ALLEMAGNE
A
Formations courtes qualifications faibles
Orbites en amont de Paris
Diagonale déprimée
Europe développée

D'après R. Brunet, Géographie universelle : *Nouveaux mondes*, Hachette, Paris, 1990, p.124.

Languedoc

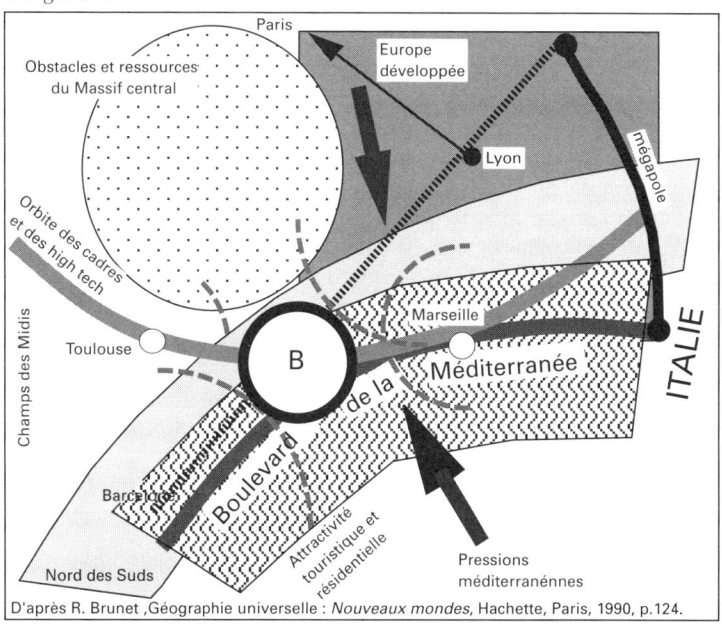

Paris
Europe développée
Obstacles et ressources du Massif central
Lyon
mégapole
Orbite des cadres et des high tech
Marseille
ITALIE
Champs des Midis
Toulouse
B
Méditerranée
Boulevard de la
Barcelone
Attractivité touristique et résidentielle
Nord des Suds
Pressions méditerranénnes

D'après R. Brunet, Géographie universelle : *Nouveaux mondes*, Hachette, Paris, 1990, p.124.

En définitive, la « région », cette notion à géométrie variable est peut-être aussi pertinente que le *géon* pour rendre compte de la variété des structures et des sytèmes qui caractérisent un espace.

Modèles et lois de l'espace

❏ ***L'espace est hétérogène.*** De la même façon, on peut s'interroger sur la part faite par R. Brunet aux modèles théoriques. Certes, il en souligne, à plusieurs reprises, le caractère réducteur et les risques de simplification qu'ils recèlent. Néanmoins, les *lois de l'espace* relèvent bien pour l'essentiel, du modèle gravitaire et sont affirmées comme universelles. En même temps, R. Brunet insiste sur le fait que l'espace de l'homme n'est pas celui des présupposés des modèles puisqu'il est discontinu, hétérogène et anisotrope et que les écarts au modèles sont autant, sinon plus, significatifs de l'espace social que ne l'est la conformité aux modèles. Cette question en pose une autre : si l'espace de l'homme obéit à la gravitation, c'est que l'homme est poussé par une force transcendantale à s'organiser en rond ou plus généralement à entrer dans des modèles géométriques. Autre chose est d'admettre que les sociétés, pour des raisons qui tiennent à leur histoire, à leur mode d'organisation et de production, puissent, à un moment donné, construire des espaces circulaires, auréolaires ou linéaires. Poser que les sociétés s'organisent nécessairement selon un ordre immanent suppose une sorte de conception téléologique de l'espace. Certes, il y a des régularités dans l'espace et elles doivent s'expliquer. Sans doute, les modèles expliquent-ils, pour une part, certaines formes spatiales, mais pour une part seulement. Le modèle centre-périphérie a un sens spatial très clair en ce qui concerne la ville, sa banlieue, l'auréole de péri urbanisation qui l'entoure et, pourquoi pas son aire d'influence. En infléchir le sens et donner à la métaphore un contenu économique ou politique, comme Staline l'a fait en opposant « centre dominant » et « périphérie dominée », est plus discutable. Mélanger les deux sens conduit à des abus de langage manifestes ou à des glissements sémantiques. Dire par exemple qu'en Espagne, en Irlande, ou en Amérique latine, le centre est à la périphérie et la périphérie, au centre, n'est qu'un jeu de mots. Le nombre de pays dans ce cas est sans doute plus grand que celui des pays où le centre est au centre. Qui a décrété que les capitales devaient occuper le centre de gravité du territoire ? On pourrait se demander, en définitive, s'il y a des lois de l'espace ou s'il y a des lois de l'organisation des sociétés qui ont leur traduction dans l'espace, ce qui n'est pas équivalent. Comme le dit Michel Foucault, les modèles dans les sciences humaines sont-ils autre chose que des métaphores géométriques ou biologiques *(Les Mots et les choses,* Gallimard, 1966) ?

Enfin, s'agissant de la part de la nature et de celle de l'histoire dans l'organisation de l'espace, les positions de R. Brunet soulèvent quelques interrogations. Il est un des premiers géographes à avoir clairement affirmé que l'espace géographique est celui des sociétés. En toute logique, cela signifie que, dans le cadre d'une analyse spatiale, la nature ne peut pas faire l'objet d'une étude en soi. N'est-elle pourtant qu'une « mémoire » parmi les facteurs qui déterminent les structures d'un espace ? Dire que la nature qui intéresse les géographes est la « nature socialisée » signifie-t-il qu'elle soit toujours en position marginale ? N'y a-t-il pas un risque qui consisterait à instrumentaliser la nature dans l'analyse spatiale ? A ne la considérer que dans la mesure où elle entraîne une déformation des modèles ? Le site d'une ville joue-t-il un rôle dans l'organisation urbaine ou n'est-il que le perturbateur du couple centre-périphérie ?

Ce qu'il convient d'abandonner définitivement, c'est cette démarche de la géographie classique qui pose la nature comme préalable à toute étude spatiale. Quant au reste, tout dépend du type d'espace. « De la géographie naturelle subie à la géographie active », disait P. George *(L'Action humaine,* PUF, 1968). L'idée d'une intensité différente de l'action humaine dans la construction de l'espace n'est pas à rejeter.

❏ ***Espace et mémoire.*** Concernant la place de l'histoire dans la détermination des structures spatiales, les interrogations sont plus fondamentales encore. R. Brunet aborde la question à plusieurs reprises ; on pourrait même dire que l'histoire est constamment présente dans son propos à travers les exemples qu'il propose. Pourtant, dans sa théorie des systèmes, il ne la situe qu'au rang des « mémoires », au même titre que la nature. Elle n'intervient, semble-t-il, que de l'extérieur. Elle n'est pas un déterminant de l'espace. Dans une certaine mesure, on a l'impression que R. Brunet place l'histoire en position symétrique par rapport à la nature et qu'il entend rompre le cordon ombilical qui associait la géographie à l'histoire comme il rompt le lien avec la nature.

Pourtant, il regrette que « l'histoire des espaces en tant qu'espaces soit peu pratiquée [...]. Elle est pourtant passionnante [...]. La façon dont des espaces apparaissent et disparaissent dit des choses d'une immense richesse [...]. Il faut raconter comment a émergé un territoire, comment il a changé ou s'est défait [...] ». Mais dans le même temps, il marque les limites des apports de l'histoire dans l'explication des espaces : « L'histoire d'un espace présent, à elle seule, ne renferme pas son explication. Il arrive qu'on confonde l'analyse d'un système avec sa généalogie ; cela n'a de sens qu'au sein des idéologies qui voient l'histoire comme nécessité, avec lois, leçons, étapes et finalités. »

Faut-il vraiment avoir une conception téléologique de l'histoire pour considérer la prégnance des formes spatiales historiques ? Lorsque Thérèse Saint Julien et Denise Pumain constatent, après des analyses fouillées et de haute tenue, que, dans le bassin minier du Nord-Pas-de-Calais, les vieilles villes préindustrielles ont conservé leur place dans la hiérarchie urbaine, à travers le temps de la Révolution industrielle, elles posent un problème fondamental : celui des permanences des formes et des structures spatiales.

Suffit-il de dire que l'espace est « mémoire » ? Un paysage est-il autre chose qu'un agencement archéologique de formes spatiales historiques mais qui n'en sont pas moins efficaces pour la société actuelle ? Est-il subalterne de constater la permanence du réseau des villes romaines dans le réseau français actuel ? Et l'empreinte des villes médiévales ? Et celle des villes créées à l'initiative de la monarchie ? Les « systèmes » qui ont été à l'origine de ces « strates » dans le processus de construction du réseau urbain ont disparu. Les « structures » ont changé de contenu mais les formes restent. Le réseau urbain est historique mais il fonctionne aujourd'hui d'une tout autre façon. L'espace géographique n'est-il pas les deux à la fois, historique et cadre du fonctionnement des sociétés ? On peut admettre l'idée que « l'émergence d'un nouveau système se fait toujours par négation d'un autre » à condition de ne pas considérer la négation comme une destruction pure et simple mais comme une subversion. C'est d'ailleurs ce que dit R. Brunet : « L'espace procède à la fois par accumulation et par substitution. Il est plein de vieilleries qu'il délaisse ou qu'il réincorpore ; il reçoit tous les jours du nouveau [...]. » Encore que le terme de « vieilleries » accentue encore cette impression de passivité des formes historiques dans la constitution de l'espace. Pourquoi n'y aurait-il pas entre l'espace passé et l'espace présent des relations d'interaction et de rétroaction comme dans les autres éléments des systèmes spatiaux ? Est-ce avoir une conception eschatologique de la géographie que de poser la question ?

Est-il juste de dire que « les vraies permanences sont davantage dans les noms et les contours des espaces que dans leur agencement interne » ?

R. Brunet précise, en réalité, que l'important, à ses yeux, « est de comprendre comment ça marche maintenant, et l'analyse comparée des situations présentes nous dira mieux que le regard rétrospectif vers où ça semble aller. Il est certain que, pour ce faire, il faut se donner quelque épaisseur de temps ; mais c'est un temps contemporain ».

Ce souci de comprendre les dynamiques à l'œuvre, aujourd'hui, est permanent dans toute l'œuvre de R. Brunet et il s'agit bien d'une spécificité de la démarche géographique. Il reste qu'elle n'est pas contradictoire avec une conception processive de la production de l'espace par les hommes.

Car enfin, si « tout espace, tout lieu, est situé dans l'espace et dans le temps et dans un ensemble de processus », comme il le dit, si l'espace est produit par les sociétés, c'est bien qu'il est, à la fois, le produit d'un processus et un mode d'organisation et de fonctionnement des sociétés actuelles. Les formes historiques ne sont pas passives ; elles ne sont pas seulement « patrimoine », « héritage », « mémoire » ; elles sont actives dans le processus de création des nouvelles formes, structures et systèmes et, du même coup, elles participent à la détermination de l'espace contemporain et de l'espace à venir.

A la géographie, « science de maintenant », on pourrait opposer la géographie, science du devenir de l'espace. Mais s'agit-il vraiment d'une opposition ?

En fait, la problématique de R. Brunet se rattache au structuralisme et on retrouve, ici, le vieux débat sur les rapports entre la synchronie et la diachronie, entre ce qui revient à la structure des choses ou à leur genèse. Mais si l'objet de la linguistique, celui de l'ethnologie et celui de la psychanalyse se prêtent bien à l'analyse des structures stables du langage, des sociétés et des individus et de leurs symboliques, en est-il de même pour l'espace géographique qui est par définition en perpétuelle transformation ?

Ces interrogations ne sont pas polémiques. Proviennent-elles d'interprétations tendancieuses de telle ou telle proposition de R. Brunet ? Elles n'en portent pas moins sur des questions essentielles, celles-là mêmes qui servent parfois de prétextes aux condamnations sans appel de ses adversaires, ou, plus simplement, aux irritations ressenties par d'autres géographes qui n'ont pas forcément la même conception de leur discipline. Un corpus théorique n'est jamais achevé ; il est appelé à être remis en question.

Roger Brunet rompt avec les définitions classiques de la géographie. En disant que son champ d'étude est l'espace produit par la société, il en fait une science de l'homme ou une science sociale. Elle ne peut plus être ni une science naturelle, ni une science des rapports de l'homme avec les milieux naturels, ni une science de synthèse entre les sciences de la nature et les sciences de l'homme. Qu'advient-il alors de son unité ?

DOCUMENT

■ **Denise Pumain et Thérèse Saint-Julien : la France en situation**

C'est une très vieille et bien jolie question de savoir si le territoire français doit son existence et ses caractéristiques à la géographie – entendue comme une disposition naturelle – ou bien si les hasards de l'histoire ou la détermination des peuples et de quelques grands hommes en sont seuls responsables. Comme toutes les questions à charge idéologique, elle n'aura jamais de réponse. Il ne s'agit certes pas de rouvrir le vieux débat, bien dépassé aujourd'hui, au sujet du « déterminisme physique » accusé de vouloir tout expliquer, jusqu'aux opinions politiques des habitants, par les climats ou la nature des sols. Mais on aimerait bien savoir quelle part de vérité se cache dans des affirmations à l'emporte-pièce comme celle de Paul Vidal de La Blache : « La France est un être géographique » ou de Fernand Braudel : « La géographie a inventé la France », ou encore dans la boutade de Pierre Daninos : « La meilleure constitution de la France, c'est sa constitution physique. » En fait, dans les explications de la France par sa géographie, il nous semble que ce qui compte avant tout, c'est sa situation géographique.

La situation géographique, c'est l'ensemble des propriétés qui caractérisent à un moment donné la position d'un territoire, dans sa dimension et dans ses relations aux entités territoriales qui fonctionnent à la même échelle, c'est-à-dire au même niveau territorial d'organisation : les communautés de voisinage, les régions, les États fonctionnent à des échelles différentes. Connaître la situation géographique d'un pays, c'est aussitôt deviner une foule de renseignements sur lui. Savoir que la France est aux latitudes tempérées de l'hémisphère nord, que c'est un morceau du vieux continent européen, que c'est un des quatre plus grands pays de la Communauté européenne, que c'est un pays situé à la charnière entre l'Europe du Nord et l'Europe du Sud, c'est déjà savoir, sur la France et les Français, presque l'essentiel. Dans le système actuel du Monde, les dimensions d'un territoire, la force de l'économie d'un pays se mesurent relativement à celles des autres États, les conditions de vie des habitants et l'éventail limité des futurs possibles dans un avenir proche dépendent de l'appartenance aux grandes aires économiques et culturelles et de l'insertion dans les réseaux d'échanges.

L'exploitation d'une situation géographique par les sociétés tend à en perpétuer les avantages, à la maintenir ou à la renforcer. C'est en ce sens que l'on peut parler pour la France d'une « rente de situation », faite de l'accumulation sur le temps long des effets de plusieurs éléments de situation successivement avantageux. Mais une situation géographique n'est jamais donnée une fois pour toutes, que cette situation soit évaluée en termes de milieu physique, de position ou de dimension. Le milieu physique est lié à la situation en latitude et en longitude, et aux grandes unités du relief et de l'hydrographie. On pourrait le croire immuable : les mers et les montagnes, les plaines et les grands fleuves sont pratiquement fixes depuis le début de l'histoire des sociétés politiquement organisées ? Mais ces éléments fixes n'ont pas de valeur dans l'absolu. Dans leur compétition pour l'appropriation et la mise en valeur des ressources, et selon le contexte technique et économique du moment, les sociétés révisent constamment leur évaluation des avantages de chaque territoire. Les destins agricoles inversés de la Champagne crayeuse, « pouilleuse », puis richissime, et de la Champagne humide en sont une bonne illustration. Il faut donc apprécier la situation de la France par rapport à celle d'autres pays selon les systèmes de référence de chaque époque. On la situe souvent dans une bonne moyenne, sans richesse naturelle profuse, mais sans défaut majeur : diversité et variété des paysages, des sols et du climat, sans rigueur excessive ni aléas défavorables.

La position géographique change aussi, non pas en latitude et longitude, mais relativement aux autres foyers de population et d'activités, aux courants d'échanges. Là encore, la proximité doit être mesurée à une aune changeante, les distances évaluées en kilomètres élastiques au fur et à mesure que l'on parcourt le temps. La position géographique ne compte plus du tout dans les marchés financiers actuels, parfaits d'instantanéité, qui 24 heures sur 24 font fluctuer les monnaies tout autour du globe ; elle n'intervient plus guère dans les transactions sur des produits de moins en moins pondéreux mais chargés de technicité et de coûts humains. Il n'en a pas toujours été ainsi. Pendant très longtemps, la distance a pesé lourd dans la rencontre des hommes, l'acheminement des matériaux et la circulation des idées. Les similitudes actuelles entre pays situés dans une même région du globe et les contrastes entre les grandes aires économiques et culturelles sont d'ailleurs le produits de ces diffusions lentes. La position de la France l'a placée depuis dix siècles presque constamment soit au centre, soit à proximité des foyers d'innovation qui ont abouti à la constitution et au développement des États modernes : comment ne pas voir dans cette position l'une des explications principales de son propre développement.

La portée et les conséquences de l'insertion d'un pays dans les réseaux d'échanges dépendent de la dimension de son territoire, relativement aux autres. La position de la France a été longtemps renforcée par le fait qu'il s'agissait, par rapport aux conditions de l'époque, d'un État de grande dimension. Depuis, l'amélioration des techniques de communication et de maîtrise territoriale ont rendu viable le fonctionnement d'entités étatiques bien plus vastes, et les foyers d'innovation se sont déplacés vers d'autres continents. Ainsi, la situation relative de la France est-elle en train de s'amenuiser en termes de poids, de dimension et d'influence...

Géographie universelle, La France, t. 2,
Hachette/Reclus, 1990, pp. 10-12.

5
Une ou des géographies ?

La géographie est-elle une science ? Si oui, est-elle une science naturelle ou une science sociale ? ou les deux à la fois ? Les réponses à ces questions diffèrent selon les définitions que l'on donne de la géographie.

Pendant longtemps, elle se divisait en deux parties symétriques : la géographie physique et la géographie humaine. La tradition vidalienne proposait de définir la géographie comme la science de la synthèse des deux versants, naturel et humain.

En plaçant la nature en position subsidiaire dans le champ des causalités, la « nouvelle géographie » remet en question ce qui en faisait l'unité. Si la géographie est une science sociale, qu'advient-il alors de la géographie physique ? Si la question des rapports de la nature et de l'homme est évacuée, sur quoi fonder son unité ?

SCIENCE NATURELLE ET/OU SCIENCE HUMAINE ?

Que faire de la géographie physique ?

❏ **Un statut scientifique incertain.** A plusieurs reprises au cours de son histoire, la géographie a changé d'objet et, par voie de conséquence, de définition. Elle a d'abord été une étude de la Terre. Puis, son objet s'est porté sur les rapports de la nature et de l'homme. Enfin, elle s'est définie comme l'étude de l'organisation de l'espace.

La tradition fait de la géographie une science *idiographique* qui ne s'intéresse qu'à des objets singuliers. Les « nouveaux géographes » pensent que la géographie est une science *nomothétique* susceptible de découvrir les lois de l'espace et donc des concepts appropriés.

La géographie vit donc aujourd'hui la coexistence conflictuelle de plusieurs définitions qui posent le problème de son unité. Les fragmentations successives des branches qui la composent et les divisions internes découlant des conceptions divergentes ont abouti à une superposition de positionnements qui s'excluent bien souvent. La géographie est plurielle, mais il n'est pas dit que cette pluralité soit source de richesse.

L'imprécision de son objet se manifeste dans l'écartèlement qu'elle subit, tiraillée et fragmentée en d'innombrables secteurs, interférant tantôt avec les sciences de la nature, tantôt avec les sciences de l'homme. Son statut scientifique s'est brouillé.

Et pourtant, toutes les formes de géographie, tous les courants, toutes les « idéologies » continuent de coexister tant bien que mal, à travers maintes disputes scolastiques.

La question de savoir si la géographie est une science n'est peut-être pas essentielle. A ce propos, Michel Foucault distingue la *science* du *savoir scientifique* qui serait le propre des sciences humaines. La *science* tendrait, dans une division du travail scientifique de plus en plus poussée à prendre en compte une part de plus en plus restreinte de la réalité pour en faire une analyse de plus en plus précise. Le *savoir scientifique* se définirait comme la combinaison d'éléments et d'outils élaborés par d'autres sciences ou savoirs en vue d'une pratique sociale. Si l'on suit M. Foucault, il ne fait aucun doute que la géographie participe beaucoup plus de la deuxième proposition que de la première (Michel Foucault, *Les Mots et les choses*, Gallimard, 1966).

Mais ce *savoir scientifique* fait-il partie des sciences naturelles ou des sciences humaines ? Là encore, les réponses ont varié.

De Vidal de La Blache jusqu'à Max Sorre, la géographie se considère comme une science naturelle.

La géographie, « science de synthèse », se définit à la fois comme science naturelle et comme science de l'homme, interface ou axe de symétrie entre les deux.

La « nouvelle géographie » est à la recherche d'un statut scientifique d'une autre nature puisque, à l'instar des autres sciences humaines, son objet n'est plus la nature, dans ses rapports avec l'homme, ni l'homme, dans ses rapports avec la nature, mais un espace organisé par l'homme, exclusivement. Dans cette logique, la géographie est donc une science humaine et n'est que cela.

❏ *La géographie, science de la Terre ou de l'« épiderme de la Terre » ?*
Cette première définition correspond au sens étymologique et au sens commun des non-géographes. C'est celle des jeux radiophoniques. L'objet paraît, à première vue, sans ambiguïté puisqu'il s'agit du globe terrestre. Pourtant, la géographie ne s'est jamais confondue avec la physique du globe, même si des géographes physiciens ont travaillé et travaillent encore en étroite relation avec des géophysiciens. La géographie a toujours procédé à des prélèvements dans le vaste domaine de l'étude de la Terre mais il s'agit de prélèvements touchant à la superficie des choses. La géographie physique se limite à ce que J. Tricart et P. Birot ont nommé, tous les deux, l'« épiderme de la Terre » c'est-à-dire l'atmosphère, la biosphère, l'hydrosphère et la lithosphère ou, si l'on se situe sur le plan de la connaissance, la climatologie (la branche de la météorologie qui localise les climats à la surface de la Terre), la biogéographie (une branche de la zoologie qui localise les formations végétales et animales à la surface du globe), l'hydrologie (appliquée à l'étude des fleuves) et l'océanographie en ce qu'elle intéresse les littoraux, enfin la morphologie qui se consacre à l'« épiderme » de l'écorce terrestre et qui est, en quelque sorte, l'« épiderme » de la géologie.

Cette énumération appelle deux remarques. En premier lieu, la connaissance de ces phénomènes naturels fait totalement partie intégrante des sciences de la nature. Aucun de ces objets d'étude ne pose de problème de définition parce que chacun correspond à une réalité bien différenciée, même si l'objet en question, rétréci par les géographes, fait partie d'un tout plus vaste. Les lois scientifiques fondamentales ont été dégagées qui rendent compte de la nature des phénomènes étudiés. Les phénomènes sont additifs. L'accès à la méthode expérimentale est direct et ne pose pas de problème théorique.

En second lieu et par conséquent, la tendance à l'autonomie, par rapport à la géographie, de chacune de ces branches est tout à fait logique. Elle tient pour une part à leur intégration dans des domaines scientifiques plus vastes où elles trouvent leur articulation logique (géologie, zoologie, climatologie). La subdivision est conforme à la démultiplication de l'objet lui-même : le globe terrestre qui est passible de multiples approches selon les différentes facettes offertes. Pour une autre part, l'autonomie résulte des progrès de la recherche dans chacun des domaines qui impliquent une spécialisation de plus en plus poussée.

Quelle est, dans ces conditions, la signification de la notion d'« épiderme de la Terre » qui constituerait le champ de la géographie physique ? Quel est l'objet d'une étude de l'« épiderme de la Terre » ?

– Ou l'« épiderme » est étudié pour lui-même, comme zone de contact entre les différentes sciences naturelles pouvant en rendre compte. Il s'agit alors d'une étude des espaces naturels et de leur différenciation. Mais l'étude des espaces naturels dont les éléments constitutifs sont régis par des lois scientifiques spécifiques, suppose le regroupement, la synthèse des résultats, appliqués à une portion de l'espace naturel. La démarche est alors proche de celle de la géographie régionale, « science de synthèse » et « science-carrefour ». Quelle que soit l'échelle des phénomènes envisagés, les géographes physiciens ne peuvent proposer que des corrélations entre les faits constatés, un agencement de phénomènes reliés les uns aux autres, une classification d'espaces naturels en fonction de « domaines » ou de « zones » : zone froide, zone tropicale, zone tempérée, ou domaine atlantique, domaine montagnard, etc. Cette démarche obéit alors à une méthodologie de la classification (taxinomie).

– Ou bien, dans une acception voisine, l'étude de l'épiderme de la Terre coïncide avec le domaine de l'écologie. En ce sens, la « géographie environnementaliste » de Haeckel préfigurait les développements actuels. L'objet scientifique est celui du milieu et de ses équilibres. L'utilisation des sciences connexes vise à la recherche d'une explication des relations entre la vie sous toutes ses formes et le « milieu » naturel.

L'écologie, en tout état de cause, est une science de la nature, y compris lorsqu'elle prend en compte l'action transformatrice ou destructrice de l'homme sur le milieu, étant entendu que l'objet d'étude n'est pas, alors, la raison pour laquelle l'homme agit, mais le résultat physique de son action.

– Ou bien, l'objet de l'étude de l'« épiderme de la Terre » ne trouve pas sa raison d'être en lui-même, dans le développement des lois de la nature, mais par référence à l'homme. Son objet sous-entendu est l'étude des « conditions naturelles de la vie humaine ». Les espaces naturels ne sont plus étudiés pour eux-mêmes, mais en tant que cadre d'utilisation par l'homme. Cette conception, qui est celle de l'école vidalienne, est à l'origine de l'écartèlement de la géographie entre son versant physique et son versant humain car elle est fondamentalement contradictoire. D'un côté, la démarche est celle des sciences de la nature, mais le choix des éléments étudiés n'est pas dicté par la logique des lois de la nature mais par la logique des sciences de l'homme. La géographie serait une science naturelle, dont la finalité serait l'homme. Cela ne peut se concevoir que dans une logique déterministe.

Quoi qu'il en soit, dans ces trois conceptions de l'« épiderme de la Terre », le point commun est bien la nature, la démarche commune, celle des sciences de la nature. Les deux premières tendent à se confondre avec l'écologie en même temps qu'elles s'éloignent de la géographie humaine. La troisième qui se rattache à la géographie humaine est ambiguë et contradictoire. Elle participe des sciences de la nature mais tire sa raison d'être des sciences humaines. Il y a là la source d'inépuisables équivoques théoriques.

La question de l'unité de la géographie se retrouve donc. A. Reynaud, dès 1972 *(La Géographie entre le mythe et la science,* travaux de l'Institut de géographie de Reims) avait clairement posé le problème : « Si la géographie, comme le proclament tous les géographes, consiste à étudier à la fois le milieu naturel et les activités humaines, de deux choses l'une : ou bien les éléments physiques sont déterminants et les activités humaines n'en sont qu'une simple conséquence ; ou bien au contraire, les phénomènes humains sont dominants et la géographie physique ne peut être qu'un élément d'explication parmi d'autres, un élément subordonné dans un tissu de relations [...]. Quel géographe expliquera les rapports qui existent entre les grès de la forêt de Fontainebleau et leur morphologie très particulière d'une part, et les problèmes de circulation de l'agglomération parisienne d'autre part [...] ? »

La position difficile des « physiciens »

❑ *Autonomie ou intégration ?* La géographie physique oscille entre l'autonomie et l'intégration dans le vaste ensemble de la géographie. Les « physiciens » sont, par la force des choses, contraints de s'accrocher à la vieille définition de la géographie « science de la Terre », mais ils sont aussi les défenseurs de la « science de synthèse », tenant la balance égale entre la nature et l'homme. La géographie physique est alors, comme le disait déjà P. Birot : « L'étude de l'épiderme d'un être unique : la Terre. Il s'agit des paysages naturels tels qu'ils apparaîtraient à un observateur parcourant le globe avant toute intervention humaine. » Cette conception d'une nature définie comme « ce qui n'est pas la société » ou encore comme la dimension

« inhumaine » de l'espace (P. Pech et H. Regnauld, *Géographie physique*, PUF, 1992) suppose une vision dichotomisée de l'espace. La Terre serait un Janus à double face. Tout au plus, admettent-ils, dans leur champ d'étude, l'action *anthropique* des sociétés qui attaquent le relief en construisant des routes, remanient l'écoulement hydrographique en édifiant des barrages, altèrent le climat local, modifient les équilibres naturels, polluent l'atmosphère ou les océans. Cette géographie est, en réalité une géo-écologie, une écologie appliquée à l'espace.

Dans ces conditions, quelle peut être l'unité de la géographie ? La réponse implicite ou explicite consiste à admettre un espace « co-produit par les processus sociaux et par les processus naturels », placés en position parfaite de symétrie et d'étanchéité, ainsi que le montre le schéma proposé :

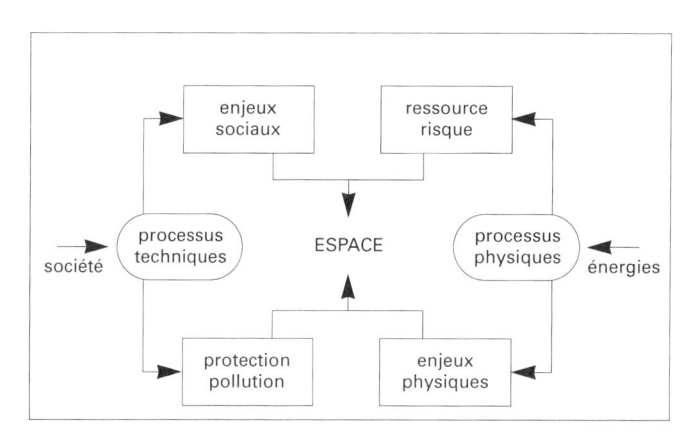

« *La production de l'espace géographique,
un spectacle avec deux imprésarios : la nature et le social* »

```
                    ┌─────────┐         ┌─────────┐
                    │ enjeux  │         │ressource│
                    │ sociaux │         │ risque  │
                    └─────────┘         └─────────┘
      ┌──────────┐                                  ┌──────────┐
société│processus │          ESPACE          │processus │ énergies
      │techniques│                                  │physiques │
      └──────────┘                                  └──────────┘
                    ┌─────────┐         ┌─────────┐
                    │protection│        │ enjeux  │
                    │pollution │        │physiques│
                    └─────────┘         └─────────┘
```

D'après P. Pech et H. Regnauld, *op. cit.*

Dans le partage du travail, il revient aux « physiciens » d'étudier la face naturelle de la Terre, avec des méthodes spécifiques. Aux « humanistes » de voir ce qu'ils peuvent tirer du matériau physique pour expliquer la face humanisée de la Terre. Le concept de base est alors celui de l'écosystème car il permet de montrer les interrelations et les interactions entre les différents phénomènes naturels et secondairement, entre la nature et la société, sous l'angle de l'écologie. Cette étude des équilibres ou des déséquilibres du milieu naturel, entre la *biocénose* (la chaîne des organismes vivants) et le *biotope* (le milieu naturel qui permet aux organismes vivants de vivre et de se reproduire), procède d'une démarche synthétique mettant en œuvre toutes les branches de la géographie physique. De plus, cette approche s'effectue à de multiples échelles :

Dénomination	Dimension en km	Ensemble concerné	Dynamique interne	Dynamique externe	Éco-système
Système monde	40 000	globe	lithosphère	atmosphère	biosphère
Mégagéo-système	10 000 à 1 000	zone	plaque lithosphérique	zone, domaine	biom
Macrogéo-système	1 000 à 100	région	unité morpho-structurale	régional	biocénose
Géo-système	100 à 1	paysage, plateau, vallée	formes	local	groupements végétaux
Micro-système	40 m	parcelle	sol, formations superficielles	bioclimat	arbre, buisson

D'après P. Pech et H. Regnauld, *op. cit.*

Cette démarche, propre aux « physiciens », ne résout pourtant pas le problème de l'unité de la géographie. La nature, même « anthropisée », reste la nature.

❏ *La géographie physique « intégrée »*. Certains d'entre eux, pourtant, n'hésitent pas à considérer la géographie comme une science sociale. Mais si tel est le cas, comment la géographie physique peut-elle en être un sous-ensemble ? J.-P. Marchand, tout en regrettant l'attitude, trop fréquente chez les « humanistes », de ne se servir de l'étude des milieux naturels que pour camper le « cadre physique » des activités humaines (*Espace géographique*, n° 3, 1980), estime que le milieu physique est « un composant de l'espace au même titre que l'organisation sociale ou le système économique ». Pour combattre le déterminisme, il propose de renouveler le concept de « contraintes physiques », trop souvent envisagées sur un mode négatif alors qu'elles « sont ce que les sociétés en font ». Pour lui, la géographie physique, autonome au plan de la méthode, doit participer à part entière à l'analyse de l'espace social.

Ce point de vue converge avec celui de George Bertrand qui est, depuis longtemps, sans équivoque : « Pas de géographie sans nature, pas de nature sans géographie. » La géographie physique doit être intégrée à la géographie. Mais en même temps, il la situe en position seconde par rapport à l'objet essentiel de la géographie : « La géographie appartient prioritairement au domaine des sciences humaines et sociales. » Mais c'est pour ajouter aussitôt que la science sociale du territoire « englobe inéluctablement une part de nature », car il n'y a pas de territoire sans « terre » et il regrette que la tendance actuelle soit de l'éluder.

Il estime surtout que l'« environnement » est en train d'envahir le social et de bousculer les sciences. « L'anthropisation va de plus en plus influer sur le fonctionnement de l'écosystème terrestre et sur le devenir des sociétés. » Alors que la géographie physique n'a fait que se subdiviser en sous-spécialités, c'est, à l'inverse, un mouvement d'unification et de globalisation qu'il convient de promouvoir. La dynamique des systèmes lui semble être, non seulement le moyen de réunifier la géographie physique, mais aussi de la resituer par rapport d'une part, aux autres sciences de la nature et, d'autre part, à la géographie humaine. « Le géosystème est le concept central et centralisateur de la géographie physique "intégrée" [...]. C'est un concept spatial [...]. ». Il se prononce alors pour une géographie, « science du territoire », interface entre la nature et la société et pour un « système conceptuel tridimensionnel : géosystème, territoire, paysage (GTP) ».

Le géosystème est un concept naturaliste, spatial, temporel qui a une dimension anthropique ; le territoire, c'est la « dimension naturaliste d'un concept social » ; le paysage enfin, qui est « la dimension culturelle de la nature. [...] La nature, c'est d'abord de l'espace, un espace de moins en moins naturel, de plus en plus territorialisé ». Sa théorie de l'interface est fondée sur le concept d'anthropisation. La « nature anthropisée » est l'objet central de la géographie physique. Il importe que les géographes prennent part, « comme les écologues, à une nouvelle façon de penser la nature à l'intérieur de notre discipline et de notre société. Il ne faut pas laisser la nature à des écologistes de toutes les couleurs ».

A titre d'exemple d'interactivité, le schéma ci-après montre « la mise en système » de facteurs naturels et des actions humaines dans l'utilisation de l'eau. Les interactions sont représentées par des flèches.

Au-delà de nuances parfois importantes, il existe ainsi une grande convergence entre les « physiciens » actuels. Après une phase tendant à l'autonomie de la géographie physique et de ses différentes spécialités, une phase nouvelle s'ouvre, contemporaine du développement des sciences de l'environnement et de l'écologie. Elle cherche, au contraire, une unification de la géographie physique autour du concept de géosystème, et un rapprochement avec la géographie humaine autour du systémisme, qui permet de prendre en charge l'« interactivité » des phénomènes naturels et humains sur un espace, quelle qu'en soit l'échelle. Mais pour tous, quel que soit le degré « d'anthropisation » de l'espace, la question est la connaissance des phénomènes de la nature. Leur seul problème épistémologique concerne le rapport avec la géographie humaine.

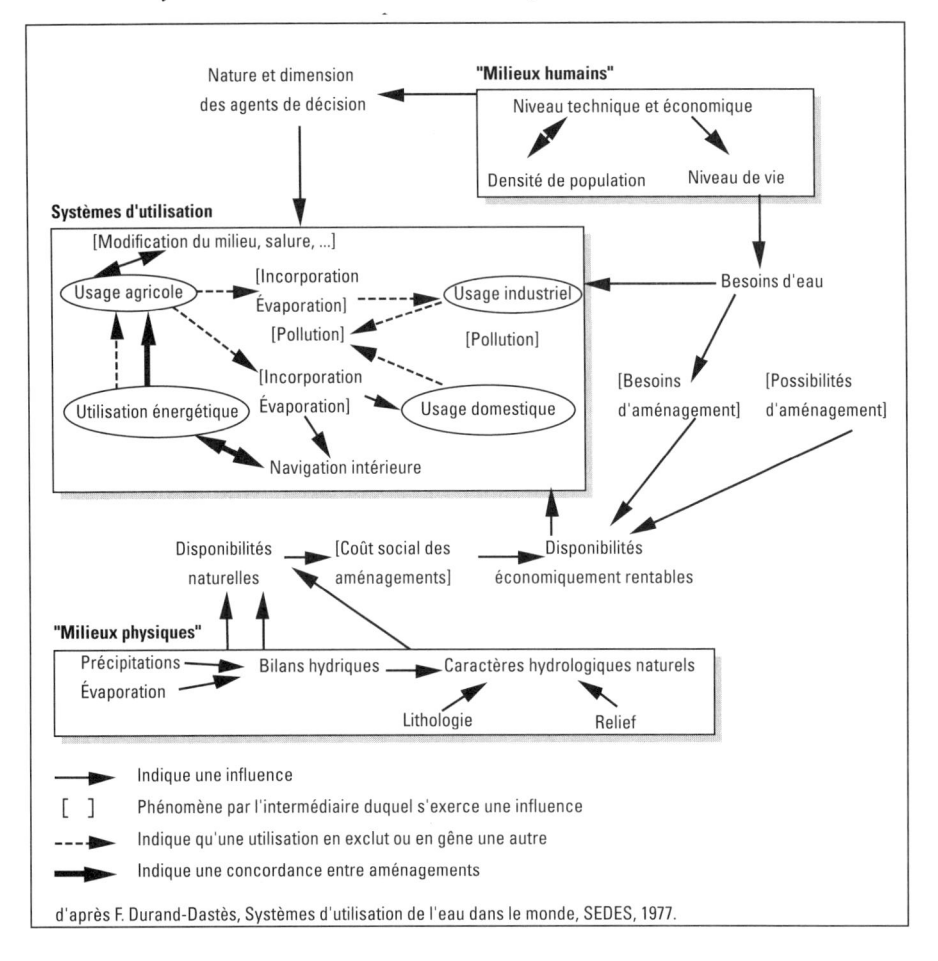

Systèmes d'interactions rendant compte de l'utilisation de l'eau

```
                Nature et dimension        "Milieux humains"
                des agents de décision  ←  Niveau technique et économique
                                              ↙        ↘
                                    Densité de population   Niveau de vie
Systèmes d'utilisation
 [Modification du milieu, salure, ...]
 ┌─────────────────────────────────────────────────────┐
 │ Usage agricole ---→ [Incorporation  → Usage industriel ←── Besoins d'eau
 │                      Évaporation]
 │                     [Pollution]        [Pollution]
 │                     [Incorporation
 │ Utilisation         Évaporation]                  [Besoins         [Possibilités
 │ énergétique                       Usage domestique  d'aménagement]  d'aménagement]
 │                     Navigation intérieure
 └─────────────────────────────────────────────────────┘

              Disponibilités  → [Coût social des → Disponibilités
              naturelles        aménagements]      économiquement rentables

"Milieux physiques"
   Précipitations ──→ Bilans hydriques ──→ Caractères hydrologiques naturels
   Évaporation                       ↗                    ↖
                              Lithologie              Relief
```

──→   Indique une influence
[ ]   Phénomène par l'intermédiaire duquel s'exerce une influence
---▶   Indique qu'une utilisation en exclut ou en gêne une autre
━━▶   Indique une concordance entre aménagements

d'après F. Durand-Dastès, Systèmes d'utilisation de l'eau dans le monde, SEDES, 1977.

L'UNITÉ DE LA GÉOGRAPHIE

L'inné et l'acquis

La question de l'unité de la géographie ne concerne pas seulement les « physiciens ». Elle est tellement lancinante qu'on peut se demander s'il ne s'agit pas d'un faux problème.

Elle est obscurcie par le poids pris dans la géographie par l'analyse des paysages ruraux. La description d'un paysage (tout particulièrement rural) distribue en effet les apparences entre celles qui relèvent de la nature et celles qui dépendent de l'homme. Une hiérarchie s'impose selon la distribution de ces deux composantes : du paysage exclusivement naturel (celui d'un désert ou celui de l'Antarctique) au paysage exclusivement humain (celui d'une ville) en passant par toutes les gradations intermédiaires. Un « ordre » évident s'impose puisque la nature est préalable et l'homme, postiche. L'empirisme de la géographie classique repose, pour une bonne part, sur cette vision de l'espace. Sans doute faut-il y voir également la justification de sa démarche typique qui consiste à accorder à la nature le statut de question préalable : au départ est la nature et l'homme lui imprime sa marque. L'abandon du déterminisme a pu s'opérer sans que cette démarche, fondée sur la force de l'évidence empirique, disparaisse. On peut comprendre comment la géographie a pu fonctionner en conservant une part égale entre ses deux volets, comment même le volet physique a pu acquérir son autonomie et dominer la discipline.

La géographie se trouve, en quelque sorte, dans la même situation que la psychologie, tiraillée entre, d'un côté, le point de vue des physiologistes pour qui tout se joue sur le terrain de la génétique et du fonctionnement physico-chimique du cerveau et, de l'autre côté, les psychologues pour qui tout se joue sur le terrain des relations interindividuelles, parentales et sociales. D'une certaine façon, la querelle de l'inné et de l'acquis traverse aussi la géographie. On peut dire que l'affirmation de l'unité du naturel et de l'humain dans l'espace est inattaquable de point de vue de l'écologie et de la géographie environnementaliste, mais la réduction de la géographie à ce seul aspect est injustifiable du point de vue de la science sociale. La nature inclut l'homme en tant qu'être biologique et, en ce sens, l'homme relève aussi des sciences naturelles. Mais en tant qu'être social, l'homme relève des sciences sociales. L'homme est en même temps un être biologique et le produit de sa propre socialisation. Les lois de la nature ne sont pas celles de la société. Mais un même objet spatial peut être le produit d'une double détermination, ou si l'on préfère, d'un complexe de déterminations. Une forêt de la région parisienne est historique et humanisée dans tous les sens du terme. Forêt royale à l'origine, traversée par les laies de la chasse à courre, elle est désormais exploitée, entretenue, reboisée par l'Office national des Eaux et Forêts, et, en fin de compte, utilisée comme espace de récréation par les Parisiens. Elle reste pourtant un phénomène naturel parce que sa localisation n'est pas le fait du hasard mais d'une détermination pédologique (elles sont souvent localisées sur les affleurements des « sables et grès de Fontainebleau »), parce qu'elle est l'objet d'équilibres ou de déséquilibres écologiques entre les espèces elles-mêmes (la lutte du hêtre et du chêne se terminerait par la victoire du hêtre si l'homme n'intervenait pas) et du fait de la présence massive de la ville, de ses pollutions et des promeneurs qui parcourent les chemins de grande randonnée.

❑ ***Déterminisme et détermination.*** Autrement dit encore, du point de vue des sciences de la nature, l'espace naturel « anthropisé » relève d'un déterminisme naturel. En revanche, l'espace social qui incorpore des éléments naturels en est certes, pour une part, tributaire mais sans, pour autant, s'expliquer par un « déterminisme ». Détermination ne signifie pas déterminisme. La tare originelle qui pèse sur les géographes et qui provoque un véritable complexe de leur part à l'égard du « déterminisme » fait qu'ils confondent souvent les deux termes. Ce complexe est perceptible dans cette formule de Ph. Pinchemel qui date de 1957, mais qu'il ne renierait sans doute pas : « Sans la reconnaissance et l'acceptation d'un certain déterminisme, la géographie perd à la fois son unité et son originalité ; son unité parce que morcelée en une géographie physique et une géographie humaine elle s'identifiera rapidement aux sciences humaines d'une part, aux sciences naturelles de l'autre ; son originalité qui réside précisément dans cette vision synthétique des rapports multiples qu'entretiennent depuis des millénaires les groupes humains et leurs cadres naturels. »

Comment éviter le déterminisme tout en admettant des « déterminations » naturelles ? Les géographes s'en tirent en admettant des « influences », des « conditionnements », des contraintes, des « risques » naturels, toutes notions à connotation négative.

En réalité, la nature socialisée fait partie intégrante de l'espace social et comme telle, elle fait partie de l'espace des géographes. Le meilleur terme pour caractériser le rapport de la société à la nature est sans doute celui de « dialectique », si galvaudé par ailleurs.

Précisons encore. Le déterminisme en tant qu'« idéologie spontanée » est une démarche naturaliste qui entend expliquer l'homme par la nature. Cette recherche d'une causalité naturelle est profondément pernicieuse parce qu'elle place l'homme et la société dans une logique fataliste. Mais inversement, vouloir nier l'existence même de « déterminations » naturelles revient à faire de l'homme un être éthéré qu'il n'est pas, et de la société, un mécanisme qui tourne sur ses propres rouages, indépendamment du substrat matériel qui la supporte. Le déterminisme est aussi insupportable que la sociobiologie. Cela n'empêche pas l'homme de vivre dans un rapport permanent avec la nature, depuis des millénaires, et de construire sa civilisation et son espace, en fonction des possibilités que la nature lui offre pour répondre aux besoins du moment. Le milieu naturel est donc, à coup sûr, un « déterminant » de l'espace de l'homme et le géographe ne peut pas faire l'impasse sur la fonction qu'il occupe dans la détermination des formes et des structures de l'espace (cf. G. Bertrand, texte en fin de chapitre). Tout dépend bien sûr de quel type d'espace il s'agit. Un paysage rural résulte souvent d'un façonnement millénaire opéré par une société rurale et d'une adaptation des façons culturelles aux conditions climatiques et pédologiques, dans le cadre de techniques de production encore rudimentaires. Ce paysage s'explique par l'action modelante de l'homme sur un substrat naturel qu'il transforme en un espace historique. Pour en rendre compte, on ne peut pas faire comme si la nature n'existait pas. On ne peut pas non plus la placer en préalable comme si elle était une base, ou une infrastructure à partir de laquelle la société met en place un paysage. D'autres espaces, en revanche, ne doivent rien ou peu à la nature.

Tout dépend aussi de l'échelle. Les « influences » de la nature n'ont pas la même intensité selon qu'on se situe à petite échelle ou à grande échelle.

Ainsi, parmi les « déterminations » de l'espace – et il y en a beaucoup –, la nature joue un rôle parfois important, parfois négligeable. Cette variabilité des situations prouve l'inanité des attitudes stéréotypées quelles qu'elles soient. Le « plan à tiroir » qui était le symptôme du déterminisme en ce qu'il posait la nature comme première, a causé un tort énorme à la géographie en faisant passer pour un rapport explicatif ce qui n'est qu'une juxtaposition nomenclaturale. Il est encore à l'œuvre dans maints exercices scolaires, à commencer par le commentaire de carte.

Le renversement de la problématique et de la démarche qui pose la société comme créatrice des structures spatiales qu'il s'agit d'étudier, implique de laisser de côté l'étude des « contraintes naturelles » et de n'y recourir qu'en cas de besoin, c'est-à-dire seulement lorsqu'elles jouent un rôle de détermination dans les structures spatiales.

Autrement dit, la géographie de l'espace social se doit de connaître la nature historicisée, mais la nature n'est pas le principe d'organisation de l'espace social. Elle est un élément dans le processus de socialisation et doit être étudiée comme telle. Dans les sociétés soumises fortement aux « contraintes naturelles », elle impose des formes d'adaptation qui ne sont pas de même nature que celles produites par les sociétés industrialisées au niveau technique élevé.

❏ *Edgar Morin à la rescousse de la géographie ?* Beaucoup de géographes se réfèrent à E. Morin, et ce n'est pas un hasard. L'appel au philosophe de la *Méthode* et à sa démarche « pour appréhender la complexité du réel » et établir des connexions entre les sciences est, en effet, adapté aux préoccupations des géographes. Les « défis » d'E. Morin ressemblent fort à ceux de la géographie : le défi de la synthèse face à l'émiettement des savoirs spécialisés ; le défi du déterminisme ou comment faire la part du hasard et du désordre dans la connaissance du réel ; le défi de l'articulation entre les diverses facettes de la réalité ; le défi des formes « d'auto-organisation » dans le réel naturel ou social. La théorie de l'auto-organisation tente de prendre en compte le rôle du hasard dans les processus physiques, biologiques ou sociaux lors de la constitution de systèmes viables : une galaxie ou un État par exemple (voir Thérèse Saint-Julien, dans l'*Encyclopédie de la géographie*). Elle est complémentaire du *systémisme* qui s'intéresse au fonctionnement des systèmes et des *théories de l'émergence* qui se préoccupent de la genèse des organismes structurés. Il pose ainsi la question de la réunification des dimensions biologiques, anthropologiques et culturelles de la « nature humaine ». Les tendances réductrices à ne considérer qu'un aspect de l'homme, celle du biologiste qui a « une conception de l'organisme close sur l'organisme » ou celle de l'anthropologue qui a une vision « insulaire » de l'homme, coupée de sa réalité organique, conduisent, selon lui, à des oppositions stériles. Pour parvenir à réunifier ces sciences et pour chercher à comprendre comment se combinent et s'imbriquent les différentes dimensions d'une même réalité, E. Morin propose un instrument de la pensée qu'il appelle la « dialogie ». Un des exemples qu'il utilise pour mettre à l'épreuve ce nouveau concept est d'ailleurs l'Europe. L'Europe a des fondements historiques, géographiques, culturels, économiques, politiques.., mais aucun n'est suffisant pour identifier cette entité qui existe alors qu'aucune définition n'est possible.

Autre remarque d'E. Morin qui pourrait s'appliquer à la géographie : « Les sciences humaines sont des sciences à scientificité fragmentaire et limitée [...]. On ne pourra jamais arriver ni à une loi générale du type de la gravitation [...]. Il n'y a aucune loi de l'attraction humaine, sinon triviale. »

Nul doute qu'il manque à la géographie une bonne dose de « dialogie ». Mais il ne suffit pas de poser un problème pour le résoudre.

Au total, si la clarification est réalisée, et si la définition autonome de leur objet est faite, rien n'empêche le développement de relations interdisciplinaires entre géographie humaine et géographie physique. Dans d'autres pays comme aux États-Unis, la géographie physique est rattachée au domaine des sciences de la nature. Telle n'est pas la tradition en France et les géographes physiciens sont, tous ou presque, jaloux de leur appartenance, à part entière, à la communauté géographique.

La géographie, science de synthèse ou la géographie « unitaire »

❑ **Le « recentrage » de la géographie.** En dehors des « physiciens », il existe un fort courant de géographes qu'on peut dire « unitaires » parce qu'ils affirment hautement la nécessité du maintien de l'unité de la géographie, tout en admettant son appartenance aux sciences humaines. Il s'agit souvent de ceux qui, au cours de leur carrière universitaire, ont couvert, avec un égal bonheur, tous les champs et toutes les branches de la géographie, de la géomorphologie à la géographie urbaine, de la géographie générale à la géographie régionale. Leur bibliographie est impressionnante. P. George, J. Beaujeu-Garnier, Ph. Pinchemel, P. Gourou et bien d'autres, sont de ceux-là. Ils se réclament souvent de l'héritage vidalien et définissent la géographie comme une science de synthèse, celle des rapports de l'homme et du milieu naturel.

Pourtant, à la différence de Vidal de La Blache, ils considèrent la géographie comme une science humaine, parce que sa finalité est humaine. « Comment concevoir une géographie qui ne soit pas humaine, où les hommes seraient absents, une géographie sans agents et sans acteurs [...] », dit Ph. Pinchemel.

L'héritage vidalien n'est donc pas renié mais avec une réorientation vers une géographie « humaine ». Cette réorientation concerne aussi son objet et ses méthodes, en particulier chez P. George.

Si l'objet reste l'étude des rapports de l'homme avec le milieu, « le premier terme du rapport est l'homme, un "homme collectif" organisé en familles, en sociétés, en États. Le second terme est un milieu. Ce milieu est une synthèse de domaines ressortissant à la géographie naturelle » (P. George, *Le Métier de géographe,* A. Colin, 1991).

Quant à la méthode, elle est aussi dans le droit fil de la géographie vidalienne. La géographie reste une science d'observation. « L'observation c'est d'abord le regard sur des assemblages de nature et de construction humaine » (P. George, *op. cit.*).

Pourtant, cette géographie n'est pas celle de Vidal de La Blache qui voyait un monde d'équilibre et de stabilité. Celui de P. George est un monde de changement, de mutations, de mobilité, de déséquilibres. Si l'objet de la géographie n'a pas changé, son sujet ne cesse de se modifier. « Différence fondamentale entre l'objet, connaissance du milieu de vie et de la condition des hommes, et le sujet, la forme et la nature sans cesse remises en question par les conflits politiques, les rivalités économiques, les conquêtes de la technique des lieux ou des espaces géographiques. » Mais alors, le risque encouru par la géographie est de se confondre avec d'autres sciences sociales. P. George n'a de cesse de défendre la « pureté » de la géographie et de s'opposer aux déviances ou aux dérives vers les sciences voisines. Il est sans doute celui qui a le plus écrit sur les rapports de la géographie avec les sciences annexes ou parallèles : géographie et sociologie, géographie et histoire, géographie et démographie, géographie et économie, géographie et urbanisme. Défense vis-à-vis de l'extérieur mais aussi vis-à-vis de l'intérieur. Un autre danger qui guette l'identité, l'unité et l'intégrité de la géographie vient des géographes eux-mêmes qui sont tentés d'abandonner l'esprit de synthèse au profit d'analyses et de méthodes non géographiques. Il a des propos très durs à l'égard de ceux qui se laisseraient aller à la technocratie de l'aménagement du territoire, à tomber dans l'illusion quantitative ou à verser dans les excès de la géomorphologie. « On attribue volontiers le nom de géographie à des recherches qui ressortissent aux sciences physiques et naturelles. Les travaux de laboratoire, absorbent la totalité des efforts de certains chercheurs qui en viennent à ne plus voir dans un paysage que des carrières où ils prélèvent des échantillons pour leur faire subir l'épreuve de l'étuve ou du réfrigérateur, les cribler, en établir le diagramme granulométrique, relever les indices d'émoussé, préparer des plaques minces et les examiner en lumière polarisée au microscope. Sans sous-estimer l'intérêt de telles recherches, il ne faut pas se lasser de répéter que, pour utiles qu'elles puissent être à la construction d'une explication d'un paysage géographique, elles sont en elles-mêmes extérieures à la géographie » *(Géographie et sociologie).*

L'œuvre de P. George témoigne ainsi de la volonté de centrer la géographie sur la société tout en conservant l'héritage vidalien. Elle s'en distingue par les thèmes, constamment orientés vers le monde en mouvement, celui de l'économie, de la démographie, de la géopolitique.

L'ambition rénovatrice de Philippe Pinchemel est beaucoup plus prononcée. Pour lui, le domaine de la géographie est « l'étonnante richesse des croisements des espaces humains et des milieux naturels » ou, comme le dit le titre de son ouvrage, *La Face de la Terre*. La tradition vidalienne est présente là encore. Sa position est, en quelque sorte, symétrique de celle de G. Bertrand. Comme lui, il parle de l'interface milieux/homme mais il se situe du point de vue de l'homme et non pas du point de vue de la nature.

Le « recentrage » qu'il propose consiste à mettre l'action humaine au centre de la géographie et à abandonner le rapport égalitaire que la géographie traditionnelle établissait entre la nature et l'homme. L'action humaine se manifeste par deux interventions majeures, « l'humanisation et la spatialisation ». La géographie est l'étude des formes données par l'homme à la surface de la Terre. « Elle est un savoir difficile parce qu'intégrateur du vertical et de l'horizontal, du naturel et du social, de l'aléatoire et du volontaire, de l'actuel et de l'historique, et sur la seule interface dont dispose l'humanité. » Cette inflexion le rapproche des thèses de la « nouvelle géographie » qu'il a d'ailleurs contribué à diffuser en France. Elle s'en distingue pourtant puisqu'il entend maintenir intégralement l'héritage de la géographie physique qui n'est que « décentré » dans la démarche qu'il propose. Il cherche à sauvegarder l'unité de la géographie, tout en conservant les héritages et en intégrant toutes les tendances actuelles de la discipline, fussent-elles centrifuges. Cette tentative est généreuse, mais elle peut apparaître comme une véritable gageure.

❏ *La géographie : étude de l'organisation de l'espace.* Cette définition a, pendant un temps, fait l'unanimité des géographes. Les géographes physiciens s'y retrouvaient puisque l'épiderme de la Terre est un espace naturel « organisé » par ses différentes composantes ou les différentes forces qui l'animent : la gravitation universelle, les forces astronomiques, les forces tectoniques, les forces atmosphériques, etc., qui déterminent une différenciation de l'espace du globe.

L'expression convenait aussi aux géographes des relations homme/nature puisque le terme « espace » peut recouvrir à la fois la face naturelle et la face humaine de la Terre.

Elle convenait encore à la nouvelle géographie qui cherche les structures spatiales construites par les sociétés.

Qu'est-ce à dire ? Tout simplement que le terme « espace » est un concept creux et vide, tellement vague que chacun le remplit avec ce qu'il veut. Il est loin d'être spécifique à la géographie, ce qui signifie qu'il faut lui adjoindre un qualificatif pour lui donner un sens géographique qui, par ailleurs, diffère selon les géographes.

Pour résoudre les ambiguïtés, suffirait-il d'adjoindre « géographique » au terme « espace » ? On aboutit alors à une tautologie : la géographie est la science de l'organisation de l'espace géographique [...]. La difficulté est repoussée d'un cran car l'espace de la « nouvelle géographie » n'est pas celui des vidaliens et pas non plus celui des géographes physiciens.

Le terme « organisation » n'est pas plus précis. De quelle nature est cette organisation ? S'agit-il d'un ordre en soi qui existerait dans la nature, dans la société et dans leurs rapports, mais l'organisation de l'espace naturel, pour les raisons indiquées plus haut, ne peut être de même nature que l'organisation de la société. Ou s'agit-il d'un ordre de la connaissance, celui des « lois de l'espace » ?

Les géographes avaient cru trouver une définition de leur science dans cette formule. L'illusion est en train de tomber.

Une ou des géographies ?

On pourrait répondre, comme le suggère Ph. Pinchemel : unité dans la pluralité. Mais il n'est pas sûr que ce soit satisfaisant. Il est frappant de voir comment le vocabulaire varie selon le point de vue. Là où les géographes physiciens parlent « d'espace anthropisé », P. George ou Ph. Pinchemel parlent « d'espace humanisé » et P. Claval ou R. Brunet parlent « d'espace socialisé ». Ces différences sémantiques sont significatives des différences de conception de la géographie et de son objet.

Que conclure ? sinon que la géographie ne peut trouver aucun terrain de clarification dans le maintien de la confusion d'un objet qui serait double, à la fois naturel et humain.

Dans l'espace de la géographie, il y a bien, deux objets distincts : un espace naturel qui, même s'il est « historique », doit s'expliquer par les lois des sciences de la nature, un espace social qui est le produit des sociétés. Mais la géographie ne peut pas être à la fois une science naturelle et une science sociale. Elle fait à coup sûr partie des sciences sociales.

Pourtant, il ne faudrait pas en arriver à souhaiter que la géographie humaine se sépare de la géographie physique, ou que la géographie physique revendique son autonomie. Une chose est de tenter de clarifier les problèmes théoriques, autre chose est d'en tirer immédiatement des conséquences en termes de structures universitaires ou d'enseignement. Tant que les géographes sentiront le besoin de rester ensemble, la tradition qui s'est instaurée en France n'a pas lieu d'être remise en cause. Il y a déjà longtemps que les relations entre physiciens et « humanistes » sont de type pluridisciplinaire et que chacun en tire parti. Tout porte à croire que ces relations ne peuvent aller qu'en s'approfondissant dès lors que les problèmes de fond sont élucidés. La « dialogie » d'E. Morin en trace peut-être le sillon.

DOCUMENT

■ L'espace rural : réalité écologique et création humaine (George Bertrand)

L'espace rural, c'est le milieu naturel aménagé pour la production agricole au sens large, animale ou végétale, par des groupes humains qui fondent sur lui la totalité, ou une partie de leur vie économique et sociale [...].

L'espace rural ne peut donc s'appréhender que globalement. C'est un ensemble dans lequel les éléments naturels se combinent dialectiquement avec les éléments humains. D'une part, il forme une « structure » dont la partie apparente est le « paysage rural » au sens banal du terme (bocage, lande, étang, futaie) ; d'autre part, il constitue un « système » qui évolue sous l'action combinée des agents et processus physiques et humains. De ce fait, quand on analyse l'écologie de l'espace rural, il faut avoir conscience qu'on n'examine qu'une partie d'un tout. L'écologie doit être traitée à la fois dans son environnement socio-économique et dans sa perspective historique. Toutefois, on ne peut aborder l'étude écologique proprement dite sans prendre la précaution d'assurer ses bases, c'est à dire, en l'occurrence discuter et critiquer, voire exorciser un certain nombre d'idées toutes faites, de notions confuses, de pseudo-concepts d'ordre géographique ou écologique qui encombrent les travaux des historiens et paralysent leur esprit d'analyse. Parmi ces héritages particulièrement néfastes, on a retenu, en première ligne le concept même de milieu naturel suivi du problème du possibilisme et du déterminisme.

Il n'y a plus de « milieu naturel »

Le « milieu naturel » ou « espace physique » reste pour l'historien une notion confuse et passe-partout, chargée de forces mystérieuses et redoutables dont le géographe serait l'intercesseur obligé [...], mais dont on se défie malgré tout. Les exorcismes de L. Febvre ont, en leur temps et à leur manière, contribué à éclaircir la situation, mais ils ont aussi [...] renforcé cette séparation du savoir si préjudiciable aux études rurales [...].

Pour l'écologiste, le « milieu » est l'environnement physico-chimique d'un être vivant ou d'une communauté d'êtres vivants avec lequel ces derniers entretiennent des échanges permanents de matière et d'énergie [...].

Du point de vue des communautés rurales, le « milieu naturel » est, en première approximation, l'ensemble des éléments « naturels » : relief, climat, eaux, sol, végétaux, animaux, qui concourent à la structuration de l'espace rural.

L'existence du « milieu » est donc liée à l'équilibre de tous les éléments qui le composent. Il ne peut s'agir que d'un équilibre instable, donc évolutif. Lorsque l'équilibre atteint son plus haut niveau, [...] on dit que le milieu est en état de « climax » [...]. En fait, il représente pour nous le milieu naturel au sens le plus étroit du terme, c'est à dire, l'environnement écologique « primaire » non modifié par l'homme [...]

Le « milieu naturel » au sens strict de structure d'équilibre climacique, sans perturbation d'origine anthropique, n'existe pratiquement plus sur l'ensemble du territoire français depuis le haut moyen âge et même dans de nombreux secteurs (plateaux limoneux du Bassin parisien, certains plateaux calcaires) depuis le néolithique [...] Les sols, les forêts, les landes, les pelouses, les étangs et les rivières, etc., avec lesquels les paysans ont des contacts plus ou moins étroits, ne sont pas des milieux naturels au sens strict, mais des milieux le plus souvent profondément modifiés dans leur structure et leur évolution par le type de mise en valeur [...]

L'espace rural ne doit donc pas être opposé au milieu naturel. L'un a succédé à l'autre. Mais si le milieu naturel n'existe plus, l'espace rural comporte d'importants éléments naturels. Ces derniers ne forment pas une structure d'évolution autonome mais participent à la dynamique d'ensemble de l'espace rural [...]

Une fausse alternative : possibilisme ou déterminisme

[...] De la prise de position non formalisée de Vidal de La Blache contre une théorie débile et dangereuse (le déterminisme écologique de Haeckel), les historiens sont passés à une sorte de position peu réfléchie et lourdement frappée d'apriorisme que l'on peut considérer, avec un certain recul, comme une fuite élégante devant ses responsabilités. Le possibilisme tel qu'on le pratique n'est plus pour l'historien ou le géographe qu'une façon d'éluder le problème des relations entre les sociétés humaines et les milieux dits naturels. Les inconvénients sont d'une exceptionnelle gravité :

– tout d'abord, le possibilisme n'est autre chose que la forme « scientifique » du laxisme [...]. La prise en compte du facteur économique, par son manque de rigueur est devenue comme facultative et marginale : on la confie au géographe qui n'est souvent pas mieux armé pour trancher le débat ;

– surtout, l'erreur fondamentale a été de confondre et d'appliquer directement un principe quasi métaphysique à l'analyse d'un cas historique, borné par définition dans le temps et dans l'espace [...]. Ce qui démontre bien que le possibilisme n'a jamais été considéré par personne comme une théorie scientifique. Il n'en est pas de même du déterminisme naturel [...].

Le débat du déterminisme doit être décomposé en plusieurs niveaux de résolution, en fonction des phénomènes étudiés, qu'ils soient spatiaux, temporels ou sociaux. Mais il faut d'abord se débarrasser du discours manichéiste sur les rapports de l'Homme et de la Nature qui n'a de sens que sur le plan métaphysique et qui relève de théories philosophiques [...]. La seule question est d'apprécier dans le concret le poids des facteurs naturels sur le développement des sociétés rurales et l'aménagement des espaces ruraux français.

La prise en considération des échelles spatiales permet de résoudre rapidement l'une des confusions classiques de l'analyse historique. On va prendre comme exemple, non moins classique, le problème de la localisation de la vigne qui a opposé l'historien R. Dion au géographe D. Faucher. La vigne et surtout les grands vignobles, affirme R. Dion se localisent près des grandes villes et des grands axes de communication, d'abord maritimes et fluviaux, plus tard, ferroviaires ; une carte de la vigne en France à l'échelle du millionième illustre parfaitement ce principe que confirme d'ailleurs la recherche historique [...]. Par contre, si on étudie sur le terrain ou sur des cartes topographiques [...] on observe que les vignobles se localisent toujours, dans une région donnée, sur les terroirs qui lui sont favorables (ou le moins défavorables) : pentes caillouteuses à sols ressuyés, exposition au sud hors de portée des nappes de brouillards phréatiques des vallées [...]. Le déterminisme écologique est donc aussi évident que le déterminisme urbain ou commercial. Il n'y a en fait aucune contradiction, mais au contraire une « logique » dans l'aménagement de l'espace où interfèrent, à des échelles différentes, des contraintes humaines et écologiques. En effet, si les grands vignobles se constituent de préférence à proximité des grands centres commerciaux, ils s'y localisent dans les secteurs écologiquement favorables. La relation ville-vigne-coteau périurbain abrité est l'un des faits fondamentaux de l'organisation de l'espace jusqu'au XIXe.

[...] Le postulat déterministe, dans les limites strictes qui lui ont été assignées à la fois dans le temps et dans l'espace, fonde la problématique de cette analyse historico-écologique. D'une part, on rejette le possibilisme intégral et continu, d'autre part, on renonce également au déterminisme naturel invariant. La réalité n'est pas entre ces deux extrêmes. Elle est différente. A de longues phases de blocage, donc de déterminisme pendant lesquelles les paysans sont confrontés à des structures écologiques finies, succèdent des périodes d'innovation et de progrès pendant lesquelles de nouvelles possibilités apparaissent dans la mise en valeur du milieu. Toutefois l'apport agro-technique contient en lui-même son propre déterminisme [...]. On pourrait parler de « déterminisme écologique relativisé » si cette expression ne prêtait pas à confusion [...]. Pour notre propos à finalité historique, les structures écologiques de l'espace rural, à l'image de cet espace lui-même, sont un produit social. On est donc loin du « tableau géographique » et de sa conception « objective » et fixiste des rapports entre les sociétés rurales et leurs espaces de production et de vie [...]

[...] L'espace rural tel qu'on l'a précédemment défini, est à la fois une réalité écologique et une création humaine [...]. L'espace rural n'est qu'un aspect particulier, mais banal, de l'épiderme terrestre. C'est une surface de contact et d'instabilité, une interface au sens des physiciens, où se rencontrent et se combinent des éléments de la lithosphère, de l'atmosphère, de l'hydrosphère et de la biosphère [...]. Mais l'espace rural n'est pas seulement une structure spatiale autonome, c'est aussi un « système » intégré et fonctionnel dont tous les éléments sont dynamiquement solidaires les uns des autres, donc indissociables. L'espace rural est donc un écosystème [...]. La destruction d'un seul maillon retentit sur l'équilibre de l'ensemble. Or, l'agriculture est non seulement une rupture de l'écosystème naturel, mais elle est aussi un détournement de la production naturelle à des fins extérieures au fonctionnement de l'écosystème. Elle met en place un écosystème de type particulier que l'on peut qualifier d'agrosystème [...].

L'agrosystème n'est pas seulement une structure et un système de production. C'est aussi un milieu de vie, un environnement en grande partie hérité des sociétés rurales antérieures, mais toujours dynamique. Il intervient sur les comportements psychosociologiques et contribue à façonner les mentalités paysannes.

L'agrosystème correspond donc, par définition, à la destruction des équilibres naturels et à leur remplacement par des équilibres secondaires, instables, directement liés au type et au rythme de la mise en valeur [...].

Histoire de la France rurale, t. 1,
Pour une histoire écologique de la France rurale, Seuil, 1975, pp. 34-111.

6
Espace et temps, histoire et géographie

> P. George, *dans un petit livre récent,* La Géographie au service de l'histoire, *rappelle que, dans l'enseignement,* « la géographie a été placée au terme de l'histoire ». *Il veut dire par là que la géographie a été souvent considérée comme* « l'histoire au temps présent ». *Elle examine un espace horizontal produit par une histoire verticale. C'est toute la question des rapports entre la synchronie et la diachronie, chère au structuralisme. Où s'arrête l'histoire et où commence la géographie ? Les limites entre les deux disciplines ne sont pas claires. Ce recouvrement a d'ailleurs été à l'origine de grandes œuvres, soit d'historiens travaillant en géographes, soit de géographes travaillant en historiens. Et les transfuges ont été nombreux d'un côté et de l'autre. On peut citer, entre autres, Vidal de La Blache, Fernand Braudel, Roger Dion.*
>
> *En France, la géographie est née de l'histoire. Une liaison organique s'est établie entre les deux disciplines. Faudrait-il la remettre en question ?*

CONTINUITÉ OU RUPTURE DANS L'HISTOIRE DE LA GÉOGRAPHIE

La conception linéaire de l'histoire de la géographie

Dans le premier chapitre, nous avons montré, à travers un survol de l'histoire de la géographie, les continuités et les inflexions subies par la géographie au cours des temps. Au début, l'histoire de la géographie s'est confondue avec l'histoire des explorations. A la fin du XIXe siècle, l'histoire de la géographie constituait l'essentiel de l'enseignement de la géographie. Pendant toute la première moitié du XXe siècle, les géographes s'intéressent peu à leur propre histoire. Dans son « Que sais-je ? » sur l'*Histoire de la géographie*, René Clozier consacre beaucoup plus de pages aux explorations qu'à la géographie moderne. Il faut attendre la fin des années 1960, le temps de nouvelles interrogations, pour qu'un regain d'intérêt pousse les géographes à remettre sur le chantier leur propre histoire.

Paul Claval est l'un des premiers à défricher ce terrain avec son *Essai sur l'évolution de la géographie humaine* (Les Belles lettres, 1964) qui sera suivi de beaucoup d'autres ouvrages à caractère historique. André Meynier publie, en 1969, l'*Histoire de la pensée géographique en France* (PUF). Numa Broc entreprend, à partir de 1970, une réflexion critique sur la *Géographie des phi-*

losophes, puis sur la *Géographie de la Renaissance*. Philippe et Geneviève Pinchemel, tout au long des années 1970, déploient une intense activité en ce domaine et publient de nombreux articles.

Ce nouvel essor de l'histoire de la géographie accompagne la réflexion épistémologique. Les géographes cherchent dans le passé de quoi ressourcer leur discipline et cette histoire donne lieu à des conceptions différentes. Selon leurs attaches, les uns considèrent l'histoire de la géographie comme linéaire, la géographie évoluant sans changer de nature ; les autres, au contraire, comme marquée par des ruptures et des changements de cap.

Lorsque Yves Lacoste publie le premier numéro de la revue *Hérodote* en 1976, le choix du titre indique clairement la volonté de s'inscrire dans la tradition politique et stratégique de la géographie de l'Antiquité. Au-delà de son caractère provocateur, son éditorial « La géographie, ça sert d'abord à faire la guerre », appelait les géographes à plus de lucidité sur l'utilité et l'utilisation de la géographie. Le savoir géographique avait servi aux princes. Il faut désormais fournir la connaissance géographique aux peuples au lieu de la destiner aux pouvoirs. La conception d'Yves Lacoste est celle d'une continuité historique dans la finalité de la géographie. La géographie a toujours été stratégique ; il convient de maintenir cette finalité géopolitique en démocratisant son usage.

Dans un article plus récent, Yves Lacoste reprend cette idée explicitement : « La géographie qui est la mienne aujourd'hui [...] a le souci de renouer avec ce qui a été la géographie pendant 3 000 ans. Les universitaires soutiennent mordicus que la géographie date de la fin du XIXe siècle. Je dis qu'elle date de 3000 ans, de l'apparition des premières cartes et des premières descriptions géographiques qu'on voit apparaître en Chine [...]. Elle a comme raison d'être le mouvement hors de l'espace qui est familier [...]. Si la revue que je dirige depuis 1976 s'appelle *Hérodote*, c'est qu'en Occident, c'est le premier géographe qu'on connaisse [...]. Il décrit principalement l'Empire perse qui menace Athènes. C'est déjà des préoccupations militaires, géopolitiques, puisqu'il travaille pour les dirigeants d'Athènes, et notamment Périclès. Pendant des siècles, ça a été ça : le géographe du roi, le géographe du prince, le géographe des grandes découvertes, l'explorateur [...]. »

Depuis son lancement, la revue *Hérodote* n'a jamais changé de cap : celui d'une géopolitique engagée.

De leur côté, Philippe et Geneviève Pinchemel, dans un article intitulé « Réflexions sur l'histoire de la géographie » (CTHS, 1981), affirment nettement leur parti pris : « La géographie ne peut être datée d'une certaine époque car on conçoit mal la possibilité d'une vie des hommes à la surface de la Terre sans élaboration de connaissances géographiques » [...] et plus loin : « La géographie, avant d'être un savoir scientifique, académique, est un savoir populaire ». Même la cartographie serait aussi vieille que l'humanité. Selon ces auteurs, l'histoire de la géographie serait faite de plusieurs histoires parce qu'il existe plusieurs géographies : celle des positions, des tracés, des contours, celle de l'identification des lieux et de leur inventaire, celle de la division de la surface terrestre, celle au contraire d'une vision intégrée de la surface terrestre, celle de la distribution des phénomènes, celle, enfin, de l'organisation de l'espace terrestre. La géographie serait donc un édifice, construit progressivement au cours de son histoire, sans que ses fondements aient été changés.

Cette conception de l'histoire de la géographie est cohérente avec la conception de la géographie développée, par les mêmes auteurs, dans *La Face de la Terre*. La géographie s'est perfectionnée constamment au cours des millénaires ; elle a élargi son champ d'investigation sans rien abandonner ; elle est à la fois physique et humaine ; il convient de conserver la totalité du domaine. Leur conception unitaire de la géographie va de pair avec une conception linéaire de son histoire, qui s'est déroulée sans rupture.

Coupure épistémologique ?

D'autres historiens de la géographie, et en particulier la plupart de ceux qui se réclament de la « nouvelle géographie », se rattachent à un courant de réflexion sur l'histoire des sciences qui, de Bachelard à Althusser et à Foucault, met l'accent sur les coupures épistémologiques. La critique de la « géographie traditionnelle » se retrouve dans une philosophie des sciences qui pose le progrès des sciences comme consécutif à une critique radicale des vérités admises jusqu'alors.

La proposition la plus radicale est venue de la revue *Espaces-Temps* qui, à ses débuts, estimait qu'il était temps de rompre avec l'empirisme de la géographie traditionnelle pour entrer dans une nouvelle ère scientifique.

Tout compte fait, les tenants de la « nouvelle géographie » défendent une position analogue. Pour eux aussi, la coupure majeure est celle qui fait basculer la géographie de l'empirisme vers la « science », de l'idéographique vers le nomothétique, du concret à l'abstrait, des paysages vers l'espace.

Pour la « nouvelle géographie », la coupure majeure est celle qui fait basculer la géographie de l'empirisme vers la « science », de l'idéographique vers le nomothétique, du concret à l'abstrait, des paysages vers l'espace.

On peut souscrire à une position plus nuancée de P. Claval qui, dans tous ses ouvrages, a le souci permanent de relier l'évolution de la géographie au contexte philosophique et scientifique de l'époque considérée. Il admet ainsi l'existence de moments de rupture. Il situe, en effet, la naissance de la géographie moderne au tournant du XVIIIe siècle et du XIXe siècle et il précise : « La géographie est une science à la fois ancienne et jeune : ancienne car elle date d'Hérodote et connaît un vif développement en Grèce, dans le monde arabe médiéval et à l'époque moderne, au moment où les navigateurs et explorateurs occidentaux font avancer l'inventaire de la planète et où la cartographie devient une science exacte ; jeune, car, entre cette géographie d'hier et celle d'aujourd'hui, sont intervenues des coupures majeures. » Pour P. Claval, il y a donc deux coupures majeures : celle du XIXe siècle et celle de la « nouvelle géographie ». Cette idée de ruptures successives rejoint aussi celle de Numa Broc qui décèle d'autres coupures au moment de la Renaissance ou à l'époque des Lumières.

Toutes les sciences, physiques ou humaines, connaissent des moments de remise en question fondamentale, et pas seulement *un* moment de révolution théorique au cours duquel l'édifice est abattu et un autre se construit à partir d'une table rase. Dans les sciences humaines tout particulièrement, les coupures épistémologiques se présentent sous forme de processus de remise en cause qui se relaient les uns les autres, et se déploient à des rythmes variés. Vouloir en accélérer le rythme procède d'une attitude volontariste dangereuse. On ne planifie pas le développement de la pensée scientifique.

Inversement, on ne peut nier l'existence de phases de remise en cause fondamentale. Celle qui est à l'origine de la « nouvelle géographie » en est une, incontestablement.

On voit, en tout cas, que l'histoire de la géographie renvoie bien à des problèmes fondamentaux. Si l'on se situe maintenant sur le terrain des rapports interdisciplinaires entre l'histoire et la géographie, d'autres problèmes épistémologiques surgissent.

GÉOGRAPHIE HISTORIQUE, HISTOIRE GÉOGRAPHIQUE

La géographie historique

Un des meilleurs représentants de la géographie historique anglaise, H.C. Darby, analyse, à partir de quatre approches, les rapports entre l'histoire et la géographie (*in* M. Derruau, *Précis de géographie humaine,* A. Colin, 1961) :

1. la géographie au service de l'histoire ;
2. la géographie du passé ;
3. l'histoire des adaptations de l'homme au milieu ;
4. l'histoire comme facteur d'explication du présent.

Longtemps, les historiens ont utilisé la géographie pour dresser le décor du théâtre des hommes. Michelet, avec condescendance, faisait de la géographie « le matérialisme de l'histoire », à charge pour elle de décrire le cadre dans lequel s'épanouit l'histoire. C'était aussi la conception d'E. Lavisse lorsqu'il demanda à Vidal de La Blache son *Tableau géographique de la France,* comme préfaçant l'histoire du pays.

Il n'est pas rare, encore aujourd'hui, de voir des ouvrages historiques débuter par une mise en place du cadre géographique.

On peut rattacher à cette conception une certaine géographie politique qui a engendré, à la fin du XIXe siècle et au début du XXe siècle, une floraison d'atlas historiques dont les cartes retracent l'évolution des pays, les fluctuations des frontières au gré des guerres, les acquisitions et pertes territoriales consécutives aux traités, les relations internationales depuis l'Empire romain jusqu'à l'époque contemporaine. L'Atlas de Schrader et Gallouédec, celui de Vidal de La Blache ont été utilisés pendant des décennies par les élèves et les étudiants. Le plus souvent, les atlas historiques n'apportent aucune information géographique à proprement parler, hormis celle du maillage politico-administratif à l'échelle des États ou à l'échelle infranationale. Les variations du territoire dans son cadre féodalo-monarchique, occupe une large place. Les limites administratives, les « pays », les provinces d'Ancien Régime, les bailliages et sénéchaussées, les pays d'État et les pays d'élection, puis les départements sont suivis, dans leurs fluctuations, avec le plus grand soin. Parfois même, ce qu'on appelle la géographie historique se limite à l'histoire des circonscriptions administratives.

Cette géographie politique est datée. Elle représentait un état du monde marqué par l'européano-centrisme. L'Europe, divisée en grandes puissances antagonistes, dominait le monde. Elle est l'ancêtre caricaturale de la géopolitique et de la géostratégie.

La géographie historique, ce peut être aussi l'étude d'un espace du passé. H.C. Darby a entrepris un gigantesque travail d'interprétation géographique du *Domesday Book*, cet état des lieux de l'Angleterre, établi à la demande de Guillaume le Conquérant et rédigé en français. L'extraordinaire précision de ce recensement de la population, des terres et de leur utilisation, rend possible une étude de la géographie de l'Angleterre de 1086 accompagnée de sa représentation cartographique. Et, par voie de conséquence, des études comparatives avec d'autres périodes couvertes par les enquêtes ultérieures.

La France n'a pas de *Domesday Book* mais la richesse des archives a permis à de nombreux géographes, en particulier, les « régionalistes », d'entreprendre un travail de reconstitution de leur région d'étude, à telle ou telle époque, choisie en fonction des documents ou de façon à mettre au jour des permanences dans l'organisation des paysages. Sans doute, des excès ont-ils été commis en ce sens. La géographie s'est parfois laissée pervertir par une démarche historique qui, en retraçant la généalogie d'une région, perdait de vue l'organisation de son espace actuel.

Inversement, des historiens ont entrepris des études régionales afin de caractériser les rapports sociaux à telle ou telle époque. Georges Duby avec sa thèse sur le Mâconnais au Moyen Age, Pierre Goubert, sur le Beauvaisis au XVIIe siècle ont beaucoup apporté à la connaissance des périodes considérées à partir de ce point de vue régional.

Le troisième type de rapport défini par Darby, celui des adaptations successives de l'homme au milieu « géographique », est issu de la géographie « environnementaliste ». La géographie des « genres de vie » relève souvent d'une conception qui voit dans le monde un tableau des sociétés vivant aux différents âges de l'humanité, du néolithique à la société post-industrielle en passant par le Moyen Age. La géographie vidalienne n'en est pas loin puisqu'elle est « l'étude de ce qui est fixe et permanent » dans le présent des sociétés humaines.

Dans un sens voisin mais qui renverse presque le rapport, « l'environnementalisme » de Ratzel ou de Ritter, autrement dit, le déterminisme, fait, comme on l'a vu, de la géographie le facteur premier du destin des peuples et donc de leur histoire. L'histoire est placée, cette fois, en position seconde par rapport à la géographie, mais il s'agit néanmoins d'un rapport de même nature.

Le quatrième type de rapport, celui qui fait appel au passé pour expliquer certains aspects de la géographie du présent est le plus communément admis et mis en pratique par l'ensemble de la communauté géographique. La question en suspens concerne le sens de l'appel à l'histoire. Faudrait-il substituer au déterminisme naturel un déterminisme historique ? Fait-elle partie intégrante de la recherche des causalités spatiales ou bien n'intervient-elle que subsidiairement, lorsque l'analyse du fonctionnement des systèmes spatiaux ou des structures oblige à y recourir, faute de mieux ?

L'histoire géographique

A cet égard, la publication, dans les années 1930, de deux ouvrages relatifs aux paysages ruraux français méritent attention. L'un est le fait d'un historien, Marc Bloch, qui publie, en 1931, *Les Caractères originaux de l'histoire rurale française* (A. Colin), préfacé par Lucien Febvre ; l'autre, d'un historien-géographe, Roger Dion, qui écrit, en 1934, son *Essai sur la formation du paysage français* (G. Durier). Cette convergence chronologique éclaire une convergence de fond, exprimée par R. Dion à l'encontre de l'explication « déterministe » des paysages et de leur différentiation : « [...] Ni le bocage ni le paysage découvert n'émanent nécessairement du granit ou du calcaire [...]. Ce sont là des réalités incontestables [...]. Nous avons cependant, quand par hasard nous en surprenons l'expression sur la carte, l'illusion de les découvrir, car, depuis longtemps déjà l'attention des observateurs s'en est détournée, sous l'influence de cette "géographie fondée sur la géologie", à laquelle beaucoup de nos contemporains font gloire d'avoir apporté l'explication définitive du paysage rural. » Ainsi, pour R. Dion, la différentiation des paysages relève fondamentalement de l'histoire. Daniel Faucher, on l'a vu, a engagé une polémique sur ce point. L'objectif de M. Bloch n'est pas polémique mais il insiste, lui aussi, sur l'historicité des paysages : « La France rurale est un grand pays complexe, qui réunit dans ses frontières et sous une même tonalité sociale les tenaces vestiges de civilisations agraires opposées. Longs champs sans clôtures autour de gros villages lorrains, enclos et hameaux bretons, villages provençaux pareils à des acropoles antiques, parcelles irrégulières du Languedoc et du Berry, ces images si différentes [...] ne font qu'exprimer des contrastes humains très profonds. » Il ajoute toutefois qu'à une échelle plus fine, les « facteurs géographiques […] reprennent tous leurs droits lorsqu'il s'agit de rendre compte des différences entre les régions ».

Roger Dion, aussi bien dans sa thèse sur le Val de Loire que dans ses ouvrages ultérieurs, n'a jamais cessé de mettre en avant l'histoire comme facteur d'explication de la géographie. Son *Histoire de la vigne et du vin en France des origines au XIXe siècle* (1953) est un travail d'historien qui s'attache à montrer le caractère « culturel » de la localisation des vignobles qui doit plus à l'histoire qu'à la différentiation pédologique des terroirs. C'est lui qui, un des premiers, a mis l'accent sur le rôle du commerce et de la circulation dans l'organisation des régions de grande viticulture ou sur les limites de l'octroi parisien dans la localisation des vignobles aux confins de l'Ile-de-France.

L'exemple sera suivi parfois avec excès, à tel point qu'on a pressenti un risque inverse : le « déterminisme historique » se substituant au déterminisme naturaliste.

Les formes de ces confluences entre l'histoire et la géographie sont donc nombreuses et variées. Le va-et-vient entre les deux disciplines est constant. Lorsque E. Le Roy Ladurie analyse l'évolution du climat depuis l'An mil, est-il encore dans le domaine de l'histoire ou dans celui de la climatologie ? Assurément dans celui de l'histoire parce qu'il s'agit, non pas de climatologie, mais des rythmes de l'histoire de la société vus en fonction des scansions climatiques. Lorsqu'il obtient un grand succès de librairie avec son *Montaillou, village occitan*, est-il historien ou fait-il de la rétrospective géographique ?

Inversement, lorsque Jean-Robert Pitte traite de l'*Histoire du paysage français*, est-il historien ou géographe ? Il est bien sûr les deux à la fois car son histoire vise à révéler les permanences dans les paysages actuels, à les mettre en perspective historique.

La fréquence des croisements entre l'histoire et la géographie n'est pas seulement due à la proximité des deux disciplines, pas plus qu'à leurs origines communes. La relation est organique. Il reste à en préciser les raisons.

LE CAS BRAUDEL : LA GÉOHISTOIRE

« Temps long » et espace

Fernand Braudel (1902-1985), mondialement reconnu comme un historien de premier plan, occupe une place charnière entre l'histoire et la géographie. Pour exprimer cette position originale, il a lui-même proposé le terme de « géohistoire ».

Il a d'abord été attiré par la géographie de Vidal de La Blache telle qu'elle lui a été transmise par Lucien Febvre, son maître. L'auteur de *La Terre et l'évolution humaine* reconnaissait à Vidal de La Blache le mérite d'avoir permis à l'histoire de sortir de l'événementiel pour toucher aux fondements même de la vie sociale, par l'étude des rapports entre la Terre et les hommes. La fondation des *Annales,* en 1929, doit beaucoup aux *Annales de géographie* et au modèle vidalien. « C'est la géographie vidalienne qui a engendré l'histoire qui est la nôtre. » F. Braudel, d'ailleurs, s'est d'abord orienté vers la géographie. Le thème qu'il avait choisi pour une thèse, *Les Frontières de la Lorraine*, lui fut refusé comme non géographique par les « physiciens » qui détenaient déjà une position hégémonique. Cet intérêt pour la géographie tenait à des raisons fondamentales, celles-là mêmes qui sont à l'origine de l'*École des Annales*. La convergence était profonde non seulement avec la conception de l'histoire de L. Febvre, mais aussi avec celle de Marc Bloch qui cherchait dans l'organisation concrète des structures agraires et dans l'organisation technique des systèmes de production agricole, les fondements de la société rurale française. On comprend alors comment s'est opérée chez F. Braudel, cette rencontre entre le « temps long » de « l'histoire presque immobile » et la géographie. L'histoire se déroule dans un espace qui a ses spécificités. Le temps long est celui des civilisations. Une civilisation ne se comprend que dans un cadre géographique ; elle est l'expression même d'une culture et d'un patrimoine qui exprime cette fusion entre un espace historique et le temps long. Dès lors, la géographie n'est pas l'analyse des conditions naturelles mais elle est, parce qu'historique, la base active de la civilisation.

Sa thèse, *La Méditerranée, au temps de Philippe II*, publiée en 1949, concrétise admirablement ses conceptions. L'ouvrage est bâti selon un plan ternaire comme un édifice dont les fondations seraient *le temps long*, le temps de la conjoncture, l'étage intermédiaire, et le temps court, le faîte ou, comme il le dit dans une métaphore océanique : la marée, la houle et l'écume. Or, la première partie, intitulée « La part du milieu », pourrait apparaître, à première vue, comme une sorte de « tableau géographique » à la manière de Vidal. Elle l'est, certes, mais elle est beaucoup plus que cela. Elle tente de démêler, dans l'espace et dans l'histoire, ce qui est essentiel à la compréhension de la civilisation méditerranéenne. C'est bien pour se démarquer des caricatures de géographie historique qui sévissaient alors, qu'il a proposé le terme de *géohistoire* pour exprimer cette conception. Pour F. Braudel, la géographie est au cœur de l'histoire.

Que ce soit dans *Civilisation matérielle, économie et capitalisme* (A. Colin, 1980), ouvrage dans lequel le rapport de l'espace à l'économie et à l'histoire est considéré selon une autre dimension : le temps long appliqué à l'échelle du monde, ou dans *L'Identité de la France* (Flammarion, 1986), F. Braudel n'a jamais cessé de s'intéresser aux rapports entre le territoire dans sa diversité et la marque de l'histoire. S'il s'interroge sur le rôle de la géographie dans l'« invention de la France », c'est pour refuser tout déterminisme naturaliste, sans pour autant nier l'importance des configurations naturelles retravaillées par l'histoire.

A travers ces trois ouvrages qui se développent à trois échelles différentes, on cerne l'unité de la problématique braudélienne. Son intérêt pour le temps long n'a jamais cessé d'être associé à l'analyse de l'espace géographique. D'ailleurs il a donné, avant les géographes, une définition de la géographie à laquelle on peut encore souscrire : « La géographie me semble, dans sa plénitude, l'étude spatiale de la société » (1944).

Dans le domaine de l'enseignement, F. Braudel a proposé d'introduire dans les programmes de classes terminales l'étude des grandes civilisations. L'expérience, tentée en 1963, a été abandonnée en 1970, critiquée de toute part. Le manuel, rédigé par ses soins, montre, par défaut, tout ce qu'aurait pu apporter aux jeunes bacheliers, cette vision du monde, révélatrice de la géohistoire braudélienne (*Grammaire des civilisations*, Flammarion, réed. 1993)

Les géographes de la « nouvelle géographie » n'apprécient pas toujours la « nouvelle histoire » de Braudel, pas plus qu'ils n'adhèrent à la « géohistoire ». C'est que l'un insiste sur le temps long de la mise en place des structures durables des civilisations, alors que les autres cherchent ce qui fait bouger les structures spatiales actuelles. La distance est pourtant moins grande qu'on pourrait le penser.

Espace-temps : l'histoire n'est-elle qu'une mémoire dans l'espace ?

L'objet de l'histoire n'est pas plus le temps que l'objet de la géographie n'est l'espace. L'objet de l'histoire n'est ni le temps astronomique, ni le temps mathématique, ni le temps géologique ; elle ne s'occupe que du temps des hommes et, plus précisément, du temps de la mémoire écrite des hommes. Si l'histoire était la science du temps, si elle avait la même prétention globalisante que la géographie, elle comprendrait le temps de l'univers, la géologie, la paléontologie. Mais elle ne l'est pas et n'a jamais prétendu l'être. C'est d'ailleurs pourquoi elle n'a jamais eu de problèmes épistémologiques analogues à ceux de la géographie pour définir son objet, son champ, et même ses méthodes. Les limites de l'histoire et de la protohistoire ou de la préhistoire sont floues, et la préhistoire cède vite le pas à la paléo-ethnologie et à la paléontologie, mais la préhistoire ne se confond pas avec la paléontologie de l'homme. Yves Coppens n'est pas un historien et « Lucie », qui a deux millions et demi d'années, fait partie de l'histoire de l'humanité mais pas de l'Histoire. Marc Bloch définissait l'histoire comme « la science des hommes dans le temps ». Si la géographie se définissait comme la science des hommes dans l'espace, les ambiguïtés tomberaient d'elles-mêmes. Mais, lorsque les géographes disent : « La géographie est la science de l'espace », la formule est pleine d'équivoque parce qu'ils n'ont pas en tête l'espace de l'homme mais l'espace total, l'espace hégélien rempli de toutes les réalités du monde. S'il a fallu attendre ces dernières années pour qu'une partie seulement des géographes définisse la géographie comme l'étude de l'espace des sociétés humaines, cela tient évidemment à l'histoire de leur propre discipline. Et cette conception est loin de faire l'unanimité.

Dans le chapitre précédent, nous avons pris l'« œuf » de R. Brunet comme référence pour poser le problème de la place de la nature dans la détermination de l'espace de la géographie. La question du rapport entre l'espace tel qu'il est aujourd'hui et ses déterminations historiques se pose un peu dans les mêmes termes. Si l'on suit la logique qui consiste à placer l'histoire en position excentrique par rapport à l'espace, à mettre l'histoire au rang des « vieilleries », alors il faut en finir avec l'union organique établie depuis longtemps entre les deux disciplines dans le domaine de l'enseignement comme dans celui de la formation des géographes ou des historiens. Cela mérite qu'on regarde les choses de près, tant en seraient grandes les implications. Si la géographie ne doit s'intéresser qu'aux structures spatiales engendrées par des systèmes et aux dynamiques qui les traversent, l'analyse des interactions et rétroactions suffit à en rendre compte et à vérifier la validité des « lois de l'espace ». Peut-on, lorsqu'on parle de structures spatiales, se limiter au temps présent en faisant abstraction de l'épaisseur du temps historique ? Le retour au modèle de Christaller, dans les pages qui suivent, pose ce problème.

DERECHEF À PROPOS DES MODÈLES

Christaller revu à la lumière de l'histoire

❑ **Les insuffisances du modèle.** Depuis la phase structuraliste des années 1950 et 1960, toutes les sciences sociales, ont recours aux modèles, qu'il s'agisse de modèles empiriques ou de modèles mathématiques. La géographie, plus que toute autre, a cru trouver dans la modélisation mathématique la légitimité qui lui manquait, précisément peut-être parce qu'elle était la moins assurée sur ses bases parmi les sciences sociales. Peut-être aussi parce qu'elle gardait de ses origines comme science naturelle et de son volet naturel (science de la Terre), la nostalgie d'une scientificité indubitable.

Les géographes ont donc cherché dans les modèles géométriques et gravitaires les bases scientifiques qui permettaient d'appréhender l'espace autrement et d'expliquer les régularités de son organisation repérées depuis des lustres. La force étonnante de pénétration du modèle christallérien peut difficilement s'interpréter si l'on n'a pas présent à l'esprit cet état de crise épistémologique typique des années 1960. La question reste pourtant posée de savoir quelle est la validité scientifique de ce modèle de base. Beaucoup de critiques ont été formulées mais, en règle générale, elles ne contestaient que tel ou tel des axiomes économiques initiaux. Elles ne portaient pas sur la problématique elle-même. Ce qui a été dit déjà dans le chapitre 3 tendait à montrer que l'application du modèle à l'Allemagne du Sud avait sans doute été le meilleur argument pour la diffusion du modèle tant la force de conviction semble l'emporter à la lecture des cartes proposées. En clair, c'est plus l'interprétation cartographique qui a assuré le succès du modèle que sa construction théorique et, plus encore, le mode de représentation cartographique lui-même avec le tracé de cercles beaucoup plus arbitraire que ne le dit Christaller.

Quant à la théorie des places centrales qui expliquerait la hiérarchie urbaine, est-elle intouchable ? Autrement dit, la loi de l'offre et de la demande en biens et en services centraux est-elle la cause finale de l'organisation des villes et de leur hiérarchie ? Si tel était le cas, cela signifierait que, quelles que soient les caractéristiques du territoire considéré et quelles qu'en soient les variations historiques, la hiérarchie est donnée une fois pour toute. La tendance devrait être à l'accentuation de la hiérarchie au gré du développement des sociétés. C'est bien la raison pour laquelle Christaller n'intègre à aucun moment, dans son modèle, l'intervention du substrat physique de l'Allemagne du Sud pas plus que celle de l'histoire. Il faut croire qu'il tenait pour définitivement vraie sa théorie puisqu'il a proposé à Hitler de l'appliquer à la Pologne qui avait le malheur de ne pas correspondre à son schéma. P. Claval affirme même qu'il s'est reconverti sans effort au communisme de la RDA. Cette persistance dans le volontarisme dogmatique a au moins le mérite de montrer ce que ne doit pas être l'aménagement du territoire et, *a contrario*, les limites des modèles.

En d'autres termes, si d'autres facteurs peuvent être avancés pour expliquer le dispositif urbain de cette Allemagne du Sud, c'est que le modèle, soit n'est pas valide, soit ne l'est que partiellement.

❏ *Le cadre physique de l'Allemagne du Sud.* La carte présentée (ci-après) reprend le schéma originel de Christaller. On a seulement fait disparaître les lignes droites représentant, selon Christaller, les interconnections entre les centres principaux. Ainsi épuré, le schéma a été replacé sur un fond de carte montrant d'une part, l'organisation orographique et hydrographique de l'espace allemand et d'autre part, le tracé des routes historiques majeures de l'Europe rhénane et danubienne. Il convient encore d'ajouter que Christaller avait tout bonnement englobé l'Alsace-Lorraine et l'Autriche dans son Allemagne du Sud et fait disparaître les frontières, lesquelles ont été rétablies sur la carte remaniée. Christaller, dans sa démarche déductive, a volontairement fait abstraction de la nature et de l'histoire ; la carte réintroduit certains éléments, sous des formes élémentaires, mais suffisamment éclairantes.

Les massifs montagneux laissent entre eux des couloirs utilisés par le réseau hydrographique : Alsace ; pays de Bade entre les Vosges et la Forêt-

L'Allemagne du Sud : une nouvelle lecture

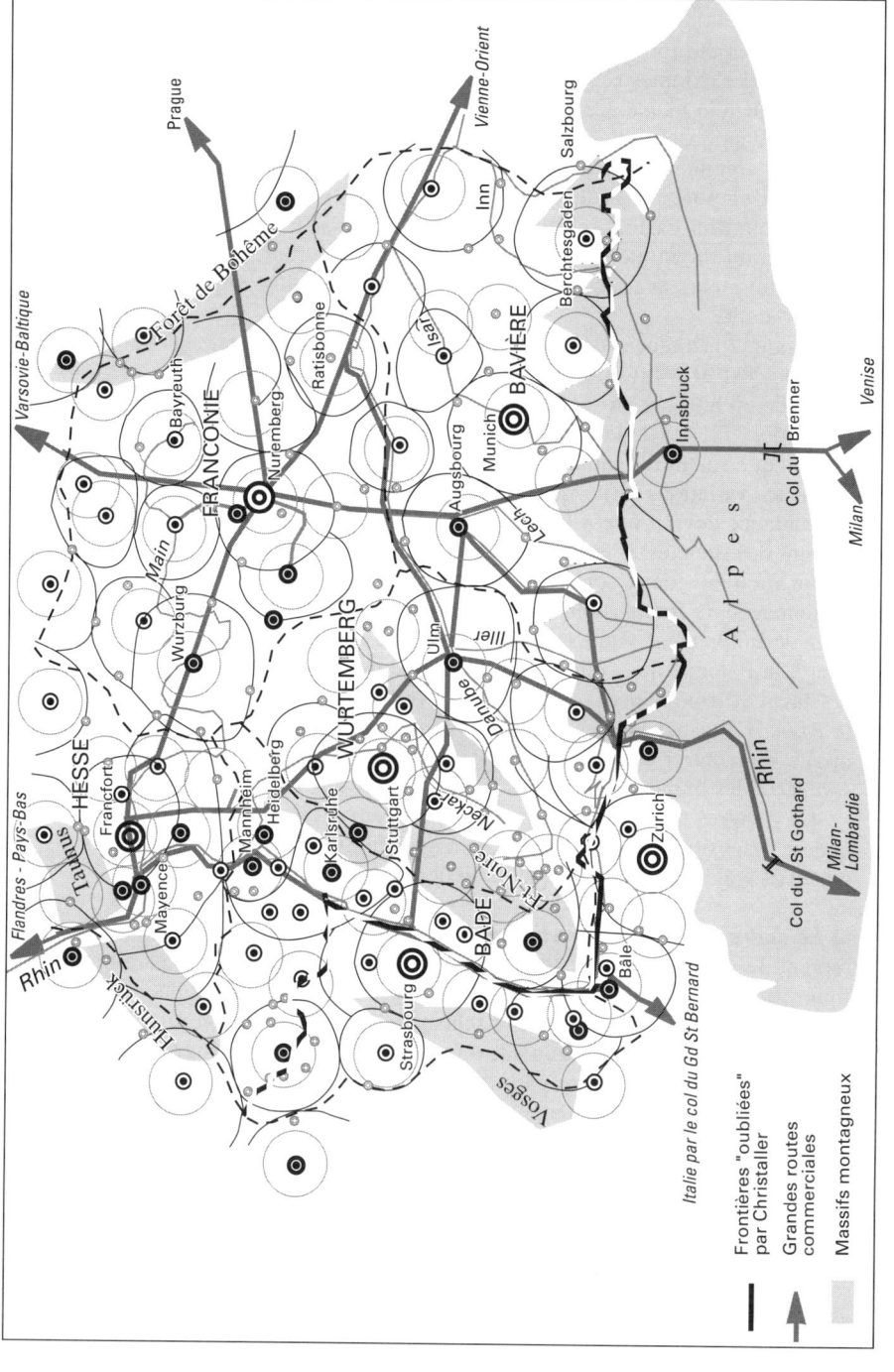

128

Noire ; entre les Vosges et le Jura à l'ouest et les Préalpes suisses, la plaine suisse se prolonge par le haut Danube qui est repoussé vers le nord par le vaste glacis détritique de la Bavière subalpine ; entre le massif de Bohême et les Alpes autrichiennes, le Danube se dirige vers le sud-est pour s'ouvrir un passage entre les Alpes et les Carpates au-delà de Vienne. Entre le Rhin et le Danube, le contact est établi d'une part, par le Neckar entre la Forêt-Noire et le Jura Souabe et, d'autre part, par le Main. Cette Allemagne du Sud est donc une plateforme-carrefour entre deux directions majeures : celle du Nord par le Rhin, celle de l'Orient par le Danube. L'importance stratégique de cette Germanie a été reconnue par les Romains qui y ont installé leur *limes* et fondé des villes telles Augsbourg *(Augusta Vindilicorum)*, Ratisbonne *alias* Regensburg *(Castra Regina)*. De plus, ce glacis subalpin, parcouru par le réseau divergent des torrents alpins, conduit, si on le remonte, aux grands cols transalpins: Grand Saint-Bernard, Saint-Gothard, Brenner qui ouvrent la voie vers la plaine du Pô.

Hormis Munich, presque tous les centres importants se comprennent dans leur rapport avec le système des voies d'eau qui sont aussi des voies de circulation. Tout d'abord le Rhin, qui regroupe trois lignes de villes : celle des villes-ponts (Bâle, Strasbourg-Kehl, Mannheim, Worms, Mayence, Coblence, etc.), celle des villes sous-vosgiennes (Belfort, Mulhouse, Colmar, Landau, etc.) et celle des villes symétriques de la Bergstrasse, sur le rebord de la Forêt-Noire (Fribourg, Offenburg, Rastatt, Heidelberg, Darmstadt, etc.). Ensuite, le Danube jalonné par des villes-ponts au débouché des routes alpines: Ulm, Ingolstadt, Ratisbonne, Passau, Linz, etc. Enfin le Main et ses affluents avec Francfort, Würzbourg, Bamberg, Nuremberg, Bayreuth, etc. On pourrait encore ajouter Zurich en position de seuil entre l'Allemagne du Sud et la plaine suisse, entre le Rhône et le Rhin.

❏ *La base historique du système urbain.* Devrait-on alors se résoudre à retomber sur l'éternel déterminisme naturel ? Non ! puisque dans cette explication hydraulique, il manque tout simplement la plus importante des places centrales : Munich, sur un affluent secondaire du Danube. Stuttgart et Karlsruhe ne sont pas non plus liées, de façon significative, au réseau hydrographique.

En réalité, l'explication du dispositif des villes de cette Allemagne du Sud et, dans une large mesure, de leur hiérarchie, est à rechercher dans l'histoire commerciale et politique du Saint Empire romain germanique.

Jusqu'au XIIIe siècle, le réseau urbain est commandé par les carrefours commerciaux, les places ecclésiastiques et les centres politiques. A la route du Saint-Gothard s'ajoutent la route du Brenner qui prend le pas sur les routes occidentales du Mont Cenis, et celle du Grand-Saint-Bernard à partir du XIIIe siècle. Cette direction méridienne croise la route de l'Orient qui suit la vallée du Danube en aval de Ratisbonne. Ulm, sur le Danube, est une place forte et une place commerciale dès l'époque carolingienne, au droit de la route la plus directe du Saint-Gothard à la grande voie rhénane.

Augsbourg, au confluent du Lech et du Werlach, grande métropole ecclésiastique, concurrente de Nuremberg, est la plus grande place commerciale sur les routes du Saint-Gothard et du Brenner. Jusqu'au XVIIe siècle, elle est la plus grande ville de la Bavière. La guerre de Trente Ans sera la cause de sa ruine et, en tout cas, de son déclin.

Nuremberg, entre Main et Danube, est une ville impériale, forteresse et ville de foire qui commerce avec la Bohême voisine, la Pologne, Venise, la Flandre, les villes hanséatiques et l'Orient. De même, Bamberg, puissant évêché, et Würzburg sont des centres de commerce qui commandent la navigation fluviale sur le Main. Comme Augsbourg, ces villes connaissent un certain déclin au XVIIe siècle du fait des destructions de la guerre de Trente Ans.

Quant à Francfort, tournée à la fois vers l'est et vers le Rhin, elle est une grande place bancaire et commerciale dès le IXe siècle, dont les relations vont s'élargir avec les villes de la Bergstrasse, les villes alsaciennes de la Décapole, les villes de la ligue hanséatique, l'Italie du Nord et, finalement, l'ensemble de l'Europe.

Strasbourg enfin, évêché et ville d'Empire, est un carrefour commercial et culturel dont témoignent aussi bien sa cathédrale gothique que son université ou que son rôle dans la diffusion de l'imprimerie.

Toutes ces « places centrales » sont déjà en place au Moyen Age, et tiennent la tête de la hiérarchie urbaine. En élargissant l'échelle, on pourrait y associer les grandes capitales de l'Europe danubienne, Vienne, Prague, Budapest. Or, l'origine de leur puissance est à rechercher bien moins dans leurs relations commerciales avec leur « région » que dans la conjonction d'un pouvoir politique et/ou religieux et d'une fonction de négoce qui se développe à l'échelle de toute l'Europe. Autrement dit, les axiomes de Christaller semblent peu valides si on se replace dans une perspective historique. La preuve en est fournie par ailleurs par le cas des deux « places » apparues ultérieurement : Munich et Stuttgart.

Munich, en effet, n'est qu'un petit village au XIIe siècle, dans une situation très défavorable sur ce glacis cailouteux répandu au pied des préalpes bavaroises, au bord de l'Isar, un torrent inutile. Au XIVe siècle, au moment où Augsbourg, Nuremberg ou Francfort commercent avec le monde, Munich n'est encore qu'un bourg, un péage sur la route du sel qui vient de Berchtesgaden. Ce n'est qu'au XVIIe siècle que Munich est choisie par les ducs de Bavière comme capitale de leur duché puis de leur royaume et ce, au moment où les autres grandes villes proches connaissent la ruine. Munich est d'abord une capitale politique avant de devenir une capitale économique.

Stuttgart est créée de toutes pièces en 1320 par les comtes de Würtemberg. C'est une ville-château qui est restée une petite ville jusqu'en 1850. Elle devient alors un carrefour ferroviaire et l'industrialisation accompagne son extraordinaire croissance.

La valeur relative des modèles

❑ ***L'explication monofactorielle est insuffisante.*** En regardant la carte de Christaller dans son cadre physico-historique, il est donc difficile de considérer la régularité comme la caractéristique majeure de la région et la gravitation comme le principe suprême de l'organisation de l'espace. Il est difficile d'ignorer les Alpes, le Rhin ou le Danube. Il est difficile de ne pas voir dans la localisation, la disposition et dans la hiérarchie des villes, le rôle politique qui fut le leur dans un territoire aussi mouvant que le Saint Empire. Il est difficile de soutenir que les lois du commerce de détail ont quelque chose à voir avec la distance entre les quatre grandes places centrales : Munich, Nuremberg, Stuttgart et Francfort, alors qu'elles sont originellement les capitales politiques de la Bavière, du Wurtemberg ou de la Hesse ou des villes d'Empire comme Nuremberg. Leur répartition est commandée par la fonction qu'elles occupent dans leur territoire respectif.

De plus, leur position prééminente en 1933 provient d'une part, de la conjugaison de leur fonction politique et de leur fonction commerciale dans l'économie précapitaliste, d'autre part, de leur insertion dans l'essor industriel de l'Allemagne bismarckienne.

Pour autant, faudrait-il nier qu'il existe une organisation dans cette Allemagne du Sud ? Bien au contraire. Mais pourquoi l'organisation de l'espace serait-elle nécessairement géométrique ? L'organisation géographique résulte de facteurs complexes dans lesquels les données de nature ont leur part, mais dont l'essence est historique. On pourrait certes objecter que l'explication économique de Christaller ou de Lösch n'est pas contradictoire avec cette idée et reste malgré tout pertinente « dans une certaine mesure ». Que le pouvoir politique n'est, après tout, qu'un service rare, et que le grand négoce choisit ses places centrales en fonction de sa clientèle. Mais il reste que dans le cas de l'Allemagne, les causes de la hiérarchie sont hétérogènes et au moins de trois natures différentes qui ne procèdent pas des mêmes logiques. Le dispositif commercial de grande envergure, les choix personnels de souverains, et l'industrialisation peuvent s'additionner et engendrer une hiérarchie urbaine mais on voit mal comment le jeu des places centrales, conçu à la façon de Christaller, pourrait à lui seul expliquer cette hiérarchie. Une hiérarchie urbaine peut certes fonctionner en établissant des aires de diffusion des services et de satisfaction de la clientèle. Mais la cause de la hiérarchie n'est pas dans ce mode de fonctionnement. Les modifications de la hiérarchie telles qu'on a pu les percevoir dans le cas de l'Allemagne du Sud proviennent d'un changement important du système de relations entre les villes elles-mêmes et leur territoire : par exemple, la transformation d'un site en capitale politique ou encore la mutation d'une économie précapitaliste et son entrée dans l'ère de la révolution industrielle. Ce que la géographie gravitaire n'explique pas, c'est la genèse de la structure urbaine et les raisons des anomalies de la réalité par rapport au modèle. Le modèle christallérien, en définitive, ne serait-il valable que dans les seuls cas où la réalité correspond plus ou moins aux postulats préalables : un espace continu homogène dans une économie précapitaliste ? La Beauce du pays chartrain en serait alors un excellent exemple mais que d'espoirs déçus s'il en était ainsi !

Et pour reprendre l'exemple des mégalopolis et tout particulièrement celui de la mégalopolis de la façade atlantique des États-Unis, comment peut-on y voir une application du modèle christallérien ? Comment justifier la proximité de ces capitales plurimillionnaires dont celle de New York qui atteint 15 millions d'habitants et qui aurait dû faire obstacle au développement des autres ? Pourquoi le modèle français d'un côté ou le modèle anglais et cette prolifération de métropoles sur une distance somme toute réduite de l'autre côté de l'Atlantique ? Là encore, l'explication est à rechercher dans l'histoire et en particulier dans l'interface entre l'Europe et les États-Unis d'une part, et entre la façade atlantique et le territoire des États-Unis d'autre part : façade portuaire et commerciale, façade de l'immigration et de sa diffusion sur l'ensemble du territoire, façade des investissements et de leur diffusion, façade du *melting pot* culturel et de sa diffusion, façade de la révolution industrielle, façade de l'émergence de la nation américaine et pôle majeur de son rayonnement. Cette concentration des hommes, des activités, des métropoles ne doit rien à Christaller et beaucoup à l'« économie-monde » de Braudel.

❏ *Le contre-exemple de Foggia.* Si l'on peut discuter de la réalité d'une organisation circulaire dans le cas de l'Allemagne de Christaller, il est d'autres exemples où, à l'inverse, il existe une organisation circulaire qui n'a pourtant rien à voir avec les présupposés économiques des modèles gravitaires.

Prenons l'exemple de la plaine des Pouilles en Italie du Sud. Le *Tavoliere della Puglia* s'étend entre l'Apennin et la presqu'île du Gargano. Même une carte à petite échelle révèle une organisation concentrique des routes autour des villes de Foggia et de Lucera. Sur la carte au 1/100 000e reproduite ci-après en réduction, cette concentricité des routes et chemins autour de la ville est surprenante dans sa régularité. Le couple centre/périphérie vient immédiatement à l'esprit et on imagine aisément ce que pourrait être une interprétation à la Von Thünen de cet espace commandé, voire dominé par le « lieu central » de Foggia.

En réalité cette organisation circulaire a peu de rapport avec la ville de Foggia. La clé est donnée par F. Braudel dans la partie géographique de sa *Méditerranée au temps de Philippe II* et, aussi, par le tome VI de la vieille *Géographie universelle* de Max Sorre et Jules Sion (1946). Dans ce *Tavoliere*, comme dans toutes les basses plaines méditerranéennes, l'insalubrité était la règle et la malaria a sévi jusqu'au XIXe siècle. C'est pourquoi, elle n'était utilisée que comme terrain de parcours d'hiver pour les troupeaux transhumants d'ovins appartenant aux éleveurs des Abruzzes. C'est un cas de

Carte de Foggia (au 100 000ᵉ)

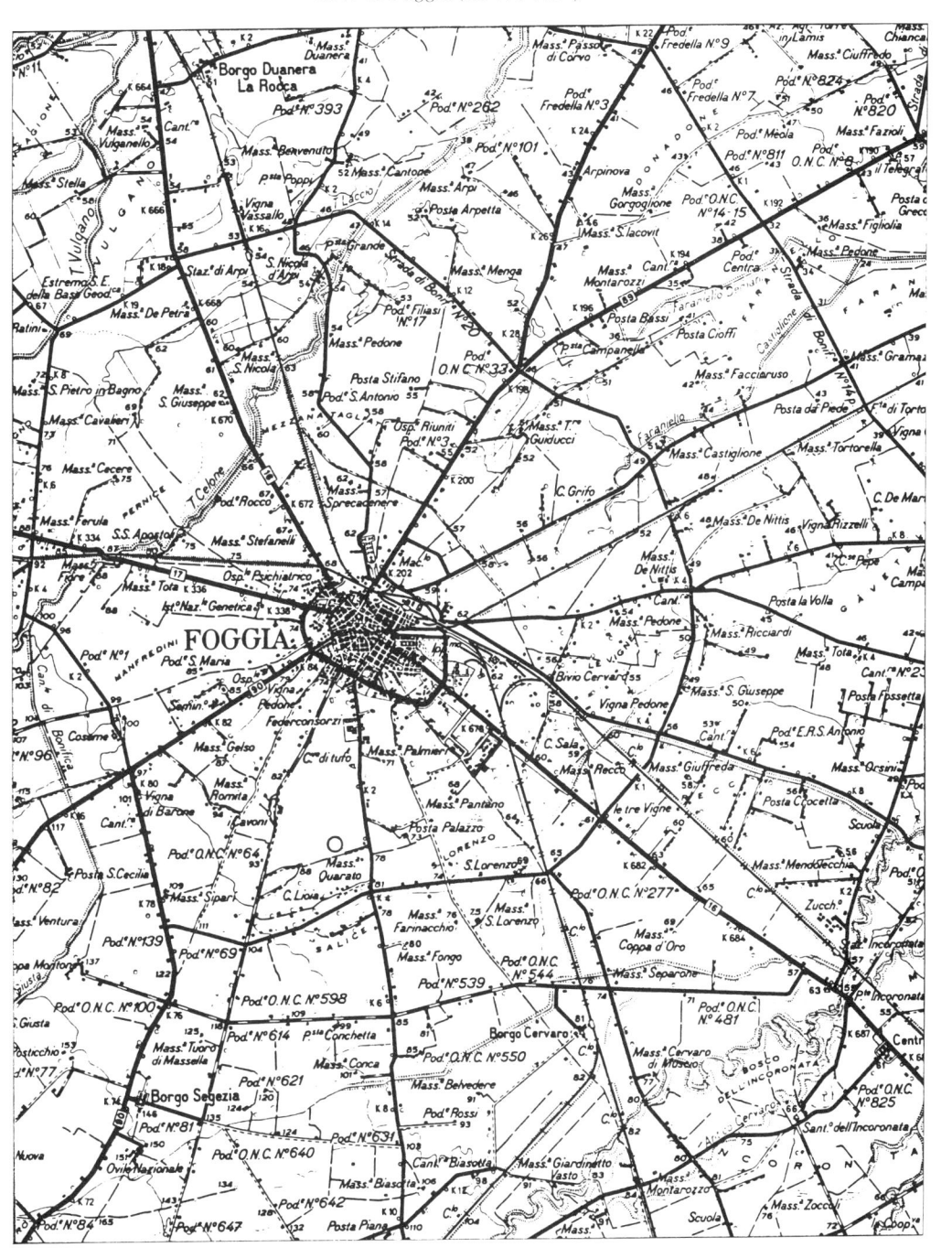

transhumance inverse dans lequel, à la différence de la transhumance normale (Languedoc), les propriétaires des troupeaux et les bergers ne sont pas « gens de plaine » mais « gens de la montagne ». Cette transhumance inverse entre les Abruzzes et le *Tavoliere* des Pouilles fonctionnait depuis l'époque romaine et les moutons fournissaient en laine les industries drapantes de Tarente. Au XVe siècle, le roi de Naples, Alphonse Ier d'Aragon, réorganise cette transhumance de façon autoritaire, en créant des routes moutonnières obligatoires, les *tratturi,* reliées entre elles par des chemins de raccord, les *tratturelli,* facilement repérables sur la carte, et jalonnées par des pâturages de repos *(riposi).* Tout au long du parcours, des droits de douane (Borgo Duanera Rocca au nord de Foggia) devaient être payés. Par ailleurs, obligation était faite aux éleveurs de vendre la laine et les animaux à Foggia. Ces pâturages royaux s'étendaient sur près de 220 000 hectares et les troupeaux comptaient selon F. Braudel près de 3 millions de têtes, de 4 à 5 millions selon P. Birot.

Le déclin de la transhumance au XIXe siècle a rendu possible une mise en valeur progressive du *Tavoliere.* Des tentatives de bonification avec partage des plus grands domaines de *saltus* (terrain de parcours) ont été entreprises, dans les environs de Foggia, lors de l'unification du pays, reprises ensuite pendant l'époque mussolinienne et plus récemment encore. Les croûtes qui stérilisaient les sols ont été brisées ; l'irrigation s'est développée à partir de canaux nourris des eaux dévalant de l'Apennin. Les cultures *(ager)* ont remplacé le *saltus.* Les routes goudronnées se sont substituées aux *tratturi (strada di bonificazione).* Des fermes *(podere)* et des métairies *(masseria)* se sont multipliées sur cet espace anciennement désert. Le paysage s'est donc profondément modifié mais il reste la trace des *tratturi* qui ont imprimé à cet espace son allure radio-concentrique alors que la cause en a disparu. On pourra dire que cette organisation est la marque du *centre,* du pouvoir royal. Mais, en l'occurrence, l'organisation circulaire et la convergence des chemins de transhumance vers Foggia (qui, d'ailleurs a gardé, jusqu'à nos jours, son allure de gros village), ne proviennent que de la volonté royale de contrôler le mouvement des troupeaux pour en tirer un droit de douane. Il s'agit d'un rapport de domination politique extérieur à la région des Pouilles qui s'exerce sur un espace et qui se sert d'un « lieu central » pour collecter un tribut. Ici les formes circulaires n'expriment aucune relation organique de complémentarité entre la ville et la région. Elles sont un moyen de faire converger la source d'une rente (les troupeaux) en des points de passages obligés et de contrôler, en un seul point (Foggia), le marché de la laine.

Peut-on généraliser cette critique et mettre en doute l'existence de « lois de l'espace » ? S'il est vrai que les formes récurrentes d'organisation de l'espace relèvent de la gravitation, par quelles forces l'homme serait-il poussé à s'organiser en rond en tous temps et en tous lieux ? Sauf à considérer, à la manière de la philosophie de la *Gestalt Theorie* (théorie de la forme), que l'homme a tendance à rechercher la forme parfaite, le cercle, dans sa perception des choses et dans ses représentations et qu'il traduirait cette forme idéelle dans son espace matériel, on ne voit pas au nom de quelle immanence l'espace humain devrait se conformer aux lois de la géométrie et de la physique stellaire !

Faudrait-il nier alors la récurrence des formes ? Elle est indéniable même si elle est plus rare qu'on ne le dit souvent. La centralité urbaine est un fait ; l'organisation radio-concentrique des villes est une réalité fréquente ; le couple centre-périphérie est pertinent aussi bien pour l'espace intra-urbain que pour l'espace dépendant de la ville. S'agit-il de lois spatiales pour autant ou de la traduction spatiale de l'organisation de la société ? Simple déplacement du problème dira-t-on ? Au contraire, il s'agit d'un changement de problématique car la recherche des causes, au lieu de se situer dans un espace abstrait, a-historique, sur lequel s'appliqueraient des lois mathématiques, s'élargit au champ complexe de la société et s'inscrit, par définition dans le temps historique.

Pas plus qu'elles ne sont une nouvelle légitimation de la géographie inductive, ces remarques n'invalident en rien la recherche déductive dès lors qu'est prouvée une vraie récurrence des formes. Elles en relativisent sa portée. Elles mettent l'accent sur la dimension historique de l'espace.

DOCUMENTS

■ Marcel Roncayolo : la ville et ses territoires

Comprendre la ville aujourd'hui

La ville est un territoire particulier ou une combinaison de territoires ; elle repose, d'autre part, qu'il s'agisse de ses besoins quotidiens, de ses sources d'alimentation et de revenus, de domination ou de services, sur un jeu d'attraction et de rayonnement à l'extérieur.

Elle organise un territoire ou, plus simplement, un système de relations, dont les caractères et les limites, construction politique ou administrative, aire de marché, zones d'action restent à préciser. Campagnes, villes subordonnées et, d'une manière plus informelle, partenaires habitués en sont des parties prenantes. Trois traits se retrouvent dans les deux notions, qui ne se confondent pas ainsi avec toute combinaison spatiale : appartenance, pouvoir ou pouvoirs, représentations. Les territoires qui relèvent d'une ville dépendent, bien entendu, de réalités, de mécanismes ou d'échelles bien différents. Entre le privé et le public, par exemple, ligne de partage essentielle, entre la tombée rurale et les montages politiques ou économiques plus complexes, pour citer un autre exemple, il existe des ruptures qui ne sont pas seulement de taille ou de statut [...].

[...] S'agit-il alors d'une position de principe « pluridisciplinaire » ? Je crois plutôt à l'impossibilité de séparer espaces et temps, dans leur entrelacement qui fait la ville, les territoires et leur durée relative. Il est bon, de rappeler que la ville dépasse généralement par son souffle le temps des modes de production, même si elle en porte l'empreinte, encore mieux les conjonctures, même si elle doit affronter les cycles de gloire ou de misère. D'autre part, les espaces créés, mis en place, interprétés ou réinterprétés sont le lieu de déploiement nécessaire des actions sociales. Courons le risque de mal distinguer la part de la géographie et la part de l'histoire. Les constructions territoriales sont avant tout du temps consolidé.

Ville et territoire entraînent une autre ambiguïté que Fustel de Coulanges avait parfaitement décelée, en distinguant dans la *cité antique,* la communauté religieuse et politique, la cité, et son « lieu de réunion », son « domicile », la ville. On dirait aujourd'hui l'institution et le dispositif écologique. Or, notre langue est moins précise et de ce fait favorise les glissements de sens. Le dispositif écologique n'est pas un acteur social, même collectif ; ce qui n'implique pas une totale neutralité ; le dispositif intervient comme matrice et comme enjeu, au moins. Quant à l'institution ou la communauté, en faire l'acteur collectif, global, consensuel d'une ville quelque peu « anthropomorphisée » comporte les risques de mal identifier les acteurs réels, leurs rivalités ou leurs divisions. Sachons donc, sur ce point aussi, éviter les entités-pièges. Cette distinction est d'autant plus nécessaire aujourd'hui que le territoire urbain perd de sa netteté géographique et de sa clarté administrative, alors que la « symbolique » urbaine, l'image fabriquée, devient étendard de ralliement.

L'étude du territoire et de la territorialité conduit à ce risque inverse ; les progrès de la socio-biologie, ceux de la psychologie du comportement (et je ne confonds pas les deux démarches) ont tendance à ramener cette question à des attitudes élémentaires ou individuelles de tout être vivant, à la fonder sur une philosophie « naturelle » ou « naturaliste ». Je ne néglige pas ce qu'une analyse sérieuse ou une psychologie scientifique peuvent apporter à la compréhension des relations individus-environnement. Je crois moins au discours trop vague sur le vécu ou sur une psychologie des formes trop intuitives. Les témoignages littéraires sont alors bien plus riches, de Jules Romains à Julien Gracq, pour ne citer que des textes français. Apprentissage ou perception de la ville et du territoire me paraissent se situer déjà à l'articulation de l'individuel et du collectif, de même que l'imaginaire. En tout cas, les notions de ville et de territoire me semblent comporter cette dimension « sociale » – le groupe social serait-il fort modeste (la famille) ou étendu et complexe (la conception du territoire national). Débat ouvert, en toute certitude, car il commande toute « esthétique » urbaine ou toute poétique de la ville. « Je ne cherche pas ici à faire le portrait d'une ville. Je voudrais seulement essayer de montrer […] comment elle m'a formé, c'est-à-dire en partie incité, en partie contraint à voir le monde imaginaire, auquel je m'éveillais par mes lectures, à travers le prisme déformant qu'elle interposait entre lui et moi […] » (Julien Gracq, *La Forme d'une ville).*

Je n'ai jamais montré une confiance exagérée dans les formes visibles. L'esthétique a ses règles ; la conception anthropologique de la ville répond à quelques autres exigences non exclusives qui commandent l'apprentissage, la sensibilité, les conduites à l'égard de l'objet urbain et ce mélange de compromis avec le réel et d'imaginaire qui supporte la vie urbaine. Mais la ville (et maintenant le territoire « urbanisé » au plus juste par les réseaux) n'est-elle que « boîte noire » ? Le déplacement est-il une valeur absolue, à la différence de la mobilité, dont les premiers inspirateurs de l'École de Chicago définissaient avec plus de subtilité le sens et l'articulation avec le paysage et les trajectoires humaines ? L'ennui, ce n'est pas, par retournement de la mode la relativisation de l'histoire. La ville est bien celle de demain, mais travaillée d'images et de remords accumulés ; le risque en perdant de nouveau le contact de l'histoire, est d'oublier le sens d'une exploitation ou d'une gestion sophistiquées sans doute apparemment savantes, mais tout simplement linéaires. La vieille utopie libertaire voulait que l'administration des choses se substituent à celle des hommes. Le système urbain ramène-t-il à administrer les hommes comme les choses ? [...]

La ville en ses prémices

[...] La ville répond-elle à des exigences quasi universelles de la vie en société ? Elle serait alors le dispositif topographique et social qui donne leur meilleure efficacité à la rencontre et à l'échange entre les hommes. Dans le langage de l'économie néoclassique, la ville « maximiserait l'interaction sociale » (P. Claval 1970). La proximité et l'agglomération multiplieraient les moyens d'action d'une société. A défaut d'une théorie générale des villes, dont la construction pose un problème, le concept de centralité est alors essentiel. La centralité peut s'exprimer dans le choix d'un lieu de culte commun et permanent pour des groupes humains jusque-là séparés, dans l'établissement durable d'un marché, dans la concentration des organes de décision ou de gestion d'une société industrielle, dans l'affirmation de la capitale d'un État. C'est dire qu'elle n'est qu'une *forme*, autorisant des contenus variables.

On serait conduit, alors, à insister sur la nature historique des villes. Chaque société n'a pas les mêmes moyens, ni les mêmes raisons d'accroître l'échange ou la rencontre. L'apparition des villes suppose des conditions précises : production d'un surplus agricole qui permet d'alimenter, en tout ou partie, la population urbanisée ; division du travail qui fonde l'activité économique de la ville et, à son tour, s'en trouve renforcée, spécialisation et hiérarchie des tâches. Pierre Gourou (1973) rappelle, qu'à niveau technique égal, il existe en Asie ou en Afrique, des sociétés « urbanisantes » et des sociétés qui ne le sont pas. Pierre Francastel (1968) souligne que d'une civilisation à l'autre, d'une période à l'autre, la ville change [...]. Les formes urbaines sont le produit de l'histoire ; sous le nom de ville s'accumule une somme d'expériences historiques plus que ne se profile la rigueur d'un concept. Historiquement, la fin de la ville ne serait pas impensable ; théoriquement, la ville céderait devant une réflexion générale sur les formes spatiales et leur relation avec les sociétés. L'analyse marxiste des années 1970 fut conduite dans cette direction. Remontons le temps : un thème déjà ancien de la réflexion utopique associe l'origine des inégalités sociales à la division ville/campagne. Le thème a été repris par Marx. C'est aussi une constatation banale, dans nos sociétés technicistes, que de constater l'effacement du couple campagne/ville, le passage à l'urbanisation généralisée ou à ce composé rural-urbain qu'on appelle parfois « rurbanisation ». Les catégories classiques de la description et de l'analyse urbaines y trouvent, semble-t-il, leurs limites.

Sans trancher sur le fond du débat, interpréter d'emblée les rapports entre centralité et formes urbaines, théorie et modalités historique de la ville, il est nécessaire de rappeler ces catégories [...]. La notion de ville implique l'agglomération d'une population, c'est-à-dire la concentration de l'habitat et des activités qui se distinguent de l'exploitation directe du sol, conduisent à la spécialisation des tâches et contribuent notamment aux échanges et à l'encadrement d'une société ; un mode de vie ou des formes de sociabilité particulières ; un aménagement des espaces et des objets urbains qui implique une organisation collective. Ces critères morphologiques, fonctionnels ou socioculturels restent discutables et plus encore les liaisons que l'on établit entre eux. Mais, à partir de là, la spécificité de la ville se révélerait dans deux directions. D'une part, la ville ne peut être saisie uniquement à l'intérieur de ses limites. Elle n'est pas une création isolée. Elle est en relation, plus ou moins, avec l'espace qui l'environne, d'autres villes, des espaces lointains éventuellement. Elle se présente, à des degrés variables, comme le lieu à partir duquel s'établit le contrôle territorial. Ainsi se développent les notions de *réseau urbain* ou d'*armature urbaine*.

D'autre part, la ville ne se réduit pas à des objets urbains ou à une combinaison de fonctions. Elle groupe une population caractérisée par une certaine composition, démographique, sociale ou ethnique. Elle définit une forme de communauté (ou de coexistence de communautés) ou de collectivité, donc essentiellement politique dans son principe […]. Même si le couple cité-ville est fortement marqué par l'héritage d'une civilisation, il souligne l'interférence entre les deux domaines de l'analyse, société et forme spatiale.

Société et forme sont d'abord saisies d'une manière ponctuelle, localisée, individualisée. La ville a été traitée comme un organisme doté de durée et d'une force interne. Accrochée à une position topographique, elle porte en elle-même les raisons de son développement. Deux séries d'explication s'entrecroisent ainsi : on recherche l'origine et la fortune de la ville dans son site et sa situation : sites d'estuaires voués au grand commerce, buttes qui rappellent la citadelle, carrefours de voies « naturelles » impliquant un destin politique ou de grand marché. Puis, fortement étayée sur la comparaison entre la ville et le corps humain, une conception quasi biologique du développement de la ville, qu'illustre le vocabulaire classique (croissance, tissu, artère, cœur ou même fonction). De là, l'idée de déceler une pathologie de la ville. Les risques du déterminisme physique ou de l'analogie biologique ont été successivement dénoncés. On peut saisir à travers de telles études, les caractères particuliers d'une ville ou d'un type de villes. Mais la ville et son évolution ; l'articulation dans le temps sur le même lieu, d'expériences urbaines, la combinaison d'un héritage cumulé et des apports successifs des générations ne peuvent être restreints au jeu exclusif des causalités locales et fractionnées […].

Mais au-delà de ces mises en garde, deux séries de question demeurent :
1. Quelles sont les relations entre la structure sociale globale et les compositions territoriales auxquelles elle aboutit ? La ville comme lieu de rencontre, du *convivere*, de division ou de luttes entre les groupes – et ce, selon des formules distinctes, variables – est-elle un reflet passif des rapports sociaux et n'est-elle que cela ?
2. La ville, plus qu'un concept d'analyse, est sans doute une catégorie de la pratique sociale. Quelle est alors la part de la continuité – dans les réalités, les représentations ou l'idéologie – qui autorise l'emploi des mêmes mots, des mêmes notions, s'appliquant à des formations historiques différentes ? Comment cette continuité s'articule-t-elle avec la genèse de ces formations ?

Deux regards complémentaires restent indispensables, sans qu'ils révèlent pour autant des mécanismes de nature différentes : la ville peut être considérée comme un tout, dans ses relations avec le territoire qui l'environne et d'autres villes, elle se définit comme un point ou un lieu privilégié. La ville révèle aussi, à travers ses paysages, une structure, un aménagement, des divisions internes […].

M. Roncayolo, La Ville et ses territoires,
Gallimard, 1990, pp. 19-26.

■ Yves Lacoste : qu'est-ce que la géographie ? qu'est-ce qu'être géographe ?

[…] Il y a géographie et géographie. Ce mot désigne à la fois les réalités dites « géographiques » (telle chaîne de montagne, tel grand fleuve, tel archipel qui existent depuis des millions d'années, telle aire de fort peuplement, telle ville qui existent depuis des millénaires ou des siècles) et les *représentations* – pas seulement cartographiques – plus ou moins partielles que les géographes construisent et donnent de ces réalités. Ces représentations sont fonction de leurs moyens techniques et dans une grande mesure de leurs préoccupations, de leurs fonctions sociales qui sont, en fait, fort différentes. Il faut en effet distinguer deux grands types de géographes.

Pour les uns, et ce fut le cas durant des siècles, depuis Hérodote, ces préoccupations ont été et sont encore de type stratégiques : il s'agit de représenter, et d'expliquer les diversités et les complexités de l'espace terrestre, telles qu'elles résultent de l'enchevêtrement d'un plus ou moins grand nombre de phénomènes « physiques » et « humains », et ce de façon à ce que l'on puisse agir et se déplacer plus efficacement, hors du cadre spatial familier. C'est selon moi, le rôle fondamental des géographes. C'est la géographie fondamentale, étroitement liée à la cartographie (terme qui n'apparaît qu'au XIXe siècle) et qui existe depuis des siècles, comme moyen d'action et outil de pouvoir. Elle se développe encore aujourd'hui, grâce notamment aux observations fournies par les satellites et qui sont, pour l'essentiel, réservées aux états-majors militaires ou financiers des très grandes puissances.

C'est seulement dans la première moitié du XIXe siècle, d'abord en Prusse, puis en France [...] qu'apparaît une autre forme de géographie [...]. C'est la géographie scolaire et universitaire dont la fonction est devenue essentiellement culturelle et, au mieux, scientifique.

Entre géographie fondamentale et géographie des professeurs, la coupure n'était pas inéluctable, encore aurait-il fallu que ceux-ci [...] n'aient pas été amenés à oublier, sous prétexte de « science pure » quelles sont les raisons d'être de la première, le mouvement, l'action, les enjeux territoriaux, tout ce pourquoi on cherche à recenser et à comprendre les complexités de l'espace terrestre et leurs transformations [...]. Toujours est-il que les géographes universitaires n'ont pas évolué de même et qu'ils en sont venus à inculquer, par le système scolaire une conception de la géographie qui ne sert pas à grand chose et qui n'est en somme que la version académique, statique et très atrophiée de la géographie fondamentale. En effet, sous prétexte de scientificité, ils ont tacitement exclu du champ de leurs préoccupations tout ce qui est rivalités, enjeux, conquêtes, luttes pour le contrôle des territoires, c'est-à-dire les problèmes politiques, y compris le problème des frontières qui sont pourtant marquées sur toutes les cartes. Alors que la géographie fondamentale prend en compte une gamme très large de phénomènes, ceux dont il faut tenir compte dans l'action, la géographie universitaire, dans une sorte de processus de régression épistémologique, a limité – sans dire pourquoi – le champ de ses préoccupations aux seuls phénomènes que certains de ses maîtres considéraient comme « géographiques », c'est-à-dire dignes d'être étudiés par eux, selon une démarche qu'ils considéraient comme « scientifique » [...].

Si, en principe, tous les phénomènes qui peuvent être cartographiés relèvent du raisonnement géographique, les géographes ont, en fait, et sans le dire, des conceptions plus ou moins larges ou plus ou moins restreintes de la géographicité : celle d'Élisée Reclus (1830-1904), le plus grand des géographes français (mais il a été systématiquement « oublié ») est particulièrement large, alors que celle de Vidal de La Blache (1845-1918), considéré comme le « père fondateur » de l'« école géographique française » est, au contraire, particulièrement restreinte, du moins, dans l'ouvrage que la corporation a pris comme modèle [...]. Cette conception des plus restreintes de la géographicité, [...] c'est la plus banale et la plus répandue par l'école et les media. Certes, il n'est pas de géographie sans la prise en compte, peu ou prou, des réalités « physiques », car tout espace est d'abord une portion de la surface de la planète, mais depuis des siècles, les préoccupations de la géographie fondamentale sont beaucoup plus larges et elle envisage aussi bien les diverses catégories de phénomènes humains, et d'abord ceux qui relèvent du politique. *Polis*, la ville, n'est-ce pas par excellence un terme géographique [...].

Pourquoi Braudel est-il bon géographe ?

Il faut se demander pourquoi Braudel a eu, dès la fin des année 30, une conception de la géographicité beaucoup plus large que celle des géographes de l'époque, pourquoi il aborde des problèmes d'enjeux territoriaux, de la guerre et des frontières que la plupart des géographes universitaires se refusent encore à prendre en compte. Il faut aussi essayer d'expliquer pourquoi Braudel procède, quant à l'espace, selon une méthode empirique qui relève inconsciemment de ce que j'appelle le principe de spatialité différentielle [...].

Il a d'abord raisonné en historien et il a de ce fait envisagé non seulement des problèmes politiques, ce qui était normal pour les historiens, mais aussi les problèmes économiques, sociaux et culturels que traitait l'école des Annales. Le fait qu'il ait décidé d'aborder ces problèmes dans le cadre d'un vaste ensemble géographique et que celui-ci soit devenu son principal centre d'intérêt, l'a amené à prendre de plus en plus en compte les problèmes spatiaux. Il lui a fallu traiter de l'unité de cet ensemble, mais aussi nécessairement de sa diversité, c'est-à-dire résoudre un problème géographique fondamental, l'unité se concevant à un niveau d'abstraction plus poussé que celui des multiples formes de la diversité qui ne peuvent s'envisager que sur des espaces plus petits, c'est-à-dire à d'autres niveaux d'analyse spatiale ; l'intérêt croissant que Braudel porte aux « civilisations » l'a aussi poussé davantage vers le raisonnement géographique, puisqu'il les considère d'abord comme des espaces [...].

L'intérêt que porte Braudel tant aux phénomènes spatiaux que politiques et militaires m'incite à penser que ce sont différents types de problèmes véritablement géopolitiques qu'il envisage dans ce livre, et pas seulement le glissement de la puissance depuis la Méditerranée vers l'Europe du Nord-Ouest, qui est le phénomène le plus lent et le plus lourd de conséquences [...]. Braudel préfère le plus souvent dire « géographique » que « géopolitique » [...].

Au fond, l'essentiel de son approche des phénomènes politiques relève de ce qu'on peut appeler sereinement la géopolitique et notamment lorsqu'il évoque les évolutions, les changements qui lui paraissent les plus dramatiques [...]. Il n'en reste pas moins que la perspicacité dont Fernand Braudel fait montre en matière d'analyse spatiale, bref que son savoir-penser l'espace est, à mon avis, étroitement lié à la conception très géopolitique qu'il a, en fait, de la géographie [...].

Y. Lacoste, *Paysages politiques,*
Le Livre de Poche, 1990, pp. 93-132.

7
La géographie : étude du territoire

Il est temps d'essayer de répondre aux diverses questions laissées en suspens : Qu'est-ce que la géographie ? quelle définition proposer ? quelle démarche ? quelles finalités ?
Dans le chapitre précédent, nous avons voulu montrer que l'espace géographique était marqué en profondeur par l'histoire de la société qui se l'est approprié. Cet espace historique porte un nom : c'est le territoire, un concept qui appartient à la fois à l'histoire et à la géographie parce qu'il se situe au croisement des deux disciplines.

AU CROISEMENT DE L'HISTOIRE ET DE LA GÉOGRAPHIE : LE TERRITOIRE

Inconvénient et avantage du terme

Espace et *territoire* ne sont pas synonymes. Le concept d'espace comme celui de temps est, soit une catégorie philosophique, soit, au sens astronomique, un mode d'existence de la matière. C'est par extension analogique que la géographie s'est emparée de l'« espace », à l'instar d'autres sciences humaines, participant ainsi à l'inflation verbale du « spatial ». La géographie, à la recherche d'un statut scientifique, s'est fixée comme objet, l'« espace », notion abstraite mais vide et, partant, d'un niveau réputé plus élevé. D'ailleurs, on peut remarquer que c'est au moment où la géographie s'engageait dans le « spatial » que la notion de *territoire* était laissée à la politique d'aménagement étatique. L'État s'est emparé du territoire pour des fins d'actions concrètes, alors que la géographie glissait vers un espace informel, qui conduit tendanciellement à privilégier l'abstraction des modèles.

Le terme de *territoire* est-il plus adéquat pour définir l'objet de la géographie (voir M. Le Berre *in Encyclopédie de la géographie : Territoires*) ?

Comme celui d'espace, il est polysémique. Son sens a évolué. A la fin du XIXᵉ siècle, le Littré le définit encore comme une « étendue de terre qui dépend d'un empire, d'une province, d'une ville, d'une juridiction ». Il s'agissait donc d'une notion juridique et politique. Aujourd'hui, le dictionnaire Robert élargit la définition : « étendue de la surface terrestre sur laquelle vit un groupe humain et spécialement une collectivité politique nationale ». Chez Littré, la notion est associée à l'idée d'un pouvoir dominant une contrée ou un pays. Le Robert en dépolitise le sens et, s'il maintient une référence au cadre politique national, le sens principal concerne le rapport d'une société à la portion de l'espace terrestre sur laquelle elle vit.

Par ailleurs, *territoire* est souvent synonyme d'*aire d'extension* d'un phénomène. C'est ainsi qu'il est utilisé dans les sciences humaines, en biologie ou en éthologie, cette science du comportement des animaux : le gibbon marque son territoire...

Cette imprécision est un inconvénient sérieux. Si le terme est aussi flou que celui d'espace, s'il faut en préciser le sens et lui donner un contenu géographique, cela vaut-il la peine de tenter de le promouvoir ?

Il nous semble pourtant qu'il est pertinent pour la géographie et ce, pour deux raisons essentielles. La première tient à son étymologie. Comme le dit G. Bertrand déjà cité, « dans *territoire*, il y a terre ». Un *territoire* est, quelle que soit sa signification, une portion limitée de la surface de la Terre. La deuxième raison tient à ce que le mot conserve, à travers les évolutions de son sens, une signification profonde et constante : le rapport d'une société à un espace, parfaitement exprimé par le dictionnaire Robert. Or, cette définition du Robert correspond au sens commun. Le *territoire* offre donc l'immense avantage d'être accessible à tous immédiatement. Les géographes qui se plaignent souvent de ne pas être compris du grand public, trouveraient leur compte à l'adopter.

Une notion concrète

Territoire est une notion concrète qui renvoie donc à une terre et non à un espace géométrique. Il est tout sauf isotrope et isomorphe. Le *territoire* a une localisation, une situation, une dimension, une forme, des caractères physiques, des propriétés, des contraintes et des « aptitudes ». Ce peut être la configuration des côtes, la répartition des masses montagneuses ou l'organisation du réseau hydrographique. Ces traits physiques n'intéressent pas, en eux-mêmes, le géographe. Ce qui l'intéresse, c'est ce que la société en a fait et continue d'en faire, en termes d'organisation et de construction territoriale. Ce caractère physique et concret ne se borne donc pas aux aspects naturels ; il concerne toutes les formes et toutes les structures imprimées par une société à son espace, qu'il s'agisse des paysages, de la répartition des hommes sur ce *territoire*, du système urbain, des réseaux de transport et de communication, ou encore des limites et frontières et de leurs répercussions sur l'agencement de l'espace. Il concerne enfin les modalités territoriales de fonctionnement de la société, c'est-à-dire la façon dont une société utilise le *territoire* pour vivre et se perpétuer, ce qu'en d'autres termes on appelle les dynamiques territoriales.

Dire que *territoire* est une notion concrète ne signifie nullement que tout ce qui le caractérise relève du physique et du matériel. Cela ne signifie pas non plus que soient exclus de l'analyse territoriale tout ce qu'une société peut comporter d'« idéel », de représentations, de sentiments d'appartenance, de comportements individuels ou collectifs ou d'institutions qui participent à l'organisation spatiale. La question fondamentale reste de savoir comment s'organise une société dans son rapport avec le spatial. Et les facteurs d'organisation matériels ne sont évidemment pas les seuls en jeu. Le territoire est un objet dont il faut décortiquer les logiques d'organisation et de fonctionnement, certains relevant de l'organisation matérielle et d'autres de facteurs immatériels (cf. J. Lévy *in* G.B. Benko : *Les Nouveaux Aspects de la théorie sociale,* Paradigme, 1988).

Le *territoire* est un produit de l'histoire de la société. Les formes et les structures spatiales sont historiques et en constante transformation/mutation. Il est, conjointement, le produit d'un processus d'appropriation d'un groupe social et le cadre du fonctionnement de la société. Il est le patrimoine d'une communauté. Il comporte à la fois une dimension matérielle et une dimension culturelle. La conscience d'appartenir à un *territoire* existe dans toute société, y compris chez des peuples qui en sont privés et qui aspirent à retrouver une terre perdue.

A cet égard, on pourrait reprocher au terme *territoire* d'être souvent associé au cadre national. Le risque serait, en effet, de faire une lecture « nationaliste » du terme et de privilégier le cadre national ou le cadre ethnico-nationalitaire. S'il est vrai qu'une société peut se confondre avec son État et sa nation, comme en Europe occidentale où s'est imposé l'État-nation, la loi est loin d'avoir valeur générale. En réalité, la notion de *territoire* est, autant que celle de société, passible d'analyses à des échelles variées. Il existe des sociétés locales, des sociétés nationales et des sociétés qui se développent à un niveau supra-national. A chacun des niveaux correspond un type de *territoire*. Il est tout aussi pertinent de parler d'une société ou d'une civilisation européenne que d'un « *territoire* européen ». De la même façon, si l'on admet l'idée d'une conscience d'appartenance des hommes à une même planète, rien n'empêche de parler d'un « *territoire* de l'humanité ». La notion de *territoire* peut donc, sans dommage, être utilisée à toutes les échelles, à cette remarque près qu'elles ne sont pas homothétiques entre elles. L'industrie automobile n'a pas le même impact territorial si l'on considère l'établissement industriel et ses approvisionnements ou la stratégie de la firme au plan mondial.

Un espace socialisé

Le territoire est donc une construction physico-historique. Les sociétés ne se développent pas dans l'indifférence à l'égard des contraintes naturelles. Chaque société a son propre mode de relation, d'appropriation et d'utilisation du « cadre » naturel en le transformant selon les moyens techniques du moment et le type d'organisation de la société. Comment comprendre les paysages ruraux si l'on n'a pas, dans un même mouvement, une connaissance précise des « déterminations naturelles » et celle des conditions historiques de la mise en forme de ce paysage, de ses transformations, pour en arriver à l'état des lieux actuels faits de permanences millénaires et de bouleversements témoignant de la rapide *citadinisation* de l'espace rural. Lorsqu'un habitat rural est réinvesti par des citadins qui utilisent les bâtiments agricoles comme résidences secondaires, les éléments du paysage « traditionnel » subsistent mais ils ont changé de contenu et de destination. Le paysage est subverti et transformé en un conservatoire par l'intervention citadine.

De la même façon, il n'est pas indifférent de savoir ce qu'est le site d'une ville pour comprendre la dynamique urbaine. Prenons l'exemple de Paris. La capitale peut sembler indifférente à son cadre naturel puisque son attribut essentiel est celui d'être une métropole. Cependant, on risque de passer à côté de certaines logiques d'organisation de l'espace parisien si on ne voit pas le rôle de sa position au point de convergence du réseau hydrographique, entre Seine, Marne et Oise, à 100 km du coude de la Loire à Orléans, au point de passage entre le flanc sud et le flanc nord du Bassin parisien. Ce n'est pas le site de Paris qui a fait la capitale mais bien les Capétiens qui l'ont choisi comme tête de pont de l'unification territoriale du royaume. Le site est pourtant une « détermination » parmi beaucoup d'autres qui intervient dans la façon dont la capitale s'est construite au cours des deux millénaires de son histoire et qui continue d'intervenir aujourd'hui. Il arrive même que les progrès techniques fassent resurgir des « contraintes naturelles ». Un peu à la manière des voies romaines, les routes royales passaient indifféremment des vallées aux plateaux. Le chemin de fer du XIXe siècle, incapable d'effacer les pentes supérieures à 1 % imposaient le choix des vallées pour le tracé. Le réseau ferré reproduit ainsi la convergence du réseau hydrographique. La banlieue s'est développée linéairement en suivant ces voies ferrées, et donc les vallées, et s'égrène en chapelets de localités autour des gares. Le remplissage des espaces interstitiels ne commence qu'à la fin des années 1950, avec l'utilisation massive de la voiture.

La constitution de l'espace parisien est tributaire, pour l'essentiel, de l'histoire du territoire français. Ses structures internes proviennent pour une part des contraintes du site, aménagé sans cesse en fonction de sa croissance, et du changement permanent des fonctions de la capitale. Son territoire actuel a été mis en forme par un complexe de déterminations qui ont produit des structures, des rigidités de toute nature, mais aussi une souplesse rendant possible son fonctionnement actuel. Ce territoire fonctionne selon des logiques mêlant celle des groupes sociaux, celle des instances politiques ou économiques, celle des transports liés à la mobilité d'une population de 10 millions d'habitants, celle du rapport entre l'agglomération et sa base régionale/nationale, celle enfin de son insertion dans les échanges internationaux.

Un espace de régulation sociale

Ainsi, le territoire est un domaine socialisé qui se définit en fonction du mode d'organisation socio-politique et du mode de régulation sociale. Le territoire est modelé et remodelé constamment par une société en perpétuelle transformation qui a produit des formes et des structures spatiales servant de cadre à son fonctionnement et à sa reproduction. Le territoire implique de ce fait une forme d'organisation du pouvoir. Le terme date d'ailleurs de l'Ancien Régime, en un temps où le découpage politique du terrain correspondait au découpage féodalo-monarchique. Les « pays » sont la trace de cette coïncidence entre les limites féodales et le cadre de la société rurale. Avec la constitution de l'État moderne et le développement du capitalisme, l'État-nation a coïncidé avec l'aire d'organisation du marché (des marchandises et du travail). Le maillage administratif (les départements) ne correspondait plus avec l'organisation socio-économique. Aujourd'hui, on assiste à une dissolution lente des structures territoriales antérieures assises sur des rapports sociaux de longue durée, en même temps que s'opère l'internationalisation des échanges, des capitaux et de l'information. La géographie a été efficace pour traiter des formes anciennes de territorialité, celles de la société rurale, celles de la société urbaine, celles des rapports ville-campagne. Elle s'est trouvée démunie devant la dilution de la territorialité provoquée par une accélération de la mobilité qui brouille les traces antérieures (cf. Renaud Dulong, *Les Régions, l'État et la société locale*, PUF, 1976).

L'agent qui utilise, constitue, organise et transforme le territoire, c'est la société dans toute la complexité des rapports sociaux, des structures économiques et politiques, des instances administratives et étatiques, des formes d'expression culturelle. Le territoire est l'espace de cette organisation sociétale qui conserve d'innombrables traits historiques, tantôt à l'état de survivances, tantôt sous une forme revitalisée et réincorporée dans les structures actuelles. Il y a un processus historique unique de formation d'une société et de son territoire. Le fonctionnement territorial d'une société ne peut être appréhendé hors de son rapport à sa propre histoire. En ce sens, la géographie est génétique.

Certains de ceux qui reprennent à leur compte le terme de territoire, le font en réincorporant la cohorte des « concepts » de la « nouvelle géographie », sous prétexte de lui donner un contenu scientifique. Cette démarche nous paraît particulièrement contestable. Autant il est légitime d'utiliser, au plan de l'analyse d'*un territoire*, des « modèles », des références aux « systèmes » ou aux théories, (l'opposition centre/périphérie ou des chorèmes, si besoin est), autant, il n'y a pas lieu de définir, dans l'abstrait, *le Territoire*. Par définition, chaque territoire est spécifique, à son échelle et dans ses configurations propres. On voit bien que substituer *territoire* à *espace* n'est pas un acte neutre. Un *espace* peut être théorique, un *territoire*, non. La géographie

« territoriale » serait-elle définitivement idiographique ? Non plus, car la démarche scientifique ne consiste pas à étudier un objet théorique mais à théoriser à partir d'une réalité.

Selon cette conception, formes, structures, fonctionnement, histoire, sont les maîtres mots de la géographie qui apparaît, alors, comme une « science » structurale, génétique et fonctionnelle.

Qu'est-ce alors que la géographie ? Elle est l'étude de l'organisation et du fonctionnement du ou des territoires.

DÉMARCHE, FINALITÉ, OUTILS, CONCEPTS

Méthode ou démarche ?

Cette proposition a des implications sur le terrain de la méthode. Le terme de démarche est sans doute préférable car il convient mieux à la nature du « savoir » géographique.

La démarche de la géographie classique correspondait à la conception vidalienne de la géographie : l'étude des rapports de l'homme au milieu naturel. Elle se déroulait selon un rythme ternaire : observation/description, explication, typologie. La démarche de la « nouvelle géographie » est cohérente avec les présupposés théoriques qui la caractérisent : l'examen de la réalité en fonction des modèles spatiaux.

La démarche induite par la définition proposée ici est fondée sur la recherche de l'articulation entre le social et le spatial. Elle n'est contradictoire ni avec celle de la géographie classique, ni avec celle de la « nouvelle géographie ».

❏ *L'analyse structurale.* L'analyse des formes spatiales (morphologie) concerne les paysages ruraux, les paysages urbains, l'habitat, la morphologie urbaine ou rurale. Elle est essentiellement descriptive. Par ailleurs, l'analyse géographique procède à l'étude de la répartition et de la distribution des phénomènes ainsi qu'à la recherche des corrélations et des articulations entre les phénomènes : réseaux, systèmes de communication, armature, maillage, etc. Le géographe est dans le domaine de l'organisation territoriale. Il se situe donc sur un plan descriptif/explicatif, phénoménologique en quelque sorte. Cette analyse structurale relève alors (ou peut relever) de la géographie théorique ou systémique. Selon les caractéristiques du lieu, la recherche des déterminations aura recours à la géographie physique, à l'histoire ou aux modèles spatiaux. S'il s'agit d'un paysage rural, les déterminations sont de type physico-historique. S'il s'agit d'un réseau urbain, la recherche des déterminations sera essentiellement génético-structurale, car les structures mises en place dans le passé perdurent aujourd'hui. L'appel aux modèles gravitaires peut être en ce cas utile, y compris si l'écart aux modèles est patent.

❑ *L'analyse fonctionnelle.* Au-delà, on entre dans le domaine du fonctionnel, celui de la hiérarchisation des structures sociales et de leur fonctionnement dans l'espace : concentration des activités, division territoriale du travail, spécialisation fonctionnelle, rôle du marché sur le prix des terrains, etc. La question est de savoir comment les structures spatiales mises en place permettent à la société de « fonctionner » sur son territoire. Cette recherche des dynamiques du territoire comporte l'étude des équilibres/déséquilibres régionaux, des dysfonctionnements territoriaux, des politiques et des stratégies d'aménagement du territoire des institutions publiques ou privées.

Enfin, l'analyse géographique implique l'étude des formes de régulation territoriale entre les acteurs : groupes sociaux, ethnies, marché, organisation de la société, État. Parce que le mode de régulation est tributaire de toute l'histoire d'un peuple ou d'une société et de son niveau de développement, il diffère profondément d'un pays à l'autre, d'une civilisation à l'autre, d'un continent à l'autre.

En Europe occidentale, un contrat social de régulation est traditionnellement recherché entre l'État, le marché et les classes sociales. Le subtil dosage entre la démocratie politique, le libéralisme économique et les formes d'intervention de l'État a sa traduction territoriale : jusqu'à une date récente, la ségrégation sociale était contenue dans des limites acceptables. A ce propos, Alain Reynaud utilise, dans son ouvrage *Société, espace et justice* (PUF, 1981), le concept de *classe socio-spatiale* pour désigner des groupes sociaux qui manifestent des intérêts communs en liaison avec un fort sentiment d'appartenance à un espace (mouvement régionaliste ou phénomènes de banlieue par exemple). L'idée est riche mais l'expression est discutable, car elle limite le rapport à l'espace à des groupes sujets à des formes de discriminations, d'exclusion ou exprimant des revendications. Il y a sur ce plan une certaine redondance puisque toute forme de ségrégation est nécessairement spatiale.

En Amérique, et tout particulièrement aux États-Unis, la société, marquée par l'esclavage et l'immigration, cherche un mode de régulation liant le marché et les communautés ethno-culturelles. La ségrégation sociale reste un trait dominant de la civilisation urbaine malgré les cinquante années de *welfare state* (cf. chap. 3). L'État est le garant des libertés individuelles en même temps que du libéralisme, ce qui ne va pas sans contradictions (cf. *États-Unis, Canada - Géographie universelle,* Hachette/Reclus, 1993) .

En Afrique noire, les relations interethniques semblent prendre le pas sur l'État embryonnaire hérité de la période coloniale et sur un marché déterminé par l'extérieur. Le sous-développement est presque toujours analysé sur le seul plan économique alors qu'il relève tout autant d'une crise de régulation socio-politique.

Quant aux sociétés des pays ex-socialistes, elles sont aux prises avec l'effondrement d'une structure étatique totalitaire surimposée qui décidait de toute l'organisation économique, sociale et territoriale. Confrontées brutalement au marché mondial, elles risquent de se désagréger.

Cette approche, simplement suggérée ici, permet d'envisager un découpage du monde en fonction de grands types de sociétés et d'organisation territoriale. La géographie comparée est un vaste champ ouvert à la recherche. Il est celui de la géopolitique, considérée comme l'étude des modes d'organisation du territoire, à l'échelle du monde.

En résumé, articuler le social et le spatial consiste à comprendre comment une société met en forme un territoire et comment, en retour, le territoire constitué contribue à former la société.

La carte et les échelles : des outils spécifiques

Dans la mise en œuvre de cette démarche, la géographie comporte une double spécificité : d'une part, l'utilisation de la carte, comme instrument d'analyse et comme instrument de représentation de phénomènes territoriaux ; d'autre part, l'analyse d'un phénomène à plusieurs échelles, enfin le passage entre les différentes échelles. Le changement d'échelle révèle un autre ordre de grandeur d'un même phénomène. Il est un moment important de l'analyse géographique. Parmi les sciences sociales, la géographie est la seule à jouer sur les changements d'échelles.

Depuis l'Antiquité, la cartographie est associée à la géographie. La carte est une représentation, à l'aide de signes conventionnels d'une portion de la surface terrestre. Elle comporte toujours une échelle, une orientation et une légende, de sorte qu'elle permet de situer, d'orienter et d'apporter des renseignements sur la région représentée. Selon leur destination ou le public recherché, les cartes peuvent être spécialisées : cartes routières pour les automobilistes, cartes météorologiques, cartes marines, cartes d'utilisation des terres agricoles, etc. La production cartographique connaît aujourd'hui un grand essor à destination du grand public. Les géographes ne sont plus les seuls utilisateurs mais la carte reste, pour eux, un outil de travail essentiel.

Selon l'échelle, la surface représentée est plus ou moins vaste. A grande échelle – par exemple, le $1/25\ 000^e$ – la surface représentée est petite et la cartographie, précise. A petite échelle – par exemple le $1/100\ 000\ 000^e$ – la surface représentée est très vaste et la cartographie imprécise mais elle permet d'appréhender des phénomènes à l'échelle d'un continent.

On peut distinguer trois grands types de carte : les cartes analytiques, les cartes thématiques et les cartes synthétiques.

Pendant longtemps, les cartes analytiques ont joué un rôle important. Elles fournissent, à leur échelle, des renseignements de diverse nature. Les cartes topographiques au $1/50\ 000^e$ donnent des indications précises sur les altitudes et le relief, l'hydrographie, la végétation, l'habitat, les cultures arbustives, les voies de communication. Elles ont été des supports de choix pour l'analyse des paysages naturels et ruraux, à la mode vidalienne, car elles permettent la mise en relation de phénomènes variés, physiques et humains, dans une même région. Le commentaire de carte a d'ailleurs été l'un des exercices de prédilection de la formation des géographes.

Les cartes thématiques sélectionnent un type de renseignement : densités de population, revenu par habitant, productions agricoles, pratiques religieuses, par exemple. Les échelles sont variables selon la nature du phénomène représenté ou selon la dimension de la surface considérée. Ce sont des outils d'analyse qui connaissent aujourd'hui une large diffusion et qui sont utilisés par des non-géographes (sociologues, journalistes, etc.).

Les cartes synthétiques correspondent à l'aboutissement d'une recherche ou d'une démonstration. Elles sont construites en fonction de critères choisis par le concepteur. Elles viennent à l'appui d'une typologie thématique ou régionale.

Les techniques de la cartographie analytique se sont perfectionnées, depuis quelques décennies, grâce à la photographie aérienne, à la télédétection, aux images satellitaires et, surtout, à l'utilisation de l'informatique.

Mais c'est sans doute dans le domaine de l'analyse géographique que les progrès ont été les plus spectaculaires, sous deux formes essentielles :

– d'une part, la généralisation des chorèmes a permis la naissance d'un véritable langage cartographique et analytique ;

– d'autre part, la diffusion de l'informatique a rendu possible la gestion coordonnée des données statistiques, de méthodes de calcul et de la cartographie. A côté des logiciels « lourds », les S.I.G. (Système d'information géographique) qui associent une banque de données à un espace particulier, il existe aujourd'hui des logiciels de cartographie automatique à la portée de tous, chercheurs ou enseignants. L'informatique permet de représenter des corrélats entre des paramètres. L'*anamorphose* consiste par exemple à déformer les surfaces en fonction du rapport entre la distance et le temps d'accès. La carte-anamorphose de l'effet TGV en France et en Europe est bien connue.

Pendant longtemps, la cartographie et la géographie étaient étroitement associées. A partir du XIXe siècle, la cartographie s'est détachée de la géographie aussi bien sur le plan technique que par sa destination militaire (carte d'état-major). Aujourd'hui les deux disciplines tendent à se retrouver, aussi bien sur le plan de la conception cartographique que sur celui des techniques de représentation, du fait de l'utilisation massive de l'informatique.

Finalité

La géographie a une double finalité sociale : une finalité qui concerne la « production » territoriale elle-même et une finalité de « reproduction » sociale.

La première relève de la géographie savante, celle qui cherche à expliquer les structures et le fonctionnement du territoire. Le problème est de savoir si la demande sociale en connaissance géographique est suffisante. Il existe incontestablement un décalage entre la demande du public qui, sous l'effet des médias ou du tourisme, ne cesse de croître, mais dans des domaines précis comme celui de la géopolitique et la production de la « science » géographique. Faudrait-il que la géographie savante s'adapte à la demande? Certainement pas. Pourtant, à la différence des historiens, les géographes n'ont manifestement pas fait l'effort suffisant pour atteindre un large public. Pour atteindre les médias, il faut pouvoir vulgariser. Mais la vulgarisation suppose un corpus de connaissances assurées. Les divisions entre les géographes sont un des symptômes de cette difficulté de la géographie à communiquer. D'indiscutables progrès se manifestent, dans le domaine de l'édition comme dans celui de manifestations tournées vers le public (cf. le Festival de Saint-Dié-des-Vosges).

Par ailleurs, la géographie peut-elle être opérationnelle et déboucher sur l'aménagement du territoire en fonction d'une commande sociale émanant des instances de pouvoir (DATAR ou collectivités territoriales)? Depuis trente ans, depuis l'élaboration du SDAU de la Région parisienne (Schéma directeur d'aménagement et d'urbanisme) il faut bien reconnaître que la géographie française ne s'est guère renouvelée dans ses propositions d'aménagement. Pourquoi? Sans doute parce que la commande politique lui était rarement adressée. Sans doute aussi parce qu'une certaine frilosité s'est emparée des géographes qui craignaient la récupération de leurs travaux par les instances politiques. Le risque signalé par P. George est celui du pilotage par l'aval qui peut entraîner les géographes à entériner et à cautionner des orientations prises, par ailleurs, au plan politique. Pourtant, il est aisé de définir une déontologie claire; le géographe n'apporte pas de solutions d'aménagement toutes faites mais il dégage des problématiques territoriales. En fonction de ses analyses, il met en lumière les enjeux territoriaux, laissant le soin de la décision qui, de toute façon, lui échappe, aux instances politiques. Les années 1990 verront-elles la relance de l'aménagement du territoire? Les géographes y seront mieux préparés en tout état de cause.

La deuxième finalité sociale de la géographie est d'être une matière d'enseignement et de contribuer, à ce titre, à la formation des jeunes. Il en sera question dans le chapitre suivant.

Concepts

Si tout le monde s'accorde sur la nécessité d'un approfondissement théorique, il faut encore s'entendre sur ce que signifie théorie. La quête théorique ne se confond pas avec la recherche méthodologique. Il existe aujourd'hui une certaine inflation méthodologique comme si la méthode prévalait sur l'objet de la recherche. Il est fréquent de rencontrer des ouvrages, dont l'essentiel consiste en un exposé d'une méthode d'analyse qui prend le pas sur l'exposé des résultats, comme si la méthode devenait l'objet de la recherche. Si, dans les sciences « exactes », les résultats sont totalement imbriqués dans la méthode, il n'est pas sûr que, dans les sciences sociales, la recherche, pour être scientifique, doive suivre le même chemin. On pourrait même penser que la propension méthodologique est un signe, entre bien d'autres, du trouble épistémologique de la géographie.

Il en va de même pour les concepts. Faire de la géographie, ce devrait être aboutir, au terme de la démarche, à la production de concepts géographiques. Sous ce vocable pourtant se cachent beaucoup de confusions. A lire les listes de *concepts* proposés par les épistémologues ou les didacticiens de la géographie, on a parfois l'impression d'être plus proche de la notion utilisée dans le marketing que de la notion philosophique de concept. On peut se demander si le terme de concept est approprié pour désigner des formes ou des « objets » ou des aspects de l'espace : distance, lieu, échelle, polarité, géons, centre/périphérie, etc. La liste est longue de ces « concepts » ou notions géographiques proposés comme base du savoir géographique (cf. Ph. Pinchemel, Colette Guilmault, Maryse Clary et *alii*, in *L'Espace géographique,* n°2, avril/juin 1989). Comme le terme d'espace lui-même, il s'agit de concepts vides ou creux tant qu'on ne leur donne pas de la substance. Le concept géographique ne devrait-il pas être spécifié à la fois par une forme et par un contenu ? Sinon le risque est grand d'un usage mécanique et passe-partout de concepts devenus outils universels d'analyse (cf. l'inquiétant succès du concept centre-périphérie).

Un concept est une idée qui établit un rapport explicatif d'un phénomène. C'est une abstraction qui rend compte d'une réalité. Si l'on admet l'essence sociale de la géographie, le concept géographique est celui qui établit un rapport significatif entre le social et le spatial. En allant plus loin, on peut même se demander si les concepts les plus opératoires en géographie ne sont pas ceux qui sont relatifs au fonctionnement de la société.

UN EXEMPLE D'ANALYSE STRUCTURALE ET FONCTIONNELLE

Nous voudrions donner ici un exemple d'analyse structurale et fonctionnelle, à partir de quelques résultats d'une recherche menée par une équipe du laboratoire STRATES de Paris I. La problématique est centrée sur le travail et sur les qualifications.

Le travail : un concept social efficace

L'extension du salariat reste un des faits majeurs du XXe siècle. S'il est beaucoup question aujourd'hui de partage du travail et d'un changement radical de l'emploi du temps individuel et social par l'abaissement du temps de travail et l'allongement du temps de non-travail (loisirs, formation, culture), il n'en demeure pas moins que toutes les mutations qu'ont enregistrées les sociétés occidentales se sont faites sous le signe de l'organisation et de la division du travail. Le territoire a été transformé de fond en comble par l'industrialisation qui a enclenché un processus d'urbanisation. L'essor des emplois de services, ce qu'on a appelé la tertiairisation, a accéléré et généralisé l'urbanisation en en changeant les formes.

Dans ces conditions, on peut poser comme hypothèse que le *travail* qui n'est pas un concept géographique n'en est pas moins un concept opératoire permettant de fonder une problématique territoriale efficace parce qu'il est un rapport social et qu'il a sa traduction spatiale. En France, ce sont surtout les sociologues et les économistes qui ont investi ce domaine et qui ont réfléchi sur la division sociale du travail, sur le taylorisme/fordisme (cf. les travaux d'Alain Touraine, Philippe Aydalot, Benjamin Coriat, Alain Lipietz, Jean-Claude Delaunay, etc.). Pourtant, la division géographique du travail, à l'échelle du monde, de l'Europe, à l'échelle nationale, régionale ou à l'échelle d'une ville, est bien une question stratégique qui en éclaire d'autres (celles des flux migratoires, celle de l'habitat, celle des transports, celle des flux, celle des loisirs, celle de la formation, etc.). L'ouvrage de Xavier Broways et Paul Chatelain, *Les France du travail* (PUF, 1984), est révélateur de la richesse potentielle de cette problématique.

Une des difficultés pour aborder ce domaine tient au fait que les outils d'analyse restent souvent assujettis à des classifications anciennes, tels que les secteurs d'activités définis par Colin Clark en 1942 : secteurs primaire, secondaire et tertiaire.

Les catégories de Colin Clark sont dépassées

Ce classement ternaire des activités est encore très largement utilisé parce qu'il a le mérite d'être simple.

Le secteur primaire (production sans transformation) englobe l'agriculture, la sylviculture, la pêche, les mines et carrières. Le secteur secondaire transforme les produits primaires. Il recouvre donc toutes les branches de l'industrie.

Le secteur tertiaire enfin regroupe tout ce qui n'est ni primaire ni secondaire, c'est-à-dire la distribution et les services.

Jusqu'aux années 1950-1960, cette division était parfaitement adaptée à l'organisation économique et sociale. L'agriculture, les mines et la pêche occupaient une part importante de la population active. Le monde industriel s'individualisait nettement avec ses espaces, ses clôtures, ses odeurs et ses bruits. L'habitat ouvrier s'étalait à proximité de l'usine, souvent dans le tissu urbain (comme à Lille, Roubaix, Tourcoing, Le Creusot ou Clermont-Ferrand) ou sous forme de banlieues industrielles, mêlant les manufactures et les cités ouvrières.

Il n'est donc pas surprenant que le classement de Colin Clark ait servi de base à toutes les analyses économiques et sociales.

De plus, l'idée de C. Clark selon laquelle les progrès de productivité sont très forts dans le primaire, forts dans l'industrie et faibles dans le tertiaire, s'est vérifiée puisque la baisse des emplois agricoles a été constante au cours des cinquantes dernières années et qu'elle a été suivie par l'effondrement des emplois industriels à partir des années 1970. Au contraire, les emplois tertiaires se sont multipliées dans les villes. Cette évolution paraissait légitimer l'idée des stades de développement. De la révolution néolithique à la fin du XVIIIe siècle, les sociétés humaines sont restées agraires. Avec la révolution industrielle, les sociétés ont pu se dégager du souci alimentaire et se lancer dans la fabrication de biens industriels. Enfin, les pays les plus avancés entrent dans la « société postindustrielle », dans laquelle priment l'organisation, la formation, l'information, les loisirs. C'est le triomphe du tertiaire.

Sur le plan territorial, la distribution des activités dans l'espace relevait de règles simples. Chaque industrie avait ses critères et ses contraintes de localisation et chacune se taillait son territoire à sa mesure, le plus souvent à partir de ses caractéristiques techniques, telles que les approvisionnements en eau, en charbon ou en électricité. De ce fait, les industries étaient bien séparées les unes des autres et il n'y avait pas de concurrence de localisation, que ce soit entre les branches industrielles ou entre l'industrie dans son ensemble et les activités proprement urbaines telles que la banque et le commerce. Tant que le charbon a été la première source d'énergie, le partage de l'espace s'effectuait tout « naturellement » entre le propre et le sale. On a même pu croire que si les quartiers populaires se trouvaient à l'est des grandes cités comme Londres et Paris, c'était à cause des vents dominants.

Les grandes mutations sont intervenues à partir des années 1960. Avec l'extension du taylorisme, l'activité industrielle s'est transformée. Les bureaux ont connu un développement rapide, pour les méthodes, les essais, les laboratoires, les études, la gestion, le commercial, etc. Dans le même temps, les entreprises connaissaient une concentration accélérée ainsi qu'une insertion internationale croissante. La phase taylorienne a été marquée par une dissociation fonctionnelle et géographique des activités industrielles. La fabrication a pu être divisée et répartie dans l'espace en fonction de l'existence de bassins d'emploi faiblement qualifié, pendant que les fonctions de conception et de direction étaient maintenues dans les plus grandes villes.

A partir des années 1970, la révolution « informationnelle » parachève l'évolution engagée au cours de la période taylorienne.

Pendant longtemps, la production s'est confondue avec la fabrication. Aujourd'hui, la fabrication n'est plus qu'un volet de la production qui mobilise de moins en moins de salariés. La sphère de la production s'est compliquée, élargie, diversifiée. Des activités dites de service, sont aussi nécessaires au processus de production que la fabrication elle même ; elles jouent même souvent un rôle plus décisif. L'informatique a transformé l'organisation de la production et celle du travail. Elle a définitivement supprimé la frontière, autrefois évidente, entre le secondaire et le tertiaire.

La trilogie de C. Clark ne répond plus aux problèmes posés, pas plus que les catégories d'activités et les catégories socio-professionnelles qui en sont dérivées et que l'INSEE utilise depuis sa création. Seule une analyse des fonctions peut rendre compte de cette complexification dans l'ordre de la société comme dans l'ordre de son espace.

Les fonctions et l'organisation du territoire

On peut distinguer deux grandes familles fonctionnelles :

❏ *Fonction concrète*. Les opérations qui traitent la matière ou manipulent le produit sont concrètes. Cela concerne en premier lieu la *fabrication* elle-même, qu'elle relève du façonnage, de l'usinage, de la découpe, du montage ou de l'assemblage. Il y a élaboration du produit. Il s'agit de travaux que l'on aurait qualifiés autrefois de manuels et qui font l'objet d'une automatisation et d'une robotisation croissante. La fonction de fabrication est étroitement associée au magasinage, à la manutention et au transport ; c'est l'autre grande fonction concrète qui relève de la logistique interne et externe des entreprises. Ces fonctions concrètes ont leurs lieux propres : ateliers, usines, entrepôts, magasins. Les activités dites de services dans les statistiques de l'INSEE sont le plus souvent des activités pratiques telles que le nettoyage qui peuvent également être rangées dans les opérations concrètes.

❏ *Fonction abstraite*. Les activités vouées à la manipulation des signes abstraits et à la communication constituent la *fonction abstraite*. Ces activités « abstraites » sont très variées ; on peut distinguer trois groupes principaux :

L'administration-gestion : elle concerne autant l'administration publique que l'administration des entreprises, en y englobant tous les aspects de gestion : management, comptabilité, trésorerie, directions des personnels, de la planification, etc. Il s'agit d'activités localisées prinicpalement dans les sièges sociaux mais qui peuvent se trouver sur n'importe quel site, y compris de fabrication.

La conception : cette fonction regroupe la recherche-développement, tout ce qui contribue à l'innovation, à la préparation des nouveaux produits. Caractéristique des industries de pointe et des secteurs hautement concurrentiels, elle est le vecteur de la modernité et, comme telle, elle détient une position stratégique.

Le commercial : la fonction commerciale concerne les services de marketing, des emplois de commerciaux et technico-commerciaux. Sa croissance a été très rapide au cours de la période récente. On peut même se demander si cette fonction n'est pas en passe de prendre le pas sur les autres dans la stratégie des entreprises.

Ce classement par fonctions est particulièrement adapté à l'analyse spatiale, et ce, pour deux raisons principales : son approche est socio-économique ; elle est fondée sur le type de travail effectué. On se situe ainsi au cœur même de la division du travail, bien plus que par les catégories sociales ou les catégories d'activité économique.

Le regroupement des activités en fonctions cohérentes est le meilleur moyen de saisir la formation sociale aussi bien dans sa répartition territoriale que dans son organisation spatiale.

Le fonctionnement de la société et son organisation spatiale, aux différentes échelles, recouvrent, en effet, la distribution des activités et le partage de l'espace entre les groupes sociaux. Dans ce domaine, la règle générale est celle de la hiérarchisation/ségrégation.

❏ *Hiérarchisation.* Les logiques qui règlent cette distribution et ce partage relèvent fondamentalement de la hiérarchisation qui implique conjointement séparation et interconnexion. Toutes les sociétés fonctionnent en produisant et en reproduisant des hiérarchies qui s'inscrivent dans l'organisation de l'espace. L'économie de marché est un agent très efficace de hiérarchisation, puisque tous les facteurs d'organisation sociale relèvent de la concurrence, à commencer par l'espace lui-même, régi par le marché foncier. Dans les conditions actuelles, la concentration des fonctions abstraites s'effectue sur les métropoles et les régions métropolitaines. Les fonctions concrètes concernent plus particulièrement les niveaux inférieurs de la hiérarchie urbaine.

❏ *Ségrégation.* Les mécanismes sociaux et le marché tendent à regrouper les activités ayant les mêmes caractéristiques, les mêmes exigences et les mêmes moyens ; le regroupement des activités semblables implique évidemment la séparation d'avec les autres. Cependant, le découpage hiérarchique de l'espace ne peut pas être conçu comme une simple ségrégation, n'ayant pour objet que de séparer les genres ; il implique en même temps son contraire, l'articulation des différentes classes ou catégories qui participent en définitive à un même procès de travail. La ségrégation doit être définie comme un processus contradictoire ; les employés et les cadres n'habitent pas dans les mêmes quartiers, mais ils se retrouvent tous les matins dans les mêmes bureaux. Les laboratoires de recherche et le management ne sont pas installés dans les mêmes lieux, mais on doit pouvoir se rendre aisément de l'un à l'autre.

L'adéquation entre la problématique territoriale et l'analyse fonctionnelle se vérifie aux différentes échelles, et en particulier aux échelles fondamentales de la géographie :
– l'échelle locale, celle de l'agglomération ou du bassin d'emploi ;
– l'échelle régionale/nationale ;
– l'échelle nationale/mondiale.

Exemple d'application : la région parisienne

Cette méthode a été testée, d'abord sur l'agglomération parisienne, ensuite sur le Bassin parisien.

❏ **L'aire métropolitaine de Paris.** L'analyse de l'emploi parisien comparé à celui du reste de la France montre une spécialisation nette dans deux types d'emplois « abstraits », liés, tous deux, à la « fonction productive » :
  – d'une part, le travail « abstrait » dans les activités à l'amont de la production (« périproductif amont »), c'est-à-dire les organismes financiers, les services techniques ; les services aux entreprises, le commerce de gros interindustriel ;
  – d'autre part, le travail « abstrait » des branches industrielles « techniciennes », celles qui font une large place à l'emploi de cadres, ingénieurs et techniciens.

Définir le « travail métropolitain » comme celui qui caractérise la métropole parisienne est un raisonnement un peu spécieux mais qui a le mérite de porter l'accent sur un fait majeur. Malgré la diminution des emplois industriels dans l'agglomération et malgré la « désouvriérisation » qui en résulte, Paris reste le centre dominant d'un nouveau type d'industrialisation, celle de l'ère technologique.

Le graphique page suivante montre l'opposition entre Paris qui concentre près de 50 % de ce « travail métropolitain » et les autres métropoles françaises. On mesure ici l'illusion d'optique qui persiste, selon laquelle la politique de « décentralisation industrielle et tertiaire » aurait réussi à rééquilibrer la France. C'est, à l'inverse, une reconcentration des fonctions métropolitaines qui s'est opérée depuis les années 1960. La région parisienne a renforcé son pouvoir de commandement en matière de gestion et de conception, l'explication relevant de deux facteurs principaux :
  – une logique de séparation taylorienne des tâches qui a abouti au rejet de la fabrication sur la province et à la sélection des fonctions « nobles » dans la capitale ;
  – la bipolarisation de l'industrie française opposant d'une part, le petit nombre d'industries « techniciennes » liées aux marchés et aux financements publics et, d'autre part, les autres branches industrielles « tayloriennes » qui se sont diffusées sur le territoire avec une préférence marquée pour le Bassin parisien et l'Ouest de la France.

La notion « d'évitement géographique » permet de caractériser le fait qu'en France (à la différence de l'Allemagne, du Japon ou de l'Italie), les branches industrielles semblent s'éviter les unes les autres. Les anciennes régions d'industries de base (Nord et Nord-Est) ne sont pas celles des industries tayloriennes (Bassin parisien + Ouest) qui ne sont pas celles des branches « techniciennes » (région parisienne + Sud-Ouest). La région lyonnaise qui associe tous les types d'industries et toutes les fonctions est un des rares exemples d'espace échappant à la règle de l'« évitement ». Cette géographie industrielle provient de choix faits à l'époque gaullienne pour développer les industries du complexe militaro-industriel (nucléaire, aéronautique, aérospatiale, électronique) ainsi que des logiques de l'ouverture du marché européen. Elle est à l'origine des positions fortes de l'industrie française mais en même temps une des causes de ses faiblesses structurelles.

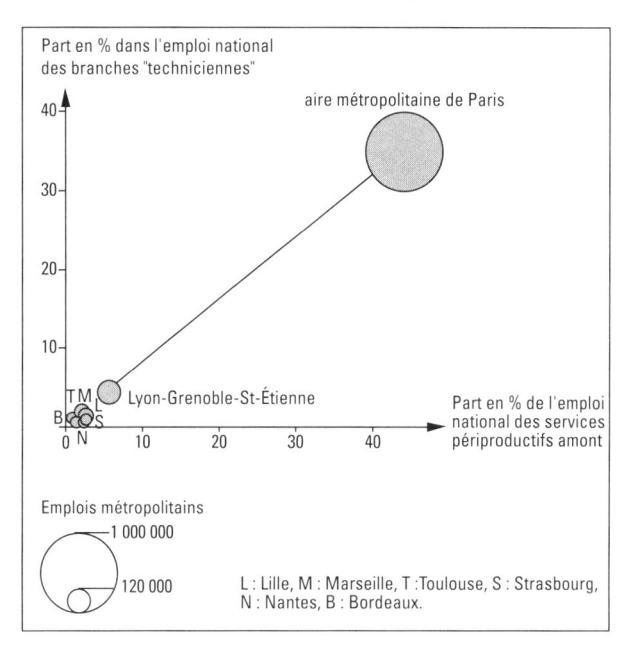

Poids de Paris dans l'emploi métropolitain national

Concernant l'espace intra-urbain de l'aire métropolitaine de Paris, cette étude a permis de mettre en évidence la structure fonctionnelle de la capitale qui est, plus que jamais, caractérisée par l'opposition entre l'Est et l'Ouest résultant, elle-même, de la conjonction de deux processus : le glissement du centre et la répartition sectorielle (au sens de Hoyt) des fonctions.

Le centre d'affaires concentre la principale fonction, la direction administrative et financière de l'économie et des entreprises ; il connaît depuis longtemps une tendance à se propager vers l'ouest, mais ce mouvement a été structuré et accentué par l'opération de la Défense. Aujourd'hui, le « Central

La géographie : étude du territoire 157

Business District » de Paris est à cheval sur Paris-Ouest et les Hauts-de-Seine ; les deux secteurs s'articulent à Neuilly et se rejoignent à Billancourt.

La moitié Est de Paris constitue, au contraire, un centre de services pratiques qui subit la pression de l'immobilier de bureau et commence à s'étendre vers la banlieue proche.

Cette double centralité structure l'opposition Est-Ouest dans Paris même ; elle se prolonge au-delà sous la forme d'une opposition entre le Sud-Ouest et l'Est.

La région parisienne

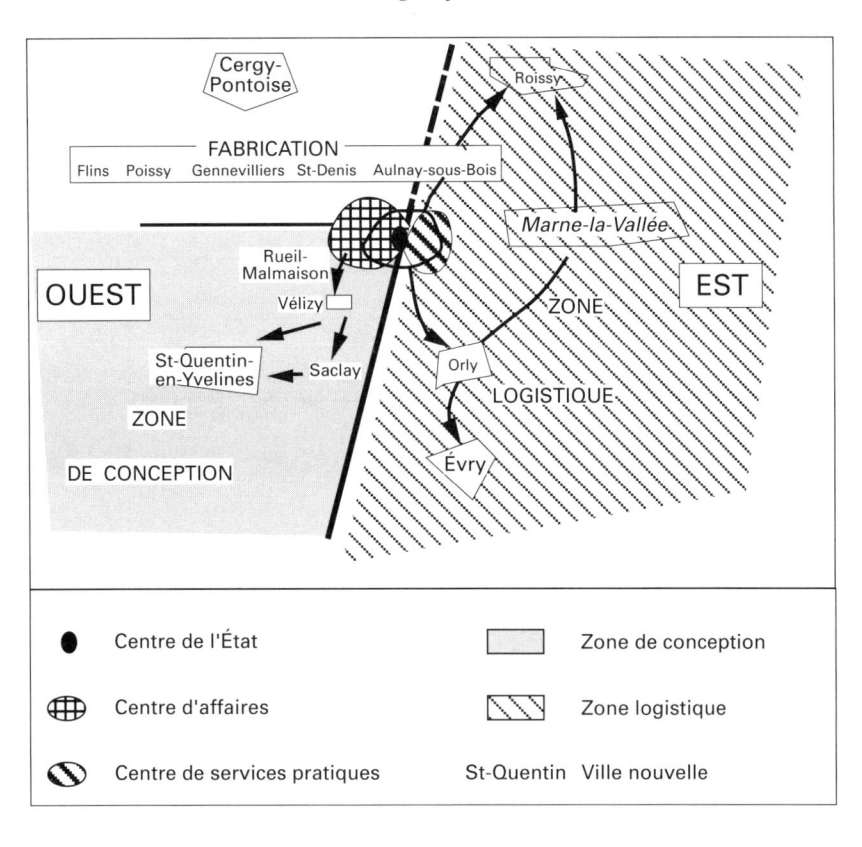

Le Sud-Ouest correspond à l'ancienne banlieue résidentielle ; c'est aujourd'hui la zone de la nouvelle industrie parisienne et, en particulier, de la fonction de conception : laboratoires, bureaux d'études, centres de recherche (de Saint-Cloud et Rueil à Vélizy et Saclay). Les activités militaires occupent une place prédominante.

A l'est, en revanche, les activités industrielles traditionnelles sont en recul permanent et c'est la logistique qui joue le rôle d'organisateur régional : entrepôts, stockages, gares de fret, centres de distribution, garages, plates-formes intermodales. Tout cela s'est mis en place entre les deux plates-formes aéroportuaires du Sud (Orly, Rungis, Thiais) et du Nord (Roissy) ; elles sont reliées directement par le « périphérique », la proche-banlieue Est et, de plus en plus, par un contournement Est en appui sur Marne-la-Vallée et les nouvelles autoroutes. Cette spécialisation vers la logistique n'est évidemment pas sans rapport avec l'orientation de l'Est parisien branché, par le système de transport, sur l'Europe du Nord, de l'Est et du Sud.

Par ailleurs, la présence encore forte de la construction automobile se traduit par l'existence d'une zone de fabrication, de Flins à Aulnay-sous-Bois, qui isole un secteur Nord-Ouest de l'agglomération, plus composite en matière fonctionnelle.

Les villes nouvelles reflètent, à leur manière, la dominante du secteur dans lequel elles se situent :
– Saint-Quentin (Sud-Ouest) : conception et gestion ;
– Évry et Marne-la-Vallée (Est) : logistique ;
– Cergy (Nord-Ouest) : plurifonctionnel.

L'opposition fonctionnelle entre l'Ouest et l'Est s'accompagne d'un contraste social et résidentiel. L'Ouest cumule les emplois et les prix élevés ; la majorité des salariés qui y travaillent ne peuvent y résider.

L'Est cumule les activités peu employantes et l'habitat populaire. D'où un profond déséquilibre des ressources des collectivités et surtout un énorme transfert quotidien de main-d'œuvre depuis la zone d'habitat populaire de l'Est vers la zone d'emploi de l'Ouest, avec saturation corrélative des infrastructures de liaison.

Au cours de la première moitié du XXe siècle, l'espace parisien était marqué par un dualisme socio-culturel fort. L'opposition entre le centre d'affaires et les beaux quartiers d'une part, les quartiers ouvriers et la banlieue industrielle d'autre part, se traduisait par des frictions et des tensions sociales intenses qui, loin de faire obstacle à une identité culturelle parisienne, en a été le creuset. Prévert, Kosma, Piaf, Montand, Doisneau sont les voix de cette culture populaire parisienne. On peut parler à ce propos de « ségrégation associée ».

Aujourd'hui, un autre mécanisme de « ségrégation dissociée » est à l'œuvre. L'opposition entre l'Est et l'Ouest s'est accentuée en changeant de contenu. La déstabilisation des banlieues populaires, le refoulement et le regroupement des populations victimes de l'exclusion, rend impossible

La géographie : étude du territoire

l'émergence d'un modèle culturel propre. C'est un aspect du problème des banlieues.

Aujourd'hui, la dynamique parisienne engendre une extension et un élargissement de l'aire métropolitaine, au-delà des limites administratives de l'Ile-de-France ; l'habitat s'étale sur les départements périphériques. L'autoroute « francilienne » attire les emplois vers l'extérieur et accentue le pompage de la main-d'œuvre sur les régions environnantes.

L'aire métropolitaine s'étend désormais sur une auréole de 200 km de diamètre autour de Paris.

La question du rapport entre l'Ile-de-France et le reste du Bassin parisien se pose donc, avec une acuité croissante. Quelles sont les continuités ou les discontinuités qui affectent le dispositif territorial ? Comment la capitale s'insère-t-elle dans sa région ?

❑ *__Continuités et discontinuités entre Paris et le Bassin parisien.__* Si Paris est la capitale de la France, elle est aussi la capitale régionale du Bassin parisien qui constitue son aire régionale. Sur le plan de la croissance démographique, on constate une différence entre une périphérie proche de l'Ile-de-France, en forte croissance démographique, qui se prolonge le long du Val de Loire et le versant nord-est du Bassin parisien, en stagnation démographique.

Sur le plan fonctionnel, cette opposition est encore plus nette. La plupart des régions périphériques de Paris ont une forte tradition industrielle, dans le textile et la métallurgie. Au début du XXe siècle, les deux grands axes de l'Oise et de la Seine sont devenus des couloirs d'industries de base desservant le marché parisien en plein essor. La période de croissance a été celle de la « décentralisation industrielle » qui a fixé les traits dominants. Le Bassin parisien est devenu l'aire de fabrication taylorienne tandis que la région Ile-de-France se réservait les fonctions abstraites : la tête et les jambes en quelque sorte.

On peut se poser du même coup la question de savoir comment s'opère le passage entre l'aire métropolitaine proprement dite et sa base arrière régionale.

En confrontant le dispositif fonctionnel de l'Ile-de-France avec celui de l'aire régionale de Paris, on peut distinguer plusieurs types de contact.

A l'est, en Champagne-Ardennes, en Picardie et, pour une part, en Haute-Normandie, se dégage un espace qu'on peut appeler l'aire d'« évitement ». Sur un fond ancien d'activités industrielles tournées vers le textile et la métallurgie, sont venues se greffer des industries tayloriennes à forte utilisation de main-d'œuvre déqualifiée. L'ensemble est en proie à une crise qui prolonge celle du nord-est de la France.

L'axe de l'Oise, dont la fonction stratégique était de relier le Nord sidérurgique à la région parisienne, conserve une spécialisation industrielle prononcée mais la complémentarité avec la capitale perd de sa substance du fait même du déclin de la fabrication dans la région Ile-de-France. La vallée de l'Oise est en mauvaise posture.

Continuités et discontinuités entre la Région Île de France et le Bassin Parisien

Reims, en revanche, paraît se placer en relation de continuité avec l'aire métropolitaine et, plus précisément, avec l'Est parisien avec une spécialisation dans les fonctions du commerce, des services et du transport. Cette continuité, plus virtuelle que réelle, peut prendre de la consistance dans l'avenir, compte-tenu de la position de carrefour de la ville sur des axes internationaux.

A l'ouest de la Seine, et de part et d'autre de la Loire, s'étale la vaste zone des industries dites de la « décentralisation ». Il s'agit de l'aire de diffusion des industries tayloriennes à forte utilisation de travail OS masculin et féminin. Malgré la diminution rapide des emplois de ce type, les caractères imprimés à cette zone depuis trente ans demeurent dans une large mesure. La discontinuité avec l'Ouest parisien est évidente même si des villes comme Évreux ou Chartres qui présentent des traits composites, assurent la transition entre les deux zones.

Il en va de même pour l'axe de la Seine. Les principales villes, Rouen, Le Havre et Caen, souffrent de leur faiblesse dans les fonctions « abstraites ». La Basse-Seine a toujours fonctionné comme un couloir d'approvisionnement des industries parisiennes et comme un axe d'exportation. La spécialisation dans les industries « qualifiées » et dans l'automobile demeure comme une marque de dépendance à l'égard de l'Ile-de-France. La continuité et la complémentarité historique qui liait la Basse-Seine à Paris tend à s'affaiblir. Ici aussi, on peut parler de discontinuité.

L'axe de la Loire est hétérogène. Les trois villes, Tours, Blois et Orléans, sont différentes. Pourtant elles forment un ensemble de même nature ; Orléans est la seule ville du Bassin parisien à présenter un profil à dominante « abstraite ». La ville se situe dans un rapport de continuité avec la capitale. Blois et Tours, à des niveaux différents, sont en rapport de continuité avec Orléans. La continuité ligérienne avec l'Ouest parisien est le pendant de celle qui relie l'Est parisien à la région rémoise.

Au total donc, les continuités traditionnelles entre la capitale et l'aire régionale de Paris sont en train de se distendre. Au contraire, des discontinuités s'installent, dues essentiellement aux mutations de l'agglomération parisienne et à l'absence de mutation des axes historiques qui se délitent sans changer de nature.

Les nouvelles continuités apparaissent comme des projections plus ou moins lointaines des fonctions métropolitaines. Elles concernent l'axe de la Loire, la liaison Paris-Reims et, peut-être, l'axe embryonnaire de la Seine-amont.

Cet exemple montre le parti qu'on peut tirer de méthodes liant l'étude des structures et celle du fonctionnement territorial. La géographie ne peut pas se borner à nommer des formes et à établir des relations entre des formes et des structures.

Conclusion

Idiographique ou nomothétique ? La réponse est assez évidente après ce qui a été dit. Faut-il à tout prix découvrir des lois pour qu'un savoir soit scientifique ? L'existence de lois spatiales suppose l'existence d'un espace abstrait. La notion de territoire implique au contraire un retour à un espace concret, celui du rapport d'une formation sociale avec son espace. Dès lors, plutôt que de parler de lois ne vaudrait-il pas mieux chercher les logiques territoriales caractérisant tel espace ? P. Claval, étudiant l'espace urbain dans ses structures, sa morphologie, son fonctionnement interne, ses rapports avec le territoire, parle avec juste raison, de la logique des villes (Paul Claval, *La Logique des villes*, Litec, 1981). Ces logiques peuvent se retrouver à différentes échelles, dans différents types de territoires, sans pour autant avoir valeur de lois scientifiques. Certaines ont valeur générale ; elles peuvent être « modélisées » : d'autres sont spécifiques et leur *combinaison*, pour reprendre un mot de Vidal de La Blache, permet de rendre compte des singularités.

La géographie n'est pas idiographique *ou* nomothétique ; elle est les deux à la fois. Idiographique, parce que chaque société se caractérise par des traits singuliers inscrits sur son territoire, fruit d'une histoire spécifique et d'un fonctionnement actuel. Nomothétique, parce que les structures territoriales, au-delà de leurs spécificités, peuvent correspondre partiellement à des types plus ou moins généraux qui se retrouvent partout ou seulement ailleurs. La géographie classique érigeait en absolu la singularité ; La « nouvelle géographie » a tendance à faire de la découverte des formes gravitaires la finalité de la recherche géographique, en niant la singularité et en faisant de l'espace, un objet en soi, en dehors des sociétés. La vérité du savoir géograhique n'est pas entre les deux. Elle se situe au-delà, dans un dépassement de l'une comme de l'autre approche. C'est d'ailleurs dans cette perspective que se situent les développements les plus féconds de la géographie contemporaine.

Un mot encore : faut-il préciser que nous ne proposons pas de bannir le terme d'espace du vocabulaire géographique ? Il est si commode ! Le problème ne se pose pas en ces termes.

DOCUMENT

■ Pierre Gourou, *Leçons de géographie tropicale*

Civilisations et géographie

En définitive, l'explication et la description géographique nécessitent la connaissance des rapports établis entre le milieu physique et la civilisation (techniques d'exploitation de la nature, aptitude à l'organisation de l'espace), et les faits de géographie humaine. Ces derniers sont la résultante de l'action du milieu physique et de la civilisation, tandis que la civilisation a beaucoup plus d'indépendance à l'égard du milieu physique. C'est donc en accordant au facteur civilisation une très grande importance que les problèmes de la géographie humaine tropicale ont été examinés dans le cadre de l'Indochine orientale. Mais, si la civilisation définie comme il vient d'être dit, est l'articulation essentielle de toute explication des paysages, c'est donc en modifiant la civilisation que nous pouvons avoir l'espoir de transformer les paysages dans un sens favorable aux hommes, et, par exemple, de faire que les densités rurales dans les plaines littorales de l'Indochine soient moins fortes et que la population soit plus nombreuse dans les régions intérieures. Voilà une conclusion rassurante, puisque justement la civilisation moderne nous propose de nouvelles techniques d'exploitation de la nature et de nouveaux moyens d'organiser l'espace et permet de maîtriser les rigueurs des régions chaudes et pluvieuses [...].

Problèmes de géographie humaine générale

La géographie humaine n'étant pas une branche des sciences naturelles ne doit pas être abordée avec les habitudes d'esprit du naturaliste pour qui l'évolution d'une espèce s'explique par adaptations successives aux changements du milieu physique et sélection naturelle darwinienne. Les civilisations sont les premières responsables des aspects humains des paysages, domaine propre de la géographie humaine ; et vouloir expliquer la civilisation par les contraintes physiques n'est pas une bonne façon de l'entendre. Certes une civilisation infléchit ses effets au contact de milieux physiques différents. Mais la civilisation est d'abord ; l'inflexion vient ensuite. Dans les recherches qu'ils consacrent à l'évolution de l'homme, certains naturalistes vont un peu vite aux explications. Ces hypothèses explicatives varient d'un naturaliste à l'autre, mais restent toujours dans le cadre de l'adaptation au milieu physique et de la sélection naturelle par la survivance la plus apte.

Il n'a pas été question de tirer au clair les origines des civilisations, et encore moins celles de l'homme, mais il a semblé utile de montrer combien étaient rapides les vues de certains naturalistes quand ils abordent les relations de l'homme et du milieu physique : c'est aussi une des préoccupations principales de la géographie humaine, qui dans son expérience propre a reconnu les dangers des explications systématiques [...].

Les interdits alimentaires sont des préjugés et non des adaptations, des préjugés, purs faits de civilisation modifiables par un changement de civilisation ; ces préjugés alimentaires ne sont pas moins ancrés que les préjugés habituellement en cours sur les origines des interdits alimentaires. Il est aisé de montrer que les facéties répandues sur l'adaptation des Bushmen aux conditions désertiques ne résistent pas à l'examen puisque les Bushmen ont vécu, très récemment, sous des climats non désertiques [...]. Les techniques d'exploitation de la nature appartiennent à une certaine civilisation (qui comprend bien plus que des techniques de production) ; l'adaptation de l'homme au milieu est une apparence. Lorsque se produit un changement de milieu [...] l'homme ne change pas de technique, mais peut introduire une inflexion dans une technique déjà connue [...].

La notion de civilisation est d'un tel poids en géographie humaine qu'il est nécessaire d'examiner avec attention et reconnaissance toutes les contributions à ce sujet capital. Par de nombreux chercheurs en sciences humaines, particulièrement aux États-Unis, les civilisations sont vues comme des sortes d'organismes vivants soumis aux « lois » de l'évolution, de la sélection darwinienne, autrement dit, de la « pression sélective ». La mode du jour est de faire entrer la civilisation dans une entité appelée « écosystème », où la civilisation se fond en un ensemble interdépendant, avec les données de la nature physique. Tandis que le paysage des géographes est une chose qui se voit, l'écosystème de ces anthropologues est un être de raison qui a son existence propre, évolue en s'adaptant et en se conformant aux règles de la sélection darwinienne. Pour sa part la géographie humaine voit les paysages comme faits d'éléments physiques et humains interdépendants, mais ne considère pas que la civilisation soit dans les paysages. La civilisation est un système intellectuel, moral et technique qui agit sur les paysages mais ne dépend pas d'eux. Les changements de civilisation changent les paysages mais la réciproque n'est pas vraie [...]. Une certaine confusion s'attache à l'utilisation de la notion de civilisation comme cause, partie et conséquence de l'écosystème : tout est dans tout en cette affaire ; mais le rôle de la science n'est-il pas d'éviter les cercles vicieux...

La notion d'écosystème, telle qu'elle est parfois utilisée dans les sciences de l'homme, glisse dangereusement vers le déterminisme physique (direct ou inversé) ou bien [...] vers une vision symbolique des choses, ou vers un matérialisme économique très étroit [...] qui ressuscite en la renforçant la notion de genre de vie [...]. Le changement est inévitable ; le changement est plus probable que l'immuabilité [...]. Les changements dans les techniques se répercutent sur les paysages où ils s'appliquent en tenant compte (ou en ne tenant pas compte) des conditions physiques locales, mais ils ne sont nullement déclenchés sous l'action des situations locales.

Leçons données au Collège de France de 1947 à 1970,
Préface de Fernand Braudel, Mouton, 1971, pp. 30 et 103-108.

8
Enseigner la géographie

A quoi sert la géographie ? en paraphrasant Yves Lacoste, on pourrait dire : « Ça sert d'abord à enseigner. » La finalité sociale essentielle de la géographie est, en effet, l'enseignement. Cet enseignement a une longue histoire qui se confond souvent avec l'histoire de la discipline elle-même. Certaines traditions sont enrichissantes, d'autres engendrent des inerties et des blocages. Néanmoins, l'enseignement de la géographie est à l'image de la discipline. Après une longue période d'incertitude, la rénovation est en cours. Elle se heurte à des carences dans la formation des maîtres et les débats épistémologiques sont parfois sources de malaise chez les enseignants.

La compréhension raisonnée des territoires qui noue fortement la géographie à l'histoire doit permettre de répondre à la double finalité de l'enseignement de la géographie : celle de connaître le monde et celle de participer à la formation civique des jeunes. Peut-être est-ce cet aspect qui permet à la géographie de redevenir attractive ?

PERMANENCES ET INERTIES DES PROGRAMMES

L'excellent ouvrage historique d'Isabelle Lefort, *La Lettre et l'esprit - Géographie scolaire et géographie savante en France* (Éditions du CNRS, 1992), permet de suivre les évolutions de l'enseignement de la géographie de la IIIe République jusqu'aux années 1960 et d'en dégager les logiques. Malheureusement, il ne couvre pas la période récente.

Les logiques de la IIIe République

❑ **La mission civique de la géographie.** Jusqu'à la guerre de 1870, la géographie est enseignée épisodiquement dans les établissements scolaires, en annexe de l'enseignement de l'histoire. Parfois, elle est dotée d'horaires et de programmes ; parfois, comme ce fut le cas lors du ministère de l'Instruction publique de Victor Duruy en 1867, l'enseignement géographique est purement supprimé, à l'exception des écoles militaires.

Après la défaite de 1870, dès le printemps 1871, le ministre de l'Instruction publique, Jules Simon, demande une enquête à deux personnalités universitaires : E. Levasseur, professeur d'histoire économique au Collège de France et A. Himly, titulaire de la chaire de géographie à la Sorbonne. Leurs conclusions sont claires : la géographie est négligée en France, à la différence des pays voisins et, en particulier, de l'Allemagne.

L'exemple de l'Allemagne est mis en avant pour plusieurs raisons. D'abord parce qu'elle est le pays des Humbolt, Ritter ou Ratzel. Ensuite, parce que l'enseignement de la géographie a permis de former les « voyageurs de commerce » qui parcourent le monde pour vendre les produits allemands. Enfin, parce que l'enseignement de l'histoire et de la géographie concourent à aviver le sentiment national. En France, au contraire, la géographie est en mauvaise posture ; les maîtres sont mal formés ; les manuels, inexistants ; les cartes, misérables.

Selon E. Levasseur et A. Himly, l'utilité de l'enseignement de la géographie est triple : la géographie est la meilleure préparation aux études économiques ; elle est utile pour soutenir l'expansion coloniale, préparer les hommes à parcourir le monde et assurer le rayonnement de la nation ; elle doit contribuer à faire aimer la patrie et à préparer la revanche.

Le contenu idéologique et politique est patent. Il s'agit bien de tendre vers un objectif central : la réhabilitation de la patrie dans son intégrité territoriale et l'affirmation de sa puissance au plan mondial.

La finalité de l'enseignement de la géographie est donc essentiellement civique. Primauté est donnée à la connaissance du territoire dans ses formes harmonieuses, de ses hommes, de son sol, de son identité. Mais il faut aussi connaître le monde pour pouvoir le conquérir et l'exploiter.

Les programmes mis au point par E. Levasseur et A. Himly s'inscrivent dans cette logique (cf. le tableau ci-après). Dans les classes élémentaires, on donnera un aperçu de géographie physique générale sur le globe terrestre pour déboucher sur une étude de la France. Dans les classes de « grammaire » (sixième, cinquième, quatrième, troisième) on procède de la même façon : on part, en sixième, d'une vue à l'échelle mondiale, puis on effectue un « zoom » sur l'Europe, et la boucle se referme sur la France (quatrième). Comme pour insister sur la position centrale de la France, la même démarche est répétée en sens inverse de la troisième à la première où l'on retrouve la France. On peut remarquer la position tout à fait marginale de la géographie générale qui n'est abordée qu'en seconde, à l'occasion d'une approche globale sur le monde. Encore s'agit-il de géographie physique.

La structure de l'enseignement de la géographie est donc concentrique et elle a un sens : celui d'un « nationalo-centrisme » comme le dit Isabelle Lefort. La répétition à trois reprises du même cercle vise à un autre but : l'acquisition d'une connaissance nomenclaturale des localisations. De là provient cette habitude qui a consisté, pendant des décennies, à faire apprendre par cœur aux élèves du primaire et des lycées, la liste des départements, des préfectures et des sous-préfectures, des fleuves, de leurs affluents et sous-affluents. Il faut pourtant mettre à l'actif de la réforme de 1874 une modernisation des méthodes d'enseignement qui joue un rôle décisif pendant plus d'un siècle : l'importance accordée aux études de cartes comme fondement de l'étude géographique. On insiste, par exemple, pour que chaque établissement scolaire se dote de cartes au 1/80 000e.

❏ *La permanence des programmes.* En 1890, on procède à des aménagements de programme sans toucher à la prééminence de la géographie de la France. L'organigramme cherche à établir un parallélisme entre la progression de l'enseignement de la géographie et celle de l'histoire : Antiquité/Bassin méditerranéen en sixième, Gaule et France médiévale/géographie de la France en cinquième, Grandes découvertes/Amérique en quatrième, expansion coloniale/Asie, Afrique, Océanie en troisième. De plus, on affirme avec force la valeur éducative de la géographie qui permet de développer l'imagination, le raisonnement, la mémoire, l'esprit moral et civique.

La réforme de 1902-1905 reflète déjà l'influence de Vidal de La Blache. Les deux cycles débutent par la géographie générale et, en seconde, l'année entière lui est consacrée. Les rapports entre l'homme et la nature occupent désormais une place essentielle, à côté de la géographie physique. D'autre part, l'enseignement de la géographie s'étend à la classe de philosophie avec, déjà, un programme consacré aux grandes puissances économiques du monde.

En 1925, une nouvelle réforme va plus loin en ce sens. La place de la géographie régionale s'étend. « Faire connaître la physionomie des diverses régions terrestres », tel devient l'objectif de l'enseignement de la géographie. La démarche proposée est celle de l'observation et de l'explication qui associe les faits physiques et les faits humains. Leur agencement obéit à « des lois dont la détermination constitue l'attrait supérieur de cette science » *(Instructions officielles)*.

La réforme de Jean Zay, pendant le Front populaire, accentue encore le triomphe de la géographie vidalienne. La géographie générale ouvre les deux cycles. Elle est le préalable aux études régionales. Le but de l'enseignement de la géographie ne doit pas être la description, mais l'explication des phénomènes. Isabelle Lefort remarque, à ce propos, que si la géographie savante est inductive, la géographie scolaire est déductive puisqu'on part du général pour déboucher sur le particulier des études régionales.

La parenthèse vichyssoise est caractérisée par un « nationalo-centrisme » qui se traduit dans l'agencement des programmes et dans les contenus. La France en est le point de départ et le point d'arrivée. La géographie générale est reportée en fin d'étude secondaire. La démarche est idéologique de bout en bout.

La Libération ne fait que fermer la parenthèse pour revenir à l'organigramme de Jean Zay. On peut dire que la structure des programmes de l'enseignement secondaire est alors définitivement fixée.

Depuis la guerre, en effet, les modifications ont été peu nombreuses dans la progression pédagogique du second degré. Les notions de base de géographie générale sont toujours enseignées en sixième. Puis, on passe au monde sans l'Europe, à l'Europe sans la France, pour terminer le premier cycle par la France. L'instauration de la scolarité obligatoire jusqu'à 16 ans et la création du premier cycle des collèges imposaient une cohérence dans la conception des programmes. Il fallait que les élèves sortant du système scolaire à 16 ans, à la fin du premier cycle aient bénéficié d'un enseignement complet leur donnant une connaissance minimale du monde, de l'Europe et de la France. Les programmes, tels qu'ils étaient conçus antérieurement, coïncidaient avec cette nécessité. Cela posait évidemment le problème de la répétition sous une autre forme des mêmes questions au cours du second cycle. La géographie générale, physique et humaine, en seconde, suivie, en première, d'un retour à la France à partir de ses régions, et enfin l'ouverture au monde à travers l'étude des grandes puissances, donnaient au second cycle une cohérence qui évitait autant que possible les « doublons ». Les logiques qui avaient présidé à l'élaboration des programmes au début de la IIIe République avaient changé mais l'organisation d'ensemble se trouvent consolidée par les structures de la scolarité et le partage entre le premier et le second cycle.

	Sixième	Cinquième	Quatrième	Troisième	Seconde	Première	Terminale
1874	Le monde + l'Europe	L'Europe	La France	L'Europe + le monde	Géographie générale	La France	
1890	Europe + Méditerranée	La France	Amérique	Asie + Afrique + Océanie	L'Europe	La France	
1905	Géo.générale + Amérique + Australie	Asie + Afrique	L'Europe	France + Colonies	Géographie générale	La France	Les grandes puissances
1938	Géographie générale	Le monde + L'Europe	L'Europe + La France	La France	Géographie générale	La France	"
1943	Le monde + La France	La France + l'Europe	L'Afrique	L'Asie	L'Amérique	La France et son Empire	Géographie générale
1944			Retour au programme de 1938				
1963	L'Afrique	Asie Océanie	Europe sans la France	La France	Géographie générale	La Communauté française	Les grands problèmes du monde contemporain
1986-1989	La Terre et les hommes	L'Afrique et l'Asie Le développement	L'Europe	La France États-Unis URSS	Géographie générale	La France et l'Europe	Le monde d'aujourd'hui

D'après Isabelle Lefort, *La Lettre et l'esprit*, CNRS, 1992 (tableau simplifié et complété).

Les effets contradictoires du vidalisme

Cette permanence des programmes signifie-t-elle que les contenus de l'enseignement sont restés immuables pendant près d'un siècle ? Non. La géographie de Vidal de La Blache a, au contraire, permis une modernisation de la pédagogie que bien d'autres disciplines, à commencer par l'histoire, pouvaient lui envier. Grâce à lui, la géographie est devenue une discipline vivante, ouverte sur les réalités du monde, proche ou lointain. La démarche observation/explication/localisation implique la participation active des élèves. L'utilisation des cartes murales a familiarisé les jeunes à l'analyse d'espaces représentés sous différents aspects (reliefs, climats, végétations, populations, industries, etc.) tout en les incitant à exercer leur esprit de synthèse sous la conduite de leurs maîtres. L'utilisation précoce d'une iconographie variée a modifié le rapport des élèves à la géographie. Les photographies, les croquis qui émaillent désormais les textes ont donné un support beaucoup plus tangible et apportent des éléments de comparaison, immédiatement accessibles aux élèves.

Cependant, cette géographie vidalienne a imprimé des traits si profonds à l'enseignement qu'ils sont restés longtemps indélébiles.

La pensée vidalienne a tiré sa force de la cohérence qui liait le « gallocentrisme » dicté par les circonstances historiques et une « idéologie » géographique qui pouvait l'alimenter. Ce nationalisme, qui est aussi celui de Barrès, s'est nourri de l'idée d'une prédestination naturelle de la France, harmonieuse dans ses formes hexagonales, riche de ses paysages naturels, de la diversité de ses climats, des terroirs de ses campagnes. Le couple unité nationale/diversité a été un thème fort de l'enseignement de la géographie depuis un siècle.

Jusqu'aux années 1970, la France régionale enseignée en première est celle du « tableau géographique » de Vidal de La Blache. Les régions étudiées sont les « régions naturelles » que l'on décrit par le menu à travers les « pays ». L'emboîtement des échelles s'opère par le biais de la description qui suit le même plan stéréotypé. On campe le cadre physique régional, puis on procède à la caractérisation des « pays » qui composent la région naturelle et on termine par les villes et leurs spécialités.

La tradition vidalienne a inspiré les instructions officielles rédigées à destination des enseignants pendant au moins un demi-siècle. Cette « percolation » vidalienne, pour reprendre l'expression d'Isabelle Lefort, n'a pas été exempte de déformations et de réductions de toute nature.

Elle s'est manifestée dans le poids accordé à la géographie physique et à la géographie rurale, en particulier dans le programme de géographie générale de la classe de seconde. Les auteurs de manuels, J. Brunhes ou A. Demangeon, ont été les grands interprètes des programmes officiels et leur renom a sans doute contribué à en figer les traits.

Le « possibilisme » vidalien s'est mué, par simplifications successives, en un déterminisme d'autant plus excessif que les corrélations recherchées versaient dans le simplisme. Aujourd'hui encore, le recours au déterminisme dans sa forme pervertie, est très fréquent. Il fonctionne comme un réflexe conditionné chez les apprentis-géographes qui ne sont évidemment pas responsables de la perversion.

On peut en dire autant du fameux « plan à tiroir », dénoncé constamment parce qu'il traduit une démarche déterministe et qui, pourtant, continue d'être utilisé. Pour expliquer cette persistance, on a incriminé les enseignants du secondaire, les manuels en vigueur dans les collèges et lycées. L'explication est un peu rapide. C'est la démarche globale de la géographie classique, savante et scolaire, qui en est à l'origine.

CRISE DE LA GÉOGRAPHIE, CRISE DE SON ENSEIGNEMENT

Pédagogie et didactique

❑ *L'inadaptation de l'enseignement.* Les « Trente Glorieuses », la guerre froide et la bipartition du monde, le sous-développement, la construction européenne, l'explosion urbaine en France et dans le monde, tout poussait à une réactualisation de l'enseignement de la géographie. Mais la géographie n'avait pas les moyens de se renouveler. Il n'existait pas d'alternative pour redonner du souffle à cette discipline qui ressentait pourtant le besoin de s'adapter aux changements. C'est donc par adjonction de rubriques que l'adaptation a été tentée, avec le risque d'alourdir les programmes et d'accumuler de nouveaux défauts. L'approche vidalienne s'est ainsi teintée d'économisme. On ouvrait les élèves au monde à travers l'analyse de la puissance économique américaine et du système socio-économique de l'Union soviétique. La mondialisation de l'économie était vue à travers le prisme du marché des grands produits (blé, pétrole, etc.). Le sous-développement était étudié comme un retard de croissance du tiers monde par rapport aux pays industrialisés, ce qui contribuait à entretenir l'idéologie caritative diffusée par les médias. Concernant la France, les programmes ont substitué à l'approche régionale vidalienne celle, économique, des « régions de programme » qui, à travers leur réseau urbain polarisé, leur secteur primaire, secondaire et tertiaire, se ressemblent toutes. Il n'est pas jusqu'à l'aménagement du territoire qui n'ait été surévalué dans ses aspects économiques. Que n'a-t-on pas écrit dans les manuels scolaires sur la réussite de la politique des métropoles d'équilibre ou sur celle de la décentralisation industrielle ? Sous couvert de géographie, c'est l'enseignement d'une économie spatiale qui était pratiqué. Cet économisme poussait les enseignants à substituer aux anciennes nomenclatures, celles des statistiques les plus récentes. Le succès de certains recueils statistiques témoigne assez de cette contagion et de cette fétichisation du chiffre.

Au total, à la fin des années 1960, l'enseignement de la géographie, par ailleurs figé par la crainte d'entrer dans des débats politiques, n'était pas en mesure d'apporter aux jeunes une meilleure compréhension du monde. Car tel était bien le principal grief énoncé à l'encontre de la géographie enseignée.

❏ *1968 et l'illusion pédagogique.* La géographie scolaire et universitaire a, en effet, été malmenée lors des événements de 1968 et dans la décennie qui a suivi. Elle a été la discipline la plus contestée par les élèves des lycées et des étudiants qui la jugeaient ennuyeuse et rébarbative. On lui reprochait d'être farcie de nomenclatures, de chiffres, de cartes, de descriptions qui n'expliquaient rien.

Beaucoup d'enseignants ont alors cru que le mal venait non de la discipline elle-même, mais de la façon dont elle était enseignée. Ils ont placé leurs espoirs dans une mutation pédagogique

Une tradition de recherche pédagogique existait en France et, en particulier en géographie. Inspirées par le plan Langevin-Wallon, les « Classes nouvelles » créées au lendemain de la guerre avaient introduit de nouvelles méthodes de pédagogie active. La géographie eut la part belle avec les « études du milieu » qui permettaient aux élèves d'aller sur le terrain. Malgré leur abandon ultérieur, le pli était pris d'appuyer l'enseignement sur des exemples concrets, sur des documents, sur des études de cas puisés dans le milieu proche.

Les partisans de l'École Freinet, ceux du GFEN (Groupe français d'éducation nouvelle) et d'autres militants pédagogiques ont grandement contribué à la diffusion de ces méthodes actives. Au lendemain de 1968, leur expérience répondait à l'attente de nombreux enseignants désemparés par les contestations de leurs propres élèves. Les travaux de l'INRP (Institut national de recherches pédagogiques), les recherches menées dans les collèges expérimentaux, leur apportaient une sorte de caution officielle, confirmée encore par la réforme Haby qui, en ouvrant les collèges à tous les élèves de l'École primaire, impliquait un renouvellement de la pédagogie. L'appel à un enseignement thématique, à la fusion de l'histoire et de la géographie, à l'interdisciplinarité prenait à contre-pied les enseignants du second degré, habitués à un public déjà sélectionné, à des programmes hiérarchisés et nettement définis. Un clivage en est résulté entre les enseignants « pédagogistes » qui contestaient l'« encyclopédisme » de la géographie scolaire et abandonnaient parfois le terrain de la transmission des connaissances sous prétexte que les élèves ne s'intéressaient plus aux contenus « traditionnels », et les enseignants dits « conservateurs » dont la volonté de maintenir les connaissances encyclopédiques, s'accompagnait parfois de conceptions rétrogrades sur le « savoir » et les méthodes pour le transmettre. Les excès des uns et des autres ont sans doute contribué à freiner les évolutions.

Néanmoins, les années 1970 ont été marquées par un incontestable progrès de la pédagogie dont témoignent les manuels scolaires qui ont joué, à cet égard, un rôle moteur. L'iconographie est devenue le support des démonstrations. La qualité des photographies, le renouvellement des cartes et des croquis, le choix des documents, ont permis aux enseignants de mettre en pratique une pédagogie active et vivante.

C'est aussi à ce moment-là que s'est produite une interférence entre les retombées de mai 68 et les effervescences de la « nouvelle géographie ».

❑ *L'émergence de la didactique.* La didactique est une branche de la pédagogie qui cherche à établir la médiation entre la science telle qu'elle se développe et ce qui doit être transmis aux élèves. Que dois-je enseigner à des élèves de tel niveau, et comment dois-je l'enseigner ? Les réflexions sur la didactique de la géographie prennent de plus en plus de place dans les préoccupations des enseignants depuis que s'est éteint le feu pédagogique allumé en 1968. Les principales revues de géographie consacrent désormais, à côté des contributions spécialisées, une part à la didactique qui est le pendant de la place réservée, sur le plan scientifique, à la méthodologie. Il y a en effet une certaine symétrie entre les questions de méthodologie et la question des méthodes d'enseignement spécifiques à la géographie. Toutes deux renvoient aux problèmes épistémologiques.

La réflexion didactique est une absolue nécessité. Elle seule est susceptible d'établir le lien entre l'épistémologie et la recherche dans une science et ce que devrait être son enseignement, ses contenus et ses méthodes.

Il se trouve – et ce n'est pas un hasard – que la réflexion en didactique a été surtout le fait des partisans de la « nouvelle géographie ». La critique radicale des paradigmes de la géographie traditionnelle et la construction d'une nouvelle théorie géographique impliquaient dans le même temps une remise en cause de la géographie scolaire. Mais comme le débat n'est pas clos, l'affaire a pris un tour militant dans le prolongement du « pédagogisme » des années post-68.

Cette tournure provoque parfois une certaine irritation chez ceux qui gardent une position critique à l'égard de la « nouvelle géographie » et qui ont le sentiment de se voir imposer comme scientifique ce qui n'est qu'une école de pensée. D'autant plus que les didacticiens sont des chercheurs en didactique mais ne sont pas souvent des chercheurs en géographie ; ils ne tiennent les innovations que de seconde main ; de là découle une certaine propension au dogmatisme et au systématisme, plus perceptible chez les disciples que chez les maîtres.

Par exemple, faut-il vraiment pratiquer le passage en force pour que pénètrent les « concepts », ou les « notions », ou les « modèles » de la « nouvelle géographie » ? Si le rabâchage sur le systémisme, les réseaux ou le vocabulaire a peu d'effets, c'est peut-être que le soubassement théorique manque encore d'assurance. A l'inverse, la diffusion de la chorématique s'opère facilement parce que son efficacité pédagogique est indéniable.

On pourrait même parler d'une aile « ultra » de la « nouvelle géographie » qui entend faire de la géographie une science de la spatialité, une science de l'espace en soi, existant hors de la société et qui, au nom de la théorie, refuse à la fois le rapport à la nature et le rapport à l'histoire (voir à ce sujet ce qu'en dit Michel Sivignon dans le texte en fin de chapitre). Dans le même sens, s'il est vrai que les représentations et la perception de l'espace varient selon les individus, les groupes sociaux ou le temps, peut-on en conclure que le « réel objectif n'existe pas en dehors de nos représentations » ? (A. Bailly, « Les représentations en géographie » *in Encyclopédie de la géographie,* Economica, 1992). Appliquée à l'enseignement et mal comprise, une telle conception risque d'être dangereuse.

Dans ces conditions, on peut comprendre que la « nouvelle géographie » provoque, chez les enseignants, des sentiments divers, faits de curiosité, de méfiance, parfois de dérision, ou encore d'adhésion enthousiaste. Dans l'ensemble, la sagesse et la prudence l'emportent. Si les débats théoriques vont à leur terme, nul doute que la pédagogie de la géographie évoluera et s'adaptera à son rythme dans l'ensemble du second degré. Mais il ne revient pas aux enseignants du second degré de trancher ce débat à l'aval du lieu où il se situe. Il y a plus à perdre qu'à gagner à vouloir forcer le destin d'une discipline d'enseignement.

On insiste souvent sur le décalage entre la géographie savante et la géographie scolaire. Un décalage n'est pas forcément un retard. L'enseignement ne sera jamais comparable à la recherche. Mais, pour enseigner valablement, il convient de maîtriser les problématiques de la discipline. C'est la principale difficulté de l'heure dans l'enseignement secondaire.

L'état des lieux

Finalement, la question des programmes est-elle essentielle ? Ne leur a-t-on pas attribué beaucoup plus d'importance qu'ils n'en ont ? La qualité principale d'un programme est de donner une cohérence à la progression pédagogique d'un cycle d'enseignement. Il ne constitue qu'un cadre général assurant l'unité d'un enseignement sur l'ensemble du territoire national, laissant, pour sa mise en œuvre, une liberté quasi totale aux enseignants. Certes, l'exemple de Vichy montre qu'un programme peut être conçu à des fins nationalistes, mais ce n'est vrai que lorsque le régime politique l'est. Un programme est beaucoup plus le reflet de l'état de la discipline elle-même, que d'enjeux politiques ou idéologiques. Assurément, des pratiques ont pu, quelque temps, laisser croire que la pédagogie ressortissait d'une autorité supérieure et qu'en son nom, étaient jugés les enseignants. En réalité, cette surestimation du rôle des programmes reflète la difficulté de beaucoup d'enseignants à assumer la responsabilité de leur propre enseignement. Or, si le problème se pose en ces termes, c'est qu'il existe, en géographie, un problème particulier de formation des maîtres.

❏ *La formation des maîtres.* De nombreux rapports officiels (rapport Girault, 1982 ; rapport Joutard, 1988) ont mis l'accent sur la situation préoccupante de la formation des enseignants en géographie. Le diagnostic est connu : dans l'enseignement secondaire, 80 % des maîtres qui enseignent l'histoire-géographie n'ont pas reçu une formation universitaire suffisante en géographie.

Il existe en effet une distorsion entre la symétrie qui règne dans les lycées et collèges et qui établit une parité des deux disciplines en termes d'horaires d'enseignement, et le décalage inquiétant qui se creuse, au niveau de la formation universitaire, entre l'histoire et la géographie. Pour quelles raisons ?

D'abord, parce ce que la géographie attire moins d'étudiants que l'histoire. Et, par ailleurs, depuis la loi d'orientation de l'enseignement supérieur de 1969, la plus grande spécialisation des études supérieures au niveau de la licence permet à un étudiant d'acquérir une licence d'histoire sans avoir (ou presque) de formation en géographie, de se présenter et de réussir aux concours de recrutement de l'Éducation nationale.

Si l'on ajoute à cela, la présence, dans les collèges, des anciens PEGC qui n'ont pas (ou peu) fait d'études supérieures, c'est bien 4/5e des enseignants du secondaire qui présentent une carence de formation dans une discipline qu'ils enseignent.

De plus, entre 1988 et l'an 2000, en plus des flux compensant les mises à la retraite, il faudra recruter, dans ces conditions, 16 000 nouveaux enseignants d'histoire et géographie.

Pour pallier ce déficit et pour mettre à niveau les enseignants en exercice, un effort exceptionnel de formation permanente devrait être programmé. D'autre part, il conviendrait de revenir à un meilleur équilibre entre les deux « disciplines-sœurs », au moins pour les étudiants qui se destinent à l'enseignement. La mise en place des nouveaux DEUG diffère d'une université à l'autre, mais elle répond parfois à cette exigence. De même, la création des IUFM (Instituts universitaires de formation de maîtres) correspond dans une certaine mesure à ce double objectif.

L'enseignement actuel de la géographie est bâtard à plus d'un titre. Il est fait d'une superposition de traditions dont la légitimité reste à prouver, et d'ajustements successifs effectués au gré des changements de conjoncture politique, économique, civique ou pédagogique. De plus, cet enseignement est traversé par les controverses épistémologiques qui affectent la géographie universitaire à la recherche de son identité. Les enseignants géographes sont dans le désarroi parce qu'ils ne savent plus ce qu'il convient d'enseigner, ballottés entre les contraintes des programmes et leur désir de suivre les évolutions de la « science » géographique. *A fortiori,* ceux qui ont une formation insuffisante en géographie, se trouvent dans une situation encore plus inconfortable.

Tout compte fait, s'il est vrai que le lieu où se situent les carences de l'enseignement de la géographie est bien le second degré, la cause, elle, semble bien se localiser dans l'enseignement supérieur.

❏ *L'enseignement supérieur.* L'université est, avec le CNRS, le lieu unique de la recherche et de l'innovation. Elle est aussi le lieu majeur du débat théorique sur les fondements, l'objet, les finalités, les méthodes de la géographie. A tous égards donc, l'avenir de la science géographique est entre les mains des universitaires et des chercheurs. Globalement, l'université assume cette responsabilité.

Toutefois, ces débats qui se transforment souvent en querelles où se mêlent divers intérêts corporatifs, aboutissent à des blocages et à des inerties préjudiciables. Dans les cursus universitaires, la modernisation s'opère aussi sous la forme d'adjonctions (comme l'épistémologie, l'histoire de la géographie, la télédétection, la géographie politique, le traitement de l'information géographique, etc.). Mais la structure de l'enseignement reste à peu près immuable dans son organisation d'ensemble. Fixée dans l'entre-deux-guerres, elle renvoie au même fond issu de l'époque vidalienne : géographie générale physique – géographie générale humaine – géographie régionale. Cela signifie qu'il est très difficile de trouver une alternative à un ordre qui a d'autant plus tendance à se reproduire qu'il est défendu par une partie non négligeable des enseignants du Supérieur. De plus, cette permanence est confortée encore par l'agrégation de géographie : elle reste l'objectif vers lequel tend la formation des étudiants de géographie. La structure des épreuves traduit le même schéma de pensée : géographie physique, géographie humaine, géographie régionale. Il y a bien là quelque chose qui ressemble à un système clos.

Faudrait-il pour autant supprimer l'agrégation de géographie et en revenir à une agrégation commune d'histoire et de géographie, comme il est dit quelquefois ? Puisqu'une modernisation des structures pédagogiques est en cours au niveau du DEUG, on peut espérer qu'elle se prolongera au niveau de la licence et qu'elle se traduira bientôt par des changements dans les épreuves de l'agrégation. En l'état actuel des choses, la suppression de l'agrégation risquerait fort de porter un coup à la géographie universitaire et à la géographie tout court.

Sans doute, la géographie « recentrée » est-elle en passe de devenir consensuelle à l'Université. Il reste fort à faire pourtant pour qu'une réunification du champ de la connaissance se réalise autour d'une identité retrouvée de la géographie. A tous les niveaux de l'enseignement, le besoin de cette identité est criant.

LA MISSION ÉDUCATIVE DE LA GÉOGRAPHIE

Comme au temps de la IIIe République, cette mission est double : « transmettre » un savoir géographique et, par là même, contribuer à la formation civique des jeunes. Dans ces deux domaines, les objectifs ne sont plus les mêmes qu'il y a un siècle parce que le monde a changé, parce que la géographie n'est plus la même et parce que la citoyenneté ne peut plus être synonyme de nationalisme.

Comprendre les territoires

Nous nous contenterons de tirer ici quelques conséquences des propositions du chapitre précédent qui convergent avec les idées développées dans les deux documents de fin de chapitre de P. Claval et M. Sivignon.

❑ *Affirmer que la géographie est une science sociale* suppose un renversement des problématiques et des démarches de la géographie classique. Si l'observation est toujours le temps premier de l'analyse des phénomènes, c'est de l'observation de l'espace des hommes et des sociétés qu'il convient de partir et non plus des milieux naturels.

Faudrait-il alors éliminer toute référence à la nature ? La nature intervient-elle dans l'organisation de l'espace des sociétés ? La réponse, nous l'avons montré, ne peut être que positive. Il serait paradoxal qu'au moment où les interrogations des jeunes se portent vers les questions de l'environnement et des équilibres écologiques, les géographes s'en dessaisissent. Tout dépend de la manière d'aborder le problème. L'approche systémique est sans doute la plus adaptée car elle permet d'appréhender la façon qu'a une société de s'adapter aux contraintes naturelles, de les utiliser parfois de façon abusive, de les transformer jusqu'à engendrer des déséquilibres, d'économiser ou de gaspiller les ressources renouvelables et non renouvelables. L'approche « scientifique » des problèmes de l'environnement permet de les relativiser et de les replacer dans leur contexte historique. Depuis des millénaires, l'action humaine modifie et artificialise la nature. P. Pinchemel remarque que les défrichements du Néolithique au Moyen Age, en Europe, ont été d'une tout autre ampleur que ceux de l'Amazonie aujourd'hui. La forêt landaise provient d'un boisement artificiel réalisé sous le Second Empire qui a détruit le « milieu des landes » pour en créer un autre. Une telle opération serait sans doute impensable de nos jours. Les risques écologiques majeurs actuels, à l'échelle locale comme à l'échelle planétaire, résultent du mode de développement des pays industrialisés, de ce productivisme qui a négligé l'intérêt général des sociétés et de l'humanité, au nom de la croissance économique.

❑ *Dire que la géographie est génétique, structurale et fonctionnelle* implique que l'enseignement porte l'accent non seulement sur une phénoménologie de l'espace qui est une autre façon de décrire, mais sur l'explication des phénomènes. L'analyse des formes et des structures spatiales est un temps nécessaire, mais seule l'explication est capable de satisfaire le besoin des jeunes de comprendre le monde dans lequel ils vivent. Or, si, pour une part, les explications relèvent de la géographie elle-même, celles en particulier qui touchent au fonctionnement territorial, pour une autre part, l'appel aux autres sciences sociales est nécessaire. Et, parmi les sciences sociales, l'histoire occupe une position de premier plan. Le territoire est historique dans tous ses aspects, dans ses structures, dans ses modes et systèmes de fonctionnement. Toute explication comporte une dimension historique. Quant aux autres sciences sociales, c'est en tant que de besoin que le géographe les sollicite. P. Claval a raison d'insister sur le fait que la géographie et l'histoire constituent « les vecteurs idéaux pour initier aux sciences sociales » (voir le document en fin de chapitre).

❏ *Histoire et géographie.* A ce propos, ce n'est évidemment pas en confondant les programmes d'histoire et de géographie que la liaison organique entre les deux disciplines peut se renforcer. Une interdisciplinarité ne peut s'affirmer que dans le respect de l'identité de l'une et de l'autre.

La chance de l'enseignement français – qui n'est sans doute pas exploitée – est de pouvoir faire converger les approches et d'enrichir l'enseignement de l'une et l'autre. F. Braudel a échoué dans sa tentative de faire inscrire, tout au moins durablement, dans les programmes de terminales l'étude des grandes civilisations. Il avait mis le doigt sur un problème réel qui concerne à la fois l'histoire et la géographie. Est-il normal que les civilisations ne soient approchées que sous l'angle historique et seulement dans les premières classes des collèges ? Les anciennes civilisations de la Méditerranée, l'Égypte, la Mésopotamie, la Grèce, Rome, Byzance, la civilisation arabo-islamique sont présentées « dans leur espace », en sixième et en cinquième, mais les élèves quittent l'enseignement secondaire sans avoir eu l'occasion de réfléchir sur les grandes aires des civilisations actuelles, leurs valeurs et leur culture, pas plus qu'à leurs formes spécifiques d'organisation du territoire.

En classe de terminale, la vision « systémique » du monde, son analyse en « champs », pôles, réseaux, « oligopoles » et grandes puissances n'est-elle pas encore trop économique ? Ne conviendrait-il pas de réfléchir à l'introduction d'une approche géographique des civilisations, celle qui établit des relations entre la société, l'histoire et le territoire ?

❏ *Dire que la géographie est à la fois nomothétique et idiographique* est une autre façon de réaffirmer l'existence d'une géographie générale et d'une géographie régionale. Si la géographie n'était que nomothétique, on serait conduit à ne plus enseigner qu'une géographie générale faite de « lois », de « modèles », de « concepts », de « notions » et de schémas gravitationnels qu'il suffirait de vérifier à l'aide d'exemples. Le côté rébarbatif si souvent stigmatisé de la géographie encyclopédique risquerait fort d'être accentué.

Il n'y a pas lieu d'opposer les deux aspects tout aussi fondamental l'un que l'autre. Ce qu'Yves Lacoste nomme la « spatialité différentielle » est bien une dimension capitale de la géographie qui permet de rendre compte de la singularité des espaces. La démarche théorique, qui est seule capable de fournir les référents généraux, l'est tout autant. Mais il serait dommageable, sous couvert de renforcer la scientificité de la géographie, de vouloir transmettre une « théorie » et d'inventer une didactique de cette théorie. Apprendre aux jeunes à comprendre le monde et ses territoires, leur donner les moyens d'analyses, les méthodes et les concepts pour ce faire, en partant des réalités appréhendées dans leurs différences, à toutes les échelles, c'est déjà un vaste programme.

Dans le même ordre d'idée, est-il normal qu'à la sortie de l'enseignement secondaire, aucun étudiant n'ait entendu parler de Vidal de La Blache ou ne sache ce que sont les modèles de Christaller? *A fortiori,* est-il normal qu'à l'agrégation d'histoire, très rares soient les candidats familiarisés avec l'histoire de la géographie ou avec les questions épistémologiques? L'enseignement secondaire comme l'enseignement supérieur n'accorde aucun recul, aucun temps de réflexion sur la discipline. Sans aller jusqu'à introduire ces questions dans les programmes, ne pourrait-on recommander aux enseignants d'éclairer, de temps à autre, la géographie par son histoire?

❑ ***L'écueil de l'encyclopédisme*** est bien sûr à éviter. Encore faut-il s'entendre sur ce qu'est l'encyclopédisme. Un socle de connaissances de base de la répartition des continents, des terres et des mers, à la surface du globe est indispensable. Seule cette connaissance permet de replacer les situations respectives et de les relativiser les unes par rapport aux autres et par rapport à la globalité. Il faut savoir localiser pour comprendre les répartitions des hommes, des productions, des courants d'échanges, des flux. Mais il en est des localisations en géographie comme des dates en histoire. Elles n'ont pas d'intérêt en elles-mêmes, mais elles prennent un sens lorsqu'elles sont éclairées par leur contexte, par la comparaison qu'elles permettent avec d'autres phénomènes de même nature. L'effort à demander n'est pas tant de mémoriser que de donner des grilles culturelles aux élèves leur permettant de disposer d'éléments de comparaison en ordre de grandeur.

Contribuer à la formation civique

Rendre le monde intelligible, c'est aussi préparer les jeunes à un nouveau type de citoyenneté. La géographie est, avec l'histoire, la discipline qui révèle à la fois la globalité du monde et ses différences. Elle permet de comprendre le présent de la société pour préparer l'avenir en fonction du passé. En ce sens, la géographie est éminemment politique, au sens étymologique du terme : elle s'intéresse aux affaires de la cité.

Yves Lacoste a eu raison de dénoncer la tendance de la « géographie des professeurs » à évacuer toute la dimension politique des problèmes. La géopolitique est nécessaire à l'enseignement de la géographie pour mettre au jour les enjeux touchant au mode d'utilisation de l'espace. Ces enjeux naissent et se développent à tous les niveaux territoriaux. Cela concerne aussi bien les problèmes d'aménagement du territoire, le tracé d'une ligne de TGV ou d'une autoroute, que l'utilisation des eaux du Jourdain entre les pays riverains, ceux de la destruction de la forêt amazonienne comme ceux de la pollution des océans, ceux de l'explosion urbaine comme ceux du sous-développement. Comme jamais auparavant, ces enjeux sont l'objet d'une intervention directe des citoyens. La fonction de l'enseignement de la géographie est aussi de préparer les jeunes à assumer leur rôle de citoyen à tous les échelons de la citoyenneté, de la commune à la région, de la région à la nation, de la nation à l'Europe, de l'Europe au monde.

La IIIe République donnait à la géographie la mission de forger une conscience nationale. La géographie, aujourd'hui, débouche sur une conscience mondiale des problèmes.

Ces remarques n'ont d'autre ambition que d'indiquer quelques inflexions à imprimer à l'enseignement de la géographie pour tenter de répondre au regain d'intérêt manifesté par les élèves pour la géographie. Ce n'est pas par des changements de programmes que leur curiosité sera satisfaite, mais par la capacité des enseignants à expliquer les réalités dans toute leur complexité.

DOCUMENTS

■ **Michel Sivignon : la géographie en tant que vecteur pédagogique, ou la géographie des manuels**

La géographie et l'histoire ont joui pendant, longtemps d'un monopole absolu en matière de pédagogie des sciences sociales. Le monopole n'a été écorné que par l'apparition des professeurs de sciences économiques et sociales, dont l'effectif ne représente actuellement que 10% de celui des professeurs d'histoire et de géographie. C'est dire qu'aujourd'hui encore, l'histoire et la géographie dans l'enseignement secondaire sont les vecteurs pédagogiques, non seulement de ces deux disciplines, mais aussi des sciences sociales voisines : démographie, économie, sociologie. Le rôle de vecteur, favorable sur le plan du statut institutionnel des deux disciplines, a contribué à brouiller l'image de la géographie dans le grand public, qui ne la connaît guère que par son expression pédagogique, celle des cours et celle des manuels. Ce flou a été exploité par les géographes eux-mêmes, dont certains ont proposé et continuent de proposer, sous le titre « économie de tel ou tel pays », une sorte de géographie économique à l'ancienne, catalogue de productions auquel les économistes contestent le titre revendiqué d'économie. Il y a là une ambiguïté majeure, entretenue par les programmes et les manuels de première et de terminale : la présentation de la France, des pays de la CEE, des grandes puissances, n'a pas grand-chose à voir avec une réflexion sur les rapports entre espace et société.

A vrai dire, cette ambiguïté est ancienne et elle n'est pas facile à lever, si l'on veut que la géographie continue à jouer ce rôle de vecteur pédagogique. Tous les manuels par exemple, depuis le début du siècle, terminent l'étude d'un pays par l'examen de son commerce extérieur, balance commerciale et balance des comptes. La première plutôt que la seconde d'ailleurs, parce que l'on est plus à l'aise dans l'énumération des achats et des ventes que dans la rémunération des capitaux placés à l'étranger, le service de la dette, plus généralement, les problèmes monétaires, toutes notions qui ne sont pas géographiques, mais que l'on retrouvera mêlées à celles qui ressortissent à la géographie, dans l'index des manuels.

Le risque de confusion est d'autant plus grand que, dans le premier cycle de l'enseignement secondaire, le professeur de géographie est chargé d'enseigner l'initiation à l'économie, mais que les programmes de l'enseignement supérieur ne prévoient pas cette initiation sous la forme d'une sorte « d'économie pour géographes », au contraire de la « géographie pour historiens », bien connue dans nos cursus.

Marcel Roncayolo s'est attaché à explorer ce rôle de vecteur des sciences sociales qui nous revient dans l'enseignement secondaire. Ce point seul mériterait de beaucoup plus longs développements : qu'est-ce qui, dans le domaine de la démographie, de l'économie, de l'anthropologie sociale, de la sociologie devrait participer à l'information et à la culture d'un adolescent qui termine ses études secondaires, et sommes-nous équipés pour transmettre ce savoir ? On constatera de surcroît, que les catégories d'histoire et de géographie ne sont pas pertinentes pour assurer ce rôle : si l'on admet que dans le champ de l'économie, deux notions, celle de crise et celle de croissance, doivent être précisées par nos soins, les aborderons-nous en tant qu'historiens ou en tant que géographes ?

Sociologie de l'unanimité, épistémologie de l'émiettement

François Furet écrit à propos de l'histoire que « la sociologie de l'unanimité cache l'épistémologie de l'émiettement ». La proposition est également valable pour la géographie. Paul Claval a proposé à notre groupe de travail une définition de la géographie comme science sociale. Cette proposition n'a pas fait l'unanimité :

> [...] La question est de savoir si les grands principes de la géographie physique – si tant est que l'on soit d'accord là-dessus – sont des composants majeurs d'une culture géographique. Peut-on avoir l'ambition de déchiffrer la logique de l'espace dans lequel vivent les sociétés en ignorant ce qu'est un tropique, un cercle polaire ? Je pense que non, mais je sais à quel procès nous serons assignés ; si nous affirmons, comme nous l'avons fait, que la zonalité, la dissymétrie, l'étagement sont des concepts importants pour comprendre le monde dans lequel nous vivons, on nous accusera de ressusciter la vieille géographie zonale.
>
> Par ailleurs, dans cette affaire, nous sommes renvoyés à la relation dialectique qu'entretiennent le scientifique et le pédagogique [...].
>
> Veut-on défendre notre pré carré institutionnel et pédagogique contre les menaces extérieures ? Les sciences de la terre et de l'univers sont alors un concurrent mitoyen auquel on montre les dents. Veut-on solliciter une reconnaissance scientifique à laquelle, pense-t-on, des crédits peuvent être liés ? On se retournera du côté de ces mêmes sciences de la terre avec l'espoir d'obtenir leur agrément.
>
> Une des tâches centrales de la géographie est à mon sens de décrire et d'expliquer « la multiplicité des solutions culturelles à l'éternelle contradiction entre l'homme et la nature ». Peu nombreux sont ceux qui, aujourd'hui, s'interrogent vraiment sur la liaison entre le social et le naturel. Ce vice est précisément ce qui fait problème aux historiens qui furent séduits par le modèle vidalien.
>
> Parallèlement, on a remarqué l'absence de concepts propres à la géographie physique conçue en tant que telle. Il existe des concepts de géomorphologie, de climatologie, de biogéographie et cette spécialisation évacue en même temps la liaison avec le social [...].

Analyse spatiale et société

Les discussions ont fait apparaître une césure importante entre ce que l'on peut dénommer les tenants de la géographie comme science sociale et les tenants de l'analyse spatiale.

Pour ces derniers, les catégories de l'analyse spatiale, (axes, pôles réseaux) peuvent et doivent être considérées indépendamment de la territorialisation et, à la limite, indépendamment de toute référence à la société humaine. Dans cette optique, la géographie n'est pas, comme le suggérait Braudel, l'étude de la société par l'espace, mais l'étude de la structuration de cet espace, sans référence à la société. Autrement dit, les flux, les champs d'attraction, les forces gravitaires existent en dehors de la présence de l'homme. Une sorte de gravitation universelle régit les sociétés, celle des hommes sans doute, mais aussi celle des animaux vertébrés et invertébrés. On pourrait donc – c'est moi qui fait la suggestion – remplacer les villes par des termitières et parier que la logique de la répartition des termitières dans un coin de la savane est fondamentalement la même que celle de villes de l'Allemagne du Sud qu'étudiaient Lösch et Christaller.

Lors des journées géographiques d'Orléans, André Dauphiné s'est élevé avec force contre le caractère privilégié de la relation que la géographie entretient en France avec l'histoire. Pour lui, cette relation ne relève d'aucune nécessité épistémologique. Il n'y a pas, dit-il, de parallélisme entre la position de l'histoire vis-à-vis du temps et la position de la géographie vis-à-vis de l'espace car, si l'historien étudie bien la société dans le temps, le géographe tel qu'il le conçoit n'a pas pour centre d'intérêt la société, mais l'espace ou plus exactement la façon dont cet espace est structuré.

Pour moi, il est clair que les outils de l'analyse spatiale sont utiles pour vérifier des hypothèses et quelque chose manquait, avant leur introduction, dans la géographie. Mais toute cette mécanique homogène de la base au sommet est relativement pauvre, comme l'a souligné depuis longtemps J.B. Racine. La mise en perspective historique est autrement plus riche.

Histoire et géographie

La nécessité de retrouver l'articulation du social et du naturel est indissociable de la nécessité de retrouver l'articulation entre l'histoire et la géographie [...].

La cohabitation avec l'histoire est-elle uniquement un fait historique particulier à la France ? Elle est le produit d'une tradition, mais elle se justifie aussi sur le plan théorique. Toute l'évolution de l'histoire depuis Lucien Febvre passe par une recherche des structures, et la direction d'étude de Fernand Braudel à la VIe section de l'École pratique des hautes études s'intitulait, en 1947, « Histoire géographique ». Ce n'est pas un hasard si le plus beau livre de géographie de ce siècle est le premier tome de la *Méditerranée* de Fernand Braudel [...].

A mon sens, le géographe n'est autre qu'un historien des territoires [...].

Michel Sivignon, *L'Espace géographique,* n°2, avril-juin 1989, p. 136.

■ Paul Claval : la place de la géographie dans l'enseignement

Qu'est-ce que la géographie ? C'est de cette question qu'il convient de partir pour voir ce que la discipline peut apporter à la formation des enfants et des adolescents.

Qu'est-ce que la géographie ?

La géographie est une science sociale : elle s'intéresse à la terre des hommes. Elle analyse les faits naturels dans la mesure où ils éclairent la répartition et les mouvements des hommes, de leurs activités et de leurs œuvres à la surface de notre monde.

Pour expliquer la distribution des groupes humains et la manière dont ils structurent l'espace et se structurent dans l'espace, trois démarches sont nécessaires :

1. Les géographes étudient les relations « verticales » qui prennent place entre les cellules sociales et le milieu qui les porte. La géographie humaine repère ainsi la place de l'homme dans les pyramides vivantes et montre comment il les modifie, les transforme, les maîtrise, mais aussi les déséquilibre : ne les soumet-il pas à des prélèvements abusifs ? n'engendre-t-il pas des pollutions ? Au-delà des pyramides écologiques, c'est l'ensemble de ce qui les conditionne, relief, sols, climat, cycle de l'eau que l'on est conduit à prendre en compte.

2. Les géographes se penchent aussi sur les relations « horizontales » que les hommes tissent entre eux. Ils accordent une place de choix à la circulation et à la vie de relation ; ils s'attachent aux conditions de transport, aux moyens de communication et aux systèmes de relations sociales, économiques et politiques. Ils analysent les flux de biens, de personnes et d'informations. Ils montrent les logiques qui conduisent à la dispersion et celles qui mènent à la concentration. Ils appréhendent l'architecture des liens sociaux qui sont à l'origine des différentes formes de répartition.

3. Les géographes s'interrogent enfin sur les représentations du monde et de la société développées par les divers groupes. Le monde qu'ils étudient n'est pas peuplé de robots : les décisions que prennent les hommes sont motivées par la perception qu'ils se font du milieu naturel et social dans lequel ils vivent, par les idéologies qu'ils partagent et par les rêves qu'ils nourrissent.

Les géographes analysent à la fois les régularités qui caractérisent les relations verticales et horizontales que les hommes tissent, les déterminants historiques ou philosophiques de leurs représentations de l'espace et la manière dont l'ensemble de ces traits conduit à la différenciation des paysages et des organisations territoriales. Le tableau des paysages, des activités, des flux et des problèmes et dysfonctionnements qu'ils dressent ainsi est un point de départ obligé de toute réflexion sur l'aménagement.

L'apport de la géographie à la formation des jeunes

1. L'enseignement de la géographie permet de familiariser les enfants avec la terre sur laquelle ils vivent, de leur en donner une représentation scientifique et de leur fournir l'outillage conceptuel indispensable à qui veut comprendre milieux et sociétés. Les enseignants doivent donc réfléchir sur les notions-clefs de leur discipline, celles, par exemple, de densité (pour les relations verticales) et distance, champ, pôle, attraction (pour les relations horizontales). Ils doivent les mettre en œuvre progressivement, lorsque l'esprit des adolescents mûrit.

2. Les géographes utilisent, pour localiser et présenter leurs observations, un des langages fondamentaux de l'homme moderne : celui des cartes. Tous les enfants doivent apprendre à les lire, à les employer et à les interpréter.

3. La géographie fait connaître ce qui est lointain en soulignant ce par quoi cela diffère des horizons connus. Pour y parvenir, les enseignants doivent apprendre aux jeunes à s'étonner devant le monde, celui où ils vivent et celui que l'on essaie de leur faire découvrir à travers des cartes, des photographies ou d'autres documents. L'expérience du dépaysement ne peut que s'appuyer sur une dialectique incessante du proche et du lointain, et un changement constant d'échelles. Elle implique que l'on développe une attitude active face aux images présentées.

4. Les géographes analysent un monde qui se transforme sans cesse : c'est ce qui les lie à l'histoire. On ne peut comprendre le Moyen Age sans connaître les environnements auxquels faisaient alors face les gens. La géographie se mêle à l'histoire chaque fois qu'il est question d'appréhender des évolutions dans leur dimension spatiale. Cela suffirait à justifier l'association de l'enseignement des deux disciplines.

5. La géographie présente ceci de commun avec l'histoire qu'elle mobilise nécessairement bon nombre des résultats mis en évidence par les autres sciences sociales : elle ne peut se passer de l'analyse des mécanismes économiques, de l'étude de la stratification et de l'organisation sociale et d'une réflexion sur les institutions politiques et l'exercice du pouvoir. Elle ne peut ignorer non plus, les contraintes qu'introduisent les milieux dans lesquels vivent les hommes. L'avantage de la géographie (et de l'histoire), c'est de saisir l'homme comme un être concret, dans un espace précis, tirant sa substance d'un environnement déterminé, avec certaines techniques. Les conditions matérielles dans lesquelles se déroule la vie sociale ne sont jamais perdues de vue. L'approche concrète, datée et localisée conduit également à souligner le poids des représentations propres à chaque culture, à chaque époque. La géographie et l'histoire permettent donc d'apprendre aux enfants et aux adolescents un certain nombre des éléments essentiels des sciences sociales, tout en évitant de recourir à des schémas si généraux qu'il est difficile, sans maturité, de les mettre en œuvre et de les critiquer. La géographie et l'histoire constituent les vecteurs idéaux pour initier aux sciences sociales en évitant les biais qu'une représentation sans discernement induit trop souvent.

La géographie introduit, comme l'histoire, à la pluralité des systèmes sociaux, des représentations et des idéologies qui se partagent le monde. Elle montre comment la diversité est possible, et en quoi elle est féconde. La géographie donne aux futurs citoyens que sont les élèves une image de leur pays, de ses spécificités et de son insertion internationale. Elle leur apprend sa place nécessairement limitée dans ce concert mondial et les complémentarités qui, bien exploitées, le rendent indispensable aux autres.

6. L'enseignement de la géographie est fait pour présenter les grands problèmes du monde actuel : naissance des grands espaces, métropolisation et mondialisation de l'économie, inégal développement, risques écologiques. C'est un autre aspect de la formation des futurs citoyens.

7. Le rôle des géographes est, entre autres, d'expliquer comment les mécanismes naturels influent sur la vie des hommes. Pour éviter toute méprise, il est indispensable de partir dans le programme de seconde, des hommes, de leur groupement et de leur insertion dans la pyramide écologique ; la géographie cesse alors d'apparaître comme une discipline « naturelle » tentée par l'encyclopédisme.

8. L'enseignement régional apparaît souvent rébarbatif : au lieu de bien montrer comment les contraintes et les possibilités de l'environnement, les techniques de communication et de transport et les modes d'organisation sociale conduisent à tel type d'organisation de l'espace, la tentation est grande de tout présenter selon un plan mécanique. La compréhension est dès lors sacrifiée à la mémorisation. La géographie régionale est tout autre chose : aux géographes de le montrer par une approche rénovée de certaines parties des programmes.

9. Toute pédagogie implique des exercices et des contrôles. Il arrive que la nécessité de noter fasse oublier les finalités profondes de l'enseignement. Il importe que les professeurs se montrent vigilants sur ce point et qu'ils évitent de sacrifier ainsi l'essentiel à l'accessoire.

P. Claval, *L'Espace géographique,* n° 2, avril-juin 1989, p. 123.

Bibliographie

■ Histoire de la géographie

AUJAC G., *La Géographie dans le monde antique*, PUF, 1975.
BERDOULAY V., *La Formation de l'école française de géographie (1870-1914)*, CTHS, 1981.
BROC N., *La Géographie de la Renaissance*, coll. Format, CTHS, 1987.
CLOZIER R., *Histoire de la géographie*, « Que sais-je ? », PUF, 1960.
DAINVILLE F. (DE), *La Géographie des humanistes*, Beauchesne, 1940.
FEBVRE L., *La Terre et l'évolution humaine*, La Renaissance du livre, 1922.
GEORGE P., *Les Géographes français*, CTHS, 1975.
MEYNIER A., *Histoire de la pensée géographique en France*, coll. sup., PUF, 1969.
PINCHEMEL Ph. et G., *Réflexions sur l'histoire de la géographie*, CTHS, 1981.
PINCHEMEL Ph., *Deux Siècles de géographie française*, choix de textes présenté par Ph. Pinchemel, CTHS, 1984.
PINCHEMEL Ph. et *alii*, *Autour de Vidal de La Blache*, CNRS, 1981.
ROBIC M.-C., *Documents pour l'histoire du vocabulaire scientifique*, n° 3, 1982.
ROBIC M.-C. et *alii*, *Du milieu à l'environnement*, Economica, 1992.
ROBIC M.-C. et *alii*, *Les Géographes français entre milieu et environnement*, Economica, 1992.

■ Ouvrages théoriques

AURIAC F. ET BRUNET R., *Espaces, jeux et enjeux*, Fayard, 1986.
BAILLY A. et *alii*, *Les Concepts de la géographie humaine*, Masson, 1991.
BAILLY A. et BEGHIN H., *Introduction à la géographie humaine*, Masson, 1992.
BAILLY A., FERRAS R., PUMAIN D., *Encyclopédie de la géographie*, Economica, 1992.
BATAILLON C., PANABIERE L., *Mexico aujourd'hui, la plus grande ville du monde*, Publisud, 1988.
BEAUJEU-GARNIER J., *La Géographie, méthodes et perspectives*, Masson, 1971.
BENKO G., *La Dynamique spatiale de l'économie contemporaine*, éd. de l'Espace européen, 1990.
BERDOULAY V., *Des mots et des lieux. La dynamique du discours géographique*, CNRS, 1988.
BERQUE A., *Médiance. De milieux en paysages*, Reclus, 1990.
BRUNET R., *Le Redéploiement industriel*, Reclus, 1985.

BRUNET R., *Le Territoire dans les turbulences*, Reclus, 1990.
BRUNET R. et alii, *Les Villes « européennes »*, La Documentation française, 1989.
BRUNET R. et DOLLFUS O., *Géographie universelle*, « Mondes nouveaux », tome 1, Hachette, 1990.
BRUNET R., SALLOIS J., *France : les dynamiques du territoire*, Reclus, 1986.
BRUNHES J., *La Géographie humaine*, PUF, 1956.
BUNGE W., *Theoretical Geography*, Land Studies in Geography, 1962.
CHOLLEY A., *La Géographie : Guide de l'étudiant*, PUF, 1951.
CHRISTALLER W., *Die zentrale Orte in Süddeutschland*, G. Fischer, 1933.
CLAVAL P., *Essai sur l'évolution de la géographie humaine*, Les Belles Lettres, 1964.
CLAVAL P., *Géographie humaine et économique contemporaine*, PUF, 1984.
CLAVAL P., « La théorie des lieux centraux », *RGE*,1966.
CLAVAL P., «La théorie des lieux centraux revisitée », *RGE*, 1973.
CLAVAL P., « La théorie des villes », *RGE,* 1968.
DAMETTE F., SCHEIBLING J., « Vingt ans après, la géographie et sa crise ont la vie dure », *La Pensée,* n° 239, 1984.
DARDEL E., *L'Homme et la Terre*, CTHS, 1990.
DULONG R., *Les Régions, l'État et la société locale*, PUF, 1976.
DUPUY G., *Réseaux territoriaux*, Paradigme, 1988.
DURAND-DASTÈS F., « Les modèles en géographie », in *Encyclopédie de la géographie*, Economica, 1992.
DURAND-DASTÈS F., *Quelques remarques sur les modèles et leur utilisation en géographie*, BAGF, 1974.
FERRIER J.-P., *La géographie, ça sert d'abord à parler du territoire ou le métier des géographes*, Édisud, 1984.
« Géographie, état des lieux », *Espaces Temps,* n°s 40-41, 1989.
GEORGE P., *L'Illusion quantitative en géographie*, Mélanges A., Meynier, Presses universitaires de Bretagne, 1972.
GEORGE P., *Le Métier de géographe*, Armand Colin, 1990.
HÄGERSTRAND T., *Innovation Diffusion as a Social Process*, Chicago, 1953.
HAGGETT P., *L'Analyse spatiale en géographie*, Armand Colin, 1973.
HARTSHORNE R., *The Nature of Geography*, Association of American Geography, 1939.
HOYT H., *One Hundred Years of Land Values in Chicago,* Chicago University Press, 1933.
ISNARD H., RACINE J.-B. et REYMOND H., préfacé par P. George : *Problématiques de la géographie*, PUF, 1981.
LE BERRE M., « Territoires », in *Encyclopédie de la géographie*, Economica, 1992.
LEFEBVRE H., *La Production de l'espace*, Anthropos, 1974.
LE LANNOU M., *La Géographie humaine*, Flammarion, 1949.
LÖSCH A., *Die räumliche Ordnung der Wirtschaft*, Fischer, 1940.

PINCHEMEL G. et Ph., *La Face de la Terre*, Armand Colin, 1988.
PONSARD C., *Analyse économique spatiale*, PUF, 1988.
REILLY W.J., *Methods for the Study of Retail Relationships*, University of Texas, 1929.
REYNAUD A., *Épistémologie de la géomorphologie*, Masson, 1971.
REYNAUD A., *La Géographie entre le mythe et la science*, Travaux de l'Institut de géographie de Reims, 1972.
REYNAUD A., *Société, espace et justice*, PUF, 1981.
RITTER K., *Introduction à la géographie générale comparée*, Paris, Les Belles Lettres, 1974.
SAINT-JULIEN Th., *La Diffusion spatiale des innovations*, Reclus, 1986.
SANDERS L., *L'Analyse statistique des données en géographie*, Reclus, 1989.
SCHEIBLING J., « Débats, combats sur la « crise » de la géographie », in *La Pensée,* n° 194, 1977.
VIDAL DE LA BLACHE P., *Tableau géographique de la France*, 1903.
WALLERSTEIN I., *The Capitalist World Economy*, Cambridge, 1979.
WEBER Alfred, *Theory of Location of Industries,* Chicago University Press, 1929.
ZIPF G. K., *Human Behaviour and the Principle of Least Effort*, Cambridge, Harvard University Press, 1949.

■ **Géographie urbaine**

AYDALOT P., *Économie régionale et urbaine*, Economica, 1985.
BAILLY A., *L'Organisation urbaine, modèles et théorie*, Centre de recherche d'urbanisme, 1975.
BEAUJEU-GARNIER J., CHABOT G., *Traité de géographie urbaine*, Armand Colin.
BERRY B.J.L., *Géographie des marchés et du commerce de détail,* Armand Colin, 1971 (traduction de *Retail Location and Consumer Behavior*, 1962).
BERRY B.J.L., *Growth Centers in the American Urban System*, Ballinger, 1973.
BURGEL G., *Croissance urbaine et développement capitaliste, le « miracle » athénien*, CNRS, 1974.
BURGESS E.W., *Growth of the City*, American Sociological Society, 1925.
CLAVAL P., *La Logique des villes*, Litec, 1981.
DALMASSO E., *Milan, capitale économique de l'Italie*, Ophrys, 1971.
DAMETTE F, BECKOUCHE P., COHEN J. FISCHER J.C., SCHEIBLING J., *Métropolisation et aires métropolitaines*, STRATES, 1989.
DAMETTE F., *Nouveaux regards sur l'armature urbaine française*, DATAR, 1993.
DAMETTE F., BECKOUCHE P., *La Métropole parisienne*, STRATES, 1990.
DAMETTE F., SCHEIBLING J., *Le Bassin parisien, système productif et organisation urbaine*, DATAR, 1992.

DERYCKE P., *Espace et dynamiques territoriales*, Economica, 1992.
DUGRAND R., *Villes et campagnes du Bas-Languedoc*, PUF, 1963.
FERRAS R., *Barcelone, croissance d'une métropole*, Anthropos, 1977.
FERRAS R., « Ville : paraître, être à part », *Géographiques*, Reclus, 1990.
GRAFMEYER Y. JOSEPH I., *L'École de Chicago. Naissance de l'écologie urbaine*, Champ urbain, 1979.
LEFEBVRE H., *Le Droit à la ville*, Anthropos, 1968-1973 (2 tomes).
LEFEBVRE H., *Du rural à l'urbain*, Anthropos, 1970.
MUMFORD L., *La Cité à travers l'histoire*, Le Seuil, 1964.
MURPHY E. R., *The American City : an Urban Geography*, McGraw Hill, 1966.
PUMAIN D., *La Dynamique des villes*, Economica, 1982.
PUMAIN D. et SAINT-JULIEN Th., *Atlas des villes de France*, La Documentation française, 1989.
PUMAIN D. et SAINT-JULIEN Th., *Les Dimensions du changement urbain*, CNRS, 1978.
PUMAIN D., SAINT-JULIEN TH., SANDERS L., *Villes et auto-organisation*, Economica, 1989.
ROCHEFORT M., *L'Organisation urbaine de l'Alsace*, Les Belles Lettres, 1960.
RONCAYOLO M., *La Ville et ses territoires*, Gallimard, 1990.
SANDERS L., *Systèmes de villes et synergétique*, Economica, 1991.

■ **Géohistoire - civilisations**

BERQUE A., *Vivre au Japon*, PUF, 1982.
BRAUDEL F., *Grammaire des civilisations*, Flammarion, 1993.
BRAUDEL F., *Civilisation matérielle, économie et capitalisme*, Armand Colin, 1979.
BRAUDEL F., *La Méditerranée au temps de Philippe II*, Armand Colin, 1949.
BRAUDEL F., *L'Identité de la France*, Arthaud-Flammarion, 1986-1989.
GEORGE P., *La Géographie à la poursuite de l'histoire*, Armand Colin, 1992.
GOUROU P., *Riz et civilisation*, Fayard, 1984.
GOUROU P., *Leçon de géographie tropicale*, EPHE, 1971.
REYNAUD A., *Une géohistoire : la Chine des printemps et des automnes*, Reclus, 1992.

■ **Géographie du sous-développement**

ANTOINE P., DUBRESSON, A. MANOU-SAVINA A., *Abidjan « côté cour »*, Karthala, 1987.
CASTRO J. (DE), *Géographie de la faim*, Les Éditions ouvrières, 1991.
CHARVET J.P., *Le Désordre alimentaire mondial,* Hatier, 1987.
KAYSER B., *L'Agriculture et la société rurale des régions tropicales*, SEDES, 1969.

LACOSTE Y., *Unité et diversité du tiers monde*, La Découverte-Hérodote, 1980.
LACOSTE Y., *Ibn Khaldoun, Naissance de l'histoire, passé du tiers monde*, Maspéro, 1966.
LACOSTE Y., *La Géographie du sous-développement*, PUF, 1966.
MASSIAH J., TRIBILLION J., *Villes en développement*, La Découverte, 1988.
POURTIER R., *Le Gabon. Espace, histoire, société*, L'Harmattan, 1989 (2 tomes).
RACINE J., *Calcutta, la ville, sa crise*, CEGET-CNRS, 1986.
SANTOS M., *L'Espace partagé*, éd. Genin, 1975.
SAUTTER G., *Les Structures agraires en Afriques tropicale*, CNRS, 1968.
SAUVY A., *La Terre et les hommes*, Economica, 1991.

■ **Géographie humaine**

BÉTHEMONT J., *De l'eau et des hommes*, Bordas, 1977.
DERRUAU M., *Précis de géographie humaine*, Armand Colin, 1961.
DÉZERT B., VERLACQUES C., *L'Espace industriel*, Masson, 1978.
GACHELIN C., *La Localisation des industries*, PUF, 1977.
GEORGE P., *L'Action humaine*, PUF, 1968.
GOTTMANN J., *L'Amérique*, Hachette, 1960.
LABASSE J., *L'Organisation de l'espace*, Paris, 1966.
MEYNIER A., *Les Paysages agraires*, Armand Colin, 1958.
MONZAGOL C., *Logique de l'espace industriel*, PUF, 1980.
NOIN D., *Géographie de la population*, Masson, 1979.
NOIN D., *L'Espace français*, Armand Colin, 1976.
NOIN D., CHAUVIRÉ Y., *La Population de la France*, Masson, 1987.
SORRE M., *L'Homme sur la Terre*, Hachette, 1961.
VIDAL DE LA BLACHE P., *Principes de géographie humaine*, Armand Colin, 1921.

■ **Géographie physique**

BIROT P., *Précis de géographie physique générale*, Armand Colin, 1959.
MARCHAND J.P., *Contraintes climatiques et espace géographique. Le cas irlandais*, Caen, Paradigme, 1985.
PECH P. et REGNAULD H., *Géographie physique*, PUF, 1992.
PÉGUY C.P., *Jeux et enjeux du climat*, Masson, 1988.
ROUGERIE G. et BEROUTCHACHVILI N., *Géosystèmes et paysages*, Armand Colin, 1991.

■ **Géographie sociale**

BROWAYS X. et CHATELAIN P., *Les France du travail*, PUF, 1984.
FRÉMONT A., *France, géographie d'une société*, Flammarion, 1988.
FRÉMONT A., *La Région, espace vécu*, PUF, 1976.

FRÉMONT A., CHEVALIER J., HÉRIN R., RENARD J., *Géographie sociale*, Masson, 1984.
FRÉMONT A. et *alii*, *Géographie sociale*, PUF, 1984.
LABASSE J., *L'Espace financier*, Armand Colin, 1974.
LIPIETZ A., « L'Après-fordisme et son espace », in *Esprit,* n° 41, 1988.

■ **Géopolitique**

CHALIAND G., RAGEAU J.-P., *Atlas géopolitique*, Fayard, 1983.
DURAND M.F., LÉVY J., RETAILLÉ D., *Le Monde : espaces et systèmes*, FNSP/Dalloz, 1992.
DURAND-DASTÈS F., « Famine et sous-alimentation en Inde », in *Tricontinental,* numéro spécial, 1982.
FOUCHER M., *Fronts et frontières. Un tour du monde géopolitique*, Fayard, 1988.
GEORGE P., *Géopolitique des minorités*, PUF, 1984.
GOTTMANN J., *La Politique des États et leur géographie*, Armand Colin, 1952.
LACOSTE Y., *Paysages politiques*, Livre de Poche, Hachette, 1990.
LACOSTE Y. et *alii*, *Géopolitique des région françaises*, 3 tomes, Fayard, 1986.
LÉVY J. et *alii*, *Géographies du politique*, PFNSP et *Espaces Temps*, 1990.
RENARD J., *Géopolitique des pays de la Loire*, Fayard, 1986.
REY V., *L'Europe de l'Est*, La Documentation française, 1985.
REY V., « Nation et État, deux structures rivales », in *État, nation et territoire en Europe de l'Est et en URSS*, L'Harmattan, 1992.

■ **Enseignement**

A.F.D.G., Enseigner l'histoire et la géographie, un métier en constante rénovation, Mélanges offerts à Victor et Lucie Marbeau, I.N.R.P., 1992.
ANDRÉ Y. et *alii*, *Représenter l'espace ; l'imaginaire spatial à l'école*, Economica, 1989.
BRUNET R., *La Carte mode d'emploi*, Fayard-Reclus, 1987.
C.R.D.P. *Picardie : Enseigner la géographie au collège et au lycée*, Journées d'études nationales, juin 1991, Amiens.
DAVID J., « Une discipline sans concept. La géographie au collège », in *Espaces-Temps* n°s 40-41, 1989.
GIOLITTO P., *Enseigner la géographie à l'école*, Hachette, 1992.
HUGONIE G., *Pratiquer la géographie au collège*, Armand Colin, 1992.
LEFORT I., *La Lettre et l'esprit, Géographie scolaire et géographie savante en France*, CNRS, 1992.
L'Espace géographique : la géographie et ses enseignements, Doin, 1989 (n°2).
PINCHEMEL Ph. et *alii*, « Lire les paysages », in *Documentation photographique,* n° 6088.

Roncayolo M., « Histoire et géographie, les fondements d'une complémentarité », in *Annales E.S.C.*, 1989.

■ Les revues

Deux types de revue de géographie paraissent en France, qui traduisent les traits spécifiques de la géographie :

1. *Les revues nationales* dont les fondateurs sont des représentants des moments forts de l'histoire de la géographie :

Acta geographica est la revue de la Société géographique de Paris dont le fondateur fut A. von Humbolt.
Les Annales de géographie (Armand Colin), fondées en 1891 par P. Vidal de La Blache publient des articles faisant le point sur les recherches dans toutes les branches de la géographie.
L'Information géographique (Masson), fondée en 1936 par A. Cholley, est orientée vers l'information des enseignants.
L'Espace géographique (Doin), fondée en 1972 par R. Brunet, est la revue de la « nouvelle géographie » dans toute sa diversité.
Espaces-Temps, fondée en 1975 par des élèves de l'E.N.S.E.T. (J. Lévy, Ch. Grataloup et *alii*). D'abord expression d'un courant radical critique, la revue est devenue un lieu de contact et de débat entre la géographie et les autres sciences sociales.
Hérodote (Maspéro, Éd. de la Découverte), fondée par Y. Lacoste en 1976, est une revue de géopolitique engagée.
En plus de l'ancien *Bulletin de l'association des géographes français*, l'Institut de géographie, 191, rue Saint-Jacques à Paris, abrite une nouvelle revue, crée en 1992, au titre prometteur : *Géographie et cultures*.

2. *Les revues régionales* plus ou moins spécialisées parmi lesquelles on peut citer : *Hommes et Terres du Nord, Norois, Revue de géographie de l'Est, Revue de géographie de Lyon, Bulletin de la société languedocienne de géographie, Méditerranée, Revue géographique des Pyrénées et du Sud-Ouest, Revue de géographie alpine, Cahiers d'Outre-mer, Villes en parallèle*.

■ Les grandes collections

Géographie universelle publiée sous la direction de P. Vidal de La Blache et L. Gallois en 23 volumes de 1920 à 1946 (Armand Colin).
Géographie universelle publiée sous la direction de R. Brunet (Hachette, Reclus). Quatre volumes parus :
  1. Mondes nouveaux (R. Brunet et O. Dollfus).
  2. France, Europe du Sud (D. Pumain, Th. Saint-Julien, R. Ferras).
  3. Amérique latine (Cl. Bataillon, J.-P. Deler, H. Théry).
  4. États-Unis, Canada (A. Bailly, G. Dorel, J.-B. Racine, P. Villeneuve).

■ **Les dictionnaires**

BRAND D. et DUROUSSET M., *Dictionnaire thématique : histoire géographie*, Sirey, 1989.

BRUNET R., FERRAS R., THÉRY H., *Les Mots de la géographie, dictionnaire critique*, Reclus, La Documentation française, 1992.

CABANNE C., *Lexique de géographie économique et sociale*, Dalloz, 1984.

GEORGE P., *Dictionnaire de la géographie,* PUF, 1970.

LACOSTE Y., *Dictionnaire de géoplitique*, Flammarion, 1993.

Table

Avant-propos 3

1. LA GÉOGRAPHIE VIDALIENNE ET SON HÉRITAGE 7

   Quelques rappels historiques............................. 7
   De l'Antiquité aux Lumières, 7. - Les prémices de la géographie moderne, 10.

   L'héritage vidalien..................................... 17
   Une influence durable, 17.

2. LES PRÉCURSEURS DE LA « NOUVELLE GÉOGRAPHIE » 28

   L'école de Chicago...................................... 28
   Ezra Park, fondateur de l'École de Chicago, 29. - Les modèles de Burgess, Hoyt, Harris et Ullman, 30.

   Les modèles économiques appliqués à l'espace............ 35
   Le schéma de Von Thünen, 35. - Alfred Weber et les localisations industrielles, 37. - Pavage hexagonal et théories des places centrales, 39. - Les prémices de la « nouvelle géographie », 47.

3. LA « NOUVELLE GÉOGRAPHIE » EN FRANCE : ENRICHISSEMENTS ET SOUBRESAUTS... 51

   Les années 1960 : une transition........................ 51
   Les thèses initiatrices, 51. - Le développement des études urbaines, 57. - Les vingt dernières années : une crise d'identité, 60. - Des courants divergents, 60. - Nouvelles pistes et impasses, 65. - Un bilan contrasté, 71.

4. LA GÉOGRAPHIE CHORÉMATIQUE 75

   La conception originale de Roger Brunet................. 75
   L'espace est un produit social, 75. - Espace vécu, espaces singuliers, espace en général, 79.

   Chorèmes et concepts.................................... 82
   Les « chorèmes », 82. - Les structures de l'espace, 87.

Débats et problèmes 90
Les « chorèmes » : des outils d'analyse ?, 90. - Modèles et lois de l'espace, 94.

5. UNE OU DES GÉOGRAPHIES ?............................... 99

Science naturelle et/ou science humaine ? 99
Que faire de la géographie physique ?, 99. - La position difficile des « physiciens », 102.

L'unité de la géographie................................. 106
L'inné et l'acquis, 106. - La géographie, science de synthèse ou la géographie « unitaire », 110. - Une ou des géographies ?, 113.

6. ESPACE ET TEMPS, HISTOIRE ET GÉOGRAPHIE 117

Continuité ou rupture dans l'histoire de la géographie.......... 117
La conception linéaire de l'histoire de la géographie, 117. - Coupure épistémologique ?, 119.

Géographie historique, histoire géographique 120
La géographie historique, 120. - L'histoire géographique, 122.

Le cas Braudel : la géohistoire............................ 123
« Temps long » et espace, 123. - Espace-temps : l'histoire n'est-elle qu'une mémoire dans l'espace ?, 125.

Derechef à propos des modèles 126
Christaller revu à la lumière de l'histoire, 126. - La valeur relative des modèles, 131.

7. LA GÉOGRAPHIE : ÉTUDE DU TERRITOIRE 141

Au croisement de l'histoire et de la géographie : le territoire 141
Inconvénient et avantage du terme, 141. - Une notion concrète, 142. - Un espace socialisé, 143. - Un espace de régulation sociale, 145.

Démarche, finalité, outils, concepts 146
Méthode ou démarche ?, 146. - La carte et les échelles : des outils spécifiques, 148. - Finalité, 149. - Concepts, 150.

Un exemple d'analyse structurale et fonctionnelle 151
Le travail : un concept social efficace, 151. - Les catégories de Colin Clark sont dépassées, 152. - Les fonctions et l'organisation du territoire, 154. - Exemple d'application : la région parisienne, 156. - Conclusion, 163.

8. Enseigner la géographie 166

Permanences et inerties des programmes 166
Les logiques de la IIIe République, 166. - Les effets contradictoires du vidalisme, 170.

Crise de la géographie, crise de son enseignement 171
Pédagogie et didactique, 171. - L'état des lieux, 174.

La mission éducative de la géographie 176
Comprendre les territoires, 177. - Contribuer à la formation civique, 179.

Bibliographie 187

Table 195

Table des documents 199

Table des documents

Vidal de La Blache : *Tableau de la géographie de la France* 24
Littérature géographique : Daniel Halévy, *Visite aux paysans
    du Centre*. 25
Géographie poétique : Julien Gracq, *Carnets du grand chemin* 27
Modèle de Burgess. 31
Modèle de Hoyt 32
Modèle de Harris et Ullman 33
Modèle de Von Thünen. 36
Modèle de Christaller 41
Modèle de Lösch. 44
Robert Ezra Park. 49
Zones d'influence des villes déterminées
    d'après les communications téléphoniques. 55
Le système montagnard 67
La géographie existentialiste : Éric Dardel, *L'Homme et la Terre*
    Nature de la réalité géographique (1952) 71
La géographie des représentations : Robert Ferras, *Ville :
    paraître, être à part*. 73
La table des chorèmes. 83
Système général d'énergie dans le fonctionnement des territoires 85
L'« œuf de Colomb » de la géographie 87
Chorèmes de la Champagne et du Languedoc 93
Denise Pumain et Thérèse Saint-Julien : la France en situation 97
Systèmes d'interactions rendant compte de l'utilisation de l'eau. 106
L'espace rural : réalité écologique et création humaine
    (George Bertrand). 114
L'Allemagne du Sud : une nouvelle lecture 128
Carte de Foggia (au 100 000e) 133
Marcel Roncayolo : la ville et ses territoires 135
Yves Lacoste : qu'est-ce que la géographie ?
    qu'est-ce qu'être géographe ? 138
Poids de Paris dans l'emploi métropolitain national. 157
La région parisienne. 158
Continuités et discontinuités entre la région Ile-de-France
    et le Bassin parisien. 161
Pierre Gourou, *Leçons de géographie tropicale* 163
Michel Sivignon : la géographie en tant que vecteur pédagogique,
    ou la géographie des manuels 181
Paul Claval : la place de la géographie dans l'enseignement 183

CARRÉ GÉOGRAPHIE

- J. Scheibling, *Qu'est-ce que la géographie ?*
- J. Scheibling, F. Damette, *La France : permanences et mutations*

Imprimé en France par I.M.E. - 25110 Baume-les-Dames
Dépôt légal n° 2853-01/1996
Collection n° 82 - Edition n° 04
14/4826/5